Martin Dall

●

Der Verhandlungs-Profi

Martin Dall

✧ **Der Verhandlungs-Profi** ✧

Besser verhandeln – mehr erreichen

Bibliografische Information der Deutschen Nationalbibliothek

Die Deutsche Nationalbibliothek verzeichnet diese Publikation in der Deutschen Nationalbibliografie; detaillierte bibliografische Daten sind im Internet über http://dnb.d-nb.de abrufbar.

ISBN 978-3-7093-0335-1

Es wird darauf verwiesen, dass alle Angaben in diesem Buch trotz sorgfältiger Bearbeitung ohne Gewähr erfolgen und eine Haftung des Autors oder des Verlages ausgeschlossen ist.

© LINDE VERLAG WIEN Ges.m.b.H., Wien 2011
1210 Wien, Scheydgasse 24, Tel.: 01/24 630
www.lindeverlag.at
www.lindeverlag.de
Umschlag: buero8

Druck: Hans Jentzsch u Co. Ges.m.b.H.
1210 Wien, Scheydgasse 31

1

Inhalt

Einleitung

Wir alle verhandeln täglich: im Geschäft, im Büro, am Telefon, am Küchentisch, mit Freunden, Vorgesetzten, Kollegen, Kunden, Partnern. Schon als Kinder haben wir um all die Dinge, die wir wollten, verhandelt. Wir haben mit den Eltern um Aufmerksamkeit, mehr Taschengeld, neue Spielsachen, um Vorteile aller Art verhandelt: „Darf ich eine Stunde länger aufbleiben?", „Darf ich mir ein Eis kaufen?", „Darf ich heute bei meinem Schulfreund übernachten?" Und wir haben mit unseren Geschwistern und Freunden verhandelt: Wer darf die Fußballmannschaft anführen? Wer darf mit dem Fahrrad vorne fahren? Wer darf mit der neuen Puppe spielen?

Verhandeln ist so selbstverständlich für uns, dass wir es als Teil unserer Kommunikation betrachten müssen, und zwar eine ganz besondere Form von Kommunikation. Das wirklich Besondere daran: Oft sind wir uns dessen gar nicht bewusst, dass wir verhandeln.

Grundsätzlich ist eine Verhandlung eine interaktive Kommunikation, die immer dann stattfindet, wenn wir etwas von jemandem wollen oder jemand etwas von uns will. Dieser Prozess ist ganz besonders stark beeinflusst von unserer Rolle im Leben und von den Beziehungen, die wir mit anderen Menschen haben. Doch natürlich verhandeln wir nicht immer, wenn jemand etwas von uns will – stellen Sie sich zum Beispiel vor, Ihr Nachbar möchte sich ein Werkzeug von Ihnen leihen oder der Kollege braucht schnell Ihre Unterstützung für ein Projekt. In diesen Fällen verhandeln wir nicht, sondern stellen unsere Hilfe einfach zur Verfügung.

---

* Der besseren Lesbarkeit halber erlaube ich mir, nur in der männlichen Form von Verhandlern und Verhandlungspartnern zu sprechen, obwohl ich damit natürlich beide Geschlechter meine. Denn selbstverständlich bin ich davon überzeugt, dass Frauen wie Männer gleichermaßen exzellente Verhandler werden können.

Verhandeln als besondere Art der Kommunikation hat unterschiedliche Facetten, denen wir auch unterschiedlich begegnen können – und sogar müssen. Denn wenn zum Beispiel der Nachbar, der sich die Gartenschere ausborgen will, dafür bekannt ist, dass er anderen nie etwas leiht, oder der Kollege, der uns um Hilfe bittet, immer eine Ausrede parat hat, wenn andere ihn um Unterstützung ersuchen, wird unser Verhalten in der Situation natürlich entsprechend anders ausfallen.

Und daher stimmen wir auch nicht immer gleich zu, sondern es kommt zu einer Verhandlung – im Sinne eines Quid pro quo oder analog zur Austauschtheorie in der Psychologie, derzufolge man insbesondere dann etwas gibt, wenn man auch etwas dafür erwarten kann.

Verhandelt wird in drei Bereichen:

- **Konflikte:** Bereinigen von Streitigkeiten, Lösen von Problemen und Meinungsverschiedenheiten
- **Beziehung:** Herstellen, Verstärken und Absichern von Beziehungen
- **Transaktionen:** Abwickeln von Geschäften und Projekten, Verkauf und jede andere Form von Transaktionen

In jedem dieser Fälle ist eine andere Verhaltensweise sinnvoll und zielführend. Worauf es dabei ankommt, erfahren Sie in diesem Buch.

Wann aber spricht man überhaupt von einer Verhandlung? Folgende Parameter müssen dazu erfüllt sein:

- eine gewisse gegenseitige Abhängigkeit
- gemeinsame Interessen
- ein etwa ausgewogenes Machtverhältnis
- die wechselseitige Bereitschaft für Zugeständnisse

Das Ziel muss sein: eine gemeinsame Vereinbarung. Braucht eine Partei die andere nicht, um ihre Ziele zu erreichen, wird es keine Verhandlung geben. Und oft lassen sich Interessen ja tatsächlich ohne Verhandlung durchsetzen. Es versteht sich von selbst, dass eine Verhandlung dann unnötig ist und nur zu – vermeidbaren – Zugeständnissen führen würde.

Vier Fehlannahmen zum Thema Verhandeln

Fehlannahme Nummer 1: Ich muss ja gar nie verhandeln

Diesem Irrglauben liegt eine weitverbreitete und schädliche Fehlannahme zugrunde, nämlich: Verhandlungen werden nur von Politikern, Topmanagern oder Gewerkschaftsbossen geführt. Warum kommt es zu dieser Meinung? Weil viele sich nicht bewusst sind, wie oft sie im täglichen Leben mit jemandem verhandeln.

Auch im Job verhandeln Sie häufig: um das Gehalt, um die Einhaltung von Regeln, die Übernahme und Übergabe von Tätigkeiten oder um Gefälligkeiten, um die Sie ersucht werden oder selbst ersuchen.

Um Ihre Fähigkeit zu verhandeln verbessern zu können, müssen Sie sich also in erster Linie darüber klar werden, dass Sie sehr oft und mit sehr vielen Menschen in Verhandlung stehen. Dann können Sie beginnen, die Strategien, Werkzeuge und Tipps, die Sie in diesem Buch finden, in der Praxis anzuwenden. Und so werden Sie sehr schnell erkennen, dass die Aussage „Ich muss gar nie verhandeln" nicht nur falsch, sondern auch fahrlässig ist, denn diese Meinung kann Ihnen sehr viele Nachteile im Leben bringen und Positives vorenthalten.

Fehlannahme Nummer 2: Um gut zu verhandeln, muss man gut reden können

Dies ist eine landläufige Meinung, die es zum Beispiel auch zum Thema Verkauf gibt. Viele Menschen sind ja heute noch der Ansicht, dass ein guter Verkäufer vor allem eins können muss: viel und überzeugend zu reden. Kaum eine Aussage oder ein Vorurteil über das Verhandeln oder über das Verkaufen geht jedoch mehr an der Realität vorbei. Es kann schon sein, dass manche Verkäufer in erster Linie viel reden, allerdings sind das in den wenigsten Fällen die effektivsten, und ganz ähnlich ist das auch beim Verhandeln. Die wirklich herausragende Fähigkeit, die exzellente Verhandler auszeichnet, ist die Fähigkeit, gut zuzuhören und sich Information zu beschaffen. Aus diesem Grund werden wir in diesem Buch auch immer wieder darauf zurückkommen, wie Sie das in den verschiedenen Sequenzen der Verhandlung am besten machen können.

Fehlannahme Nummer 3: Gute Verhandler sind hart und skrupellos

Wenn Sie geneigt sind, Hollywoodregisseuren zu glauben, dann könnte diese Annahme zutreffen – insbesondere für Filme im Stil von Grisham. Jeder, der weiß, wie Verhandlungen funktionieren, welche Mechanismen es da gibt, welche psychologischen Verhaltensweisen dahinterstecken, ist in der Lage, ein äußerst erfolgreicher Verhandler zu werden. Und dafür ist es überhaupt nicht notwendig, sich wie ein cholerischer Patriarch mit dem Faktor Macht und dem Faustschlag auf den Tisch Verhandlungsvorteile zu verschaffen, sondern das geht vor allem auch in einer zurückhaltenden, ruhigen und überlegten Art und Weise. Das heißt, Erfolg hängt viel weniger von Härte ab als vielmehr vom Verständnis und der Anwendung der grundlegenden psychologischen Regeln für erfolgreiche Verhandlungen.

Übrigens: Bluffen, Tricksen und Fallenstellen führt in Verhandlungen nur selten zum Erfolg. Daher verzichten wir auch großteils darauf – obwohl Sie in diesem Buch natürlich schon gewisse Tricks und Kniffe für die Praxis finden werden.

Fehlannahme Nummer 4: Bei Verhandlungen geht es um alles oder nichts, entweder gewinnt man oder man verliert

Auch dieser Annahme liegt ein falscher Glaubenssatz zugrunde, nämlich: Verhandlungen sind ein Wettkampf, bei dem nur einer gewinnen kann und der andere automatisch verliert. Mit dieser Einstellung ist es natürlich schwierig, von Beginn an eine produktive Verhandlung zu führen. Außerdem schwingt ständig die Furcht vor dem Verlieren mit, was Sie natürlich auch in der eigenen Vorgangsweise beschränkt.

In Wahrheit geht es bei Verhandlungen um das Zusammenarbeiten zweier Verhandlungspartner, um ein bestmögliches Ergebnis für beide Seiten zu erreichen. (Auch wenn Sie selbstverständlich immer danach trachten werden, für sich selbst das optimale Ergebnis zu erzielen.) In diesem Buch werden Sie sehr viele Möglichkeiten kennenlernen, wie Sie gerade durch Zusammenarbeit wirklich exzellente Verhandlungsergebnisse erzielen, nicht aber, wie Sie andere über den Tisch ziehen.

Eine Frage der Einstellung

Exzellente Verhandler versuchen in sämtlichen Lebensbereichen permanent, Ergebnisse zu verbessern, Nutzen zu vergrößern und für sich selbst das Optimum aus jeder Situation herauszuholen.

Eines Tages bekamen wir von einem Kunden, für den wir eine Seminarreihe durchführen sollten, einen sogenannten Rahmenvertrag zugeschickt. Dieser beinhaltete eine Menge Klauseln in Bezug auf Sicherheiten und den Umgang mit Know-how auf Seiten des Kunden. Ein Punkt im Vertrag störte mich. Wir hätten die Verantwortung für alle Schäden tragen müssen, die durch die Anwendung von Methoden aus unseren Trainings im Unternehmen auftreten. Auf ein solches Risiko kann man sich als Berater natürlich nicht einlassen. Ich rief also unseren Ansprechpartner auf der Kundenseite an, und dieser erklärte mir: „Das ist Unternehmenspolitik, das ist in allen unseren Verträgen so drin." Worauf ich entgegnete: „Was heißt, so drin? Wenn es so drin ist, dann kann man es ja auch rausstreichen." „Nein, nein, das ist Unternehmenspolitik …". Ich ersuchte ihn, mich mit jemand anderem zu verbinden, der sich mit diesem Thema beschäftigte. Er reichte mich an den Abteilungsleiter weiter. Dieser bestätigte die Aussage seines Mitarbeiters: „Das ist eben Policy bei uns, alle Anbieter müssen das unterschreiben." Das könne ich mir nicht vorstellen, meinte ich, und ließ mich mit der Rechtsabteilung des Unternehmens verbinden. Ich erläuterte dem dortigen Mitarbeiter die Angelegenheit. Seine Reaktion: „Ja, das verstehe ich, das kann man bei Ihnen nicht anwenden. Das gilt in erster Linie für Lieferanten von Gütern und Produktionsmitteln. Für Sie ist das kein Thema. Streichen Sie es einfach raus, das ist okay." Genau das habe ich auch getan und den Vertrag unterschrieben an das Unternehmen retourniert.

Was können Sie aus dieser Geschichte lernen?

Beinahe alles im Leben ist verhandelbar – es ist nur eine Frage der Einstellung. Sie müssen nicht alles akzeptieren, was jemand anderer sagt oder schreibt. Schon gar nicht, wenn sich jemand ohne sinnvolle Argumentation darauf beruft, dass etwas eben da so steht, auch wenn es für Sie überhaupt keinen Sinn ergibt.

Und genau das zeichnet einen guten Verhandler aus: Wenn er auf etwas stößt, sei es privat oder im Geschäftsleben, mit dem er nicht einverstanden ist, schrillen bei ihm die Alarmglocken. Und dann geht er einfach davon aus, dass er dies nicht akzeptieren muss, sondern es diskutieren und zu seinen Gunsten verändern kann.

Um dieses Bewusstsein auch selbst zu erlangen, berücksichtigen Sie in der Praxis folgende Dinge:

1. Ist Ihnen etwas unklar? Dann fragen Sie!

Machen Sie es wie kleine Kinder. Kinder fragen zu allem etwas, ohne sich zu überlegen, „Darf ich das fragen?", „Kann ich das fragen?". Sie fragen ganz einfach. Doch Erwachsene trauen sich oft nicht oder es kommt ihnen gar nicht in den Sinn, etwas zu hinterfragen. Doch nur weil jemand etwas auf ein Dokument geschrieben hat, bedeutet das noch lange nicht, dass

Sie damit einverstanden sein müssen. Wenn Ihnen etwas nicht gefällt, fragen Sie, weshalb es dort steht, und versuchen Sie es zu ändern.

2. Lernen Sie, Nein zu sagen

Nein, natürlich nicht zu allem, aber Sie müssen in der Lage sein, Grenzen zu setzen, die Ihre persönlichen Interessen schützen. Gerade wenn Sie ein Mensch sind, der nicht Nein sagen kann, ist es besonders wichtig, dass Sie sich, bevor Sie spontan Ja sagen, Bedenkzeit nehmen. Wenn jemand ein Anliegen an Sie heranträgt, von dem Sie wissen, dass Sie es eigentlich nicht erfüllen wollen, aber Sie Ja sagen, weil Sie immer Ja sagen, antworten Sie: „Ich überleg's mir und gebe dir morgen Bescheid." Das ist viel besser als ständig automatisch Ja zu sagen. Natürlich werden Sie Ihr Nein auch immer gut begründen können, damit Ihre Mitmenschen es auch verstehen und Ihre Antwort akzeptieren können.

3. Etablieren Sie eine „Warum nicht?"-Haltung

Nehmen wir an, Sie sehen in einem Geschäft einen schönen Schreibtisch, den Sie gern kaufen würden. Auf dem Preisschild steht „990 Euro". Ihr Partner sagt: „Frag doch, ob du ihn günstiger bekommst!" Bei den meisten Menschen wird sofort der innere Dialog einsetzen: „Nein, das geht nicht, die machen das nie. Das ist so ein schöner Schreibtisch, der hat halt seinen Preis, und dieses Geschäft ist sowieso viel zu teuer, da geht sicher nichts." Mit dieser Einstellung werden Sie niemals gute Verhandlungsergebnisse für sich selbst erzielen. Vielmehr muss Ihre Herangehensweise an solche Problemstellungen sein: „Warum nicht? Fragen kostet nichts!" Also: Wann immer Sie auf etwas stoßen, von dem Sie denken: „Da hätte ich gern ein besseres Ergebnis für mich" oder „Wäre es möglich für mich, hier ein besseres Geschäft zu machen?", muss Ihre Einstellung sein: Warum nicht? Und dann starten Sie einen Versuch.

4. Hohe Erwartungen führen zu besseren Ergebnissen

Unsere Praxiserfahrungen zeigen und Studien bestätigen es: Verhandler mit hohen Erwartungen erzielen bessere Verhandlungsergebnisse. Weshalb? Weil die Erwartung des Ergebnisses schon in diese Richtung geht und somit die gesamte Verhandlungsführung von einer optimistischen Grundhaltung geprägt ist. Beim Vergleich der gesteckten Ziele mit den erreichten Ergebnissen nach Verhandlungen stellen wir immer wieder fest, dass diejenigen Verhandler, die sich hohe Ziele gesetzt haben, auch signifikant bessere Verhandlungsergebnisse vorzuweisen haben. Somit kann eine Verhandlung in bestimmten Aspekten sehr leicht zu einer Art selbsterfüllenden Prophezeiung werden. Und das gilt nicht nur für die Verkäuferseite, sondern auch für die Käuferseite. Hohe Erwartungen sind also bereits ein erster Schritt zum Verhandlungserfolg.

Ihre Verhandlungsposition ist (auch) eine Frage des Selbstvertrauens

Obwohl jede Verhandlung die Chance bietet, Konflikte zu klären, Beziehungen zu stärken oder Geschäfte zu machen, fühlen sich sehr viele Menschen beim Gedanken daran unwohl oder werden sogar nervös. Das ist insofern verständlich, als in Verhandlungen natürlich immer auch das Risiko eines Verlusts oder Konflikts besteht. Denn oft geht es um Geld, es besteht immer die Gefahr, dass Sie „über den Tisch gezogen" werden, und natürlich besteht immer die Möglichkeit, dass Sie die Beziehung mit den Menschen, mit denen Sie verhandeln, der Sache wegen beschädigen.

Je nachdem, wie Sie selbst Ihre eigene Situation wahrnehmen, wird sich dies auch auf Ihre Verhandlungsführung auswirken. Wenn Sie sagen: „Ich bin in einer schlechten Verhandlungsposition", dann zeigt dies mangelndes Selbstvertrauen in dieser Situation. Und dadurch geben Sie sehr viel Verhandlungsstärke von vornherein aus der Hand.

Natürlich wird es immer auch Fälle geben, in denen Sie wirklich in der schwächeren Position sind und auch faktisch ganz einfach vom Goodwill des anderen abhängen. Aber selbst dann halte ich es für zielführender, das nicht sofort zu offenbaren, sondern immer noch aus einer zumindest gespielten Position der Stärke heraus zu argumentieren. Das heißt, selbst wenn Sie in der schwächeren Position sind, geben Sie das keineswegs gleich zu, sondern beginnen die Verhandlung auf Augenhöhe.

Pläne und Strukturen geben Flexibilität

Viele Menschen verhandeln völlig ohne Plan. Sie verhalten sich rein instinktiv, ohne sich groß Gedanken darüber zu machen. Das bedeutet, es gibt weder eine Strategie noch einen Plan, noch gesteckte Ziele. Das ist für die vielen „kleinen" Verhandlungen des Alltags auch gar nicht notwendig. Wie sieht es aber in Verhandlungen aus, in denen es um mehr geht als um den Austausch kleiner Hilfsdienste oder Meinungen?

> **Tipp**
>
> Haben Sie schon einmal darüber nachgedacht? Der Ausgang von Verhandlungen bestimmt über Karrieren, Projekte, das Bestehen von Organisationen und die Rahmenbedingungen unserer Gesellschaft.

In unsere Seminare kommen immer wieder Menschen, die behaupten, im Laufe ihrer gesamten Karriere alles flexibel und aus dem Stegreif verhandelt zu haben und damit bisher sehr erfolgreich gewesen zu sein. Eine typische Aussage: „Man kann nicht alles planen. Es entwickelt sich dann doch anders, und ich weiß ja vorher ohnehin nicht, was der andere sagen wird." Stimmt. Und genau deshalb brauchen Sie einen Plan. Diesen können Sie im Bedarfsfall nämlich adaptieren. Wenn Sie aber gar keinen Plan haben, sind Sie in der Verhandlungssituation möglicherweise völlig ratlos. Der Plan gibt Ihnen eine Struktur vor, an der Sie sich festhalten können. Er bewahrt Sie davor, Wichtiges zu vergessen, und erinnert Sie an die Ziele, die Sie sich gesteckt haben.

Also: Keine Angst vor Plänen! Pläne können sich ändern, Strategien können überarbeitet, Taktiken angepasst werden. Das gehört alles zum professionellen Verhandeln – aber ohne Plan wird das nicht funktionieren und Ihre Verhandlungsergebnisse werden nicht optimal sein.

Müssen Sie zum Verhandler geboren sein?

Nein. Verhandeln kann man lernen, und zwar jeder. Gerade um die dazu notwendigen Fähigkeiten und Strategien geht es in diesem Buch. Trotzdem gibt es offenbar so etwas wie „Naturtalente", die besser verhandeln als andere, auch ohne spezielle Ausbildung. Diese Menschen unterscheiden sich von denjenigen, die nicht so gut verhandeln, in zwei Bereichen:

- Sie beschäftigen sich intensiv mit dem Thema, bereiten sich also vor. Das tun sie zwar nicht immer schriftlich, doch sie denken ganz einfach gezielt darüber nach, was für den anderen wichtig ist, was dem anderen etwas bringen könnte und wie sie die Bedürfnisse des anderen ideal adressieren könnten.
- Sie verfügen offensichtlich über ausgeprägte kommunikative Fähigkeiten, um den anderen von Lösungen und Vorschlägen zu überzeugen und ihm das Gefühl zu geben, dass es gute Lösungen sind, von denen auch er etwas hat.

Diese beiden Bereiche können Sie gezielt durch Aneignung des nötigen Wissens und durch Training verbessern, und damit auch selbst große Schritte in Richtung eines exzellenten Verhandlers machen.

Werte schaffen und Werte fordern

Schlachtfeld Verhandlungstisch: Jede Verhandlungspartei konzentriert sich ausschließlich darauf, ein möglichst großes Stück des Kuchens für sich selbst zu gewinnen. Jede Partei ist ausschließlich darauf bedacht, Werte an sich zu ziehen statt gemeinsame Werte zu schaffen. Es geht um Sieg oder Niederlage und darum, den anderen zu schlagen. Gerade bei macht- und prestigeorientierten Führungskräften ist dieser Ehrgeiz an der Tagesordnung. Die Gefahr dabei: Die Termini „Sieg" und „Niederlage" führen zum Irrglauben, dass Gewinnen nur auf Kosten des anderen gehen kann. Diese Haltung wird allerdings kaum zu langfristig hervorragenden Ergebnissen führen, denn sie lässt den Faktor der Schaffung von Werten völlig außer Acht.

Zwei Grundsätze für erfolgreiche Verhandlungen

- Es zählt nicht, wie gut Sie verhandelt haben, sondern wie gut Sie verhandeln hätten können. Nur das tatsächlich erreichbare Ergebnis zählt.
- Es geht nicht darum, mehr als der andere zu bekommen, sondern möglichst viel. Und auch der andere soll ein tolles Ergebnis erzielen.

Natürlich gibt es auch Verhandlungen, in denen es nicht möglich ist, Werte zu schaffen, sondern in denen es ausschließlich darum geht, den größten Wert für sich zu beanspruchen. Auf diese Form der Verhandlung, die „distributive Verhandlung", gehen wir ebenfalls im Laufe des Buchs mehrfach ein.

Warum es nicht (ausschließlich) um Win-win geht

Exzellente Verhandler schaffen Werte statt bestehende Werte aufzuteilen. Sie führen damit einen für beide Verhandlungsparteien lohnenden Ausgang der Verhandlung herbei. – Klingt gut, oder? Aber wie funktioniert das?

Um festzustellen, wie gut Ihr Verhandlungsergebnis ist, analysieren Sie den Wert, den Sie geschaffen haben. Dafür können Sie verschiedene Maßeinheiten verwenden: Das kann beispielsweise eine Währung wie Euro, eine Einheit wie Zeit, aber auch Zufriedenheit oder die Verlängerung und Vertiefung einer Kundenbeziehung sein.

Stellen Sie sich vor, ein Käufer verhandelt einen sehr niedrigen Preis für einen Gegenstand, den er kaufen möchte. Damit hat er für sich selbst mehr Wert geschaffen. Wenn der Verkäufer hingegen für einen sehr hohen Preis verkauft, hat er für sich einen Wert geschaffen.

Für die meisten Menschen ist das einzige Leitmotiv in Verhandlungen daher auch: „Wie kann ich für mich das Meiste herausholen?" Oder: „Wie bekomme ich einen größeren Anteil des Kuchens als der andere?" Exzellente Verhandler, die nach der Engarde-Methode arbeiten, nehmen einen Standpunkt ein, der beide Seiten berücksichtigt: Wie können wir in dieser Verhandlung Werte schaffen, Werte erhöhen und Zusatznutzen kreieren? Was müssen wir tun, damit beide Parteien am Ende mehr haben als am Anfang?

Tipp

Beim Verhandeln geht es nicht darum, andere zu schlagen.

Ihr Verhandlungspartner soll, auch wenn er in der Verhandlung nicht die Regie führt, seine Ehre bewahren, soll sich respektiert fühlen. Er soll nicht das Gefühl bekommen, einen Kampf verloren, sondern mit Ihnen gemeinsam ein wertvolles Ergebnis erzielt zu haben.

Faule Kompromisse sind das Ergebnis schlechter Verhandlungsführung

Bei einer gut geführten Verhandlung gibt es keinen Verlierer. Das heißt aber nicht, dass Sie mit einer Strategie in die Verhandlung gehen sollen, die von vornherein auf Win-win ausgerichtet ist. Dieser Zugang führt zu einem zu starken Fokus auf Ihren Verhandlungspartner und dessen Wohlbefinden. Die Folge davon? Die Verhandlung läuft in den meisten Fällen auf einen Kompromiss hinaus. Und ein Kompromiss ist eben nur ein Kompromiss und nie ein optimales Ergebnis.

Bei einem Kompromiss müssen beide Seiten auf etwas verzichten, das sie am Beginn angestrebt hatten. Oft sind Verhandlungsparteien aber so sehr vom Erzielen eines Kompromisses besessen, dass sie überhaupt nicht auf die Idee kommen, den Kuchen durch das Einbringen von Alternativen zu vergrößern statt ihn lediglich unter sich aufzuteilen.

Was dabei gern verdrängt wird: Kompromisse sind immer vom Goodwill beider Seiten abhängig. Daher kann es nur zu einem guten Kompromiss kommen, wenn beide Seiten gleichermaßen daran interessiert sind. Ist also auch nur einer der beiden Verhandlungspartner mehr auf seinen Vorteil bedacht als der andere – was natürlich oft der Fall ist –, wird es auch mit einem fairen Kompromiss schwierig.

Wir haben unzählige Verhandlungsergebnisse analysiert und dabei immer wieder festgestellt, dass der von beiden Seiten freudestrahlend erzielte Kompromiss in Wahrheit oft eine völlig unausgegorene Lösung ist, bei der eine oder sogar beide Seiten einen signifikanten Nachteil erleiden. Ein Kompromiss ist daher zwar oft die rasche und einfachste Lösung, aber nicht die beste.

Im Wesentlichen gibt es beim Verhandeln drei Situationen:
- Win-win: Beide Seiten profitieren.
- Win-lose: Eine Seite profitiert, die andere verliert.
- Lose-lose: Beide Seiten verlieren.

Die zu starke Ausrichtung auf Win-win bringt in Wirklichkeit am Ende oft ein Lose-lose-Ergebnis, obwohl die beiden Parteien glauben, optimal verhandelt zu haben. Das typische Denken in einem solchen Fall: Wir haben es gut gemacht, haben uns gegenseitig nicht wehgetan, wir sind Partner, die auch weiterhin zusammenarbeiten wollen, und daher lassen wir uns gegenseitig leben. Die Wahrheit: Beide gehen so weit mit ihren Forderungen hinunter, bis nur noch ein fauler Kompromiss übrigbleibt. Der zwar für beide in Ordnung ist, aber darüber hinwegtäuscht, dass wesentlich mehr dringewesen wäre. Und zwar – interessanterweise – für beide Seiten. Das gegenseitige Schulterklopfen und die Harmonie einer Win-win-Situation beruhen also oft auf einem Irrtum.

Natürlich ist es erstrebenswerter, Win-win-Ergebnisse zu schaffen, als gezielt auf Win-lose-Situationen hinzuarbeiten. Allein die Vorstellung, dass beide Verhandlungsparteien vom Tisch aufstehen, sich zufrieden in die Augen schauen, sich die Hände schütteln und über den zustande gekommenen Abschluss glücklich sind, ist natürlich sehr attraktiv. Doch dazu gehören zwei. In der Praxis gibt es aber leider auch Verhandlungspartner, die versuchen, unfair zu verhandeln, die sich unethisch benehmen, die ausschließlich in ihrem Eigeninteresse verhandeln und den Verhandlungspartner übervorteilen wollen.

Außerdem kann es natürlich sein, dass Sie aus einer Position der Schwäche heraus verhandeln und überhaupt keine Chance haben, eine Win-win-Situation zu kreieren. Weil Sie in einer solchen Situation beispielsweise froh sein müssen, überhaupt etwas ausverhandeln zu können, was für Sie hilfreich ist. Und gerade in sehr komplexen Verhandlungssituationen mit mehreren Parteien (multilaterale Verhandlungen), großer Unsicherheit, Bedrohungen, aufkochenden Emotionen und beginnendem irrationalen Verhalten einer oder beider Verhandlungsparteien ist es oft auch nicht mehr festzustellen, wie eine Win-win-Situation überhaupt aussehen müsste.

Tipp

Ein zu starker Fokus auf Win-win kann zu mangelhaften Verhandlungsergebnissen führen.

Wie groß ist der Kuchen? – der Fixed-Pie-Irrtum

Für die Erstellung einer neuen Broschüre für unser Unternehmen waren wir auf der Suche nach einem geeigneten Grafikdesigner. Als wir einen gefunden hatten, dessen Arbeiten uns gefielen und dessen Zugangsweise zu neuen Projekten uns zusagte, kamen wir zur Honorardiskussion. Nachdem er seine Vorstellungen dargelegt hatte, waren wir etwas – sagen wir – entmutigt, und wir waren uns nicht sicher, ob wir uns diesen Grafiker tatsächlich leisten konnten. Doch waren uns in den Vorgesprächen mit ihm zwei Dinge aufgefallen: erstens seine enorme Stärke in der grafischen Umsetzung von Ideen – das war auch der Grund, warum wir ihn engagieren wollten –, zweitens aber auch seine Schwäche, seine Vorzüge verbal darzustellen, also zu kommunizieren und zu verhandeln. So saßen wir also da, er mit seiner Honorarforderung, wir mit unserem limitierten Budget, beide mit dem Willen, doch zusammenzuarbeiten. Da wir preislich recht weit auseinanderlagen, begab ich mich auf die Suche nach Alternativen. Ich schilderte ihm meine Beobachtung seiner Kommunikation mit dem Kunden, also in diesem Fall mit uns, schlug ihm vor, unseren Preisvorschlag anzunehmen, und bot ihm zusätzlich ein kostenloses Dreitagesseminar in unserem Institut an. Dieses würde ihm in seinen kommunikativen Fähigkeiten helfen und es ihm damit auch in Zukunft erleichtern, seine Leistungen an Kunden zu verkaufen. Von diesem Vorschlag war er begeistert und er nahm ihn auf der Stelle an. Wir bekamen also eine wunderbare Broschüre und er ein professionelles Training, das es ihm ermöglichte, in Zukunft noch mehr gute Aufträge zu hohen Honoraren an Land zu ziehen.

Wie ist das gelungen? Durch das Vergrößern des Kuchens. Denn allein mit dem Blick auf den Preis wären wir wohl zu keiner Einigung gekommen.

Die meisten Verhandler glauben, der Verhandlungsgegenstand sei limitiert. Das zeigt sich in der Praxis zum Beispiel darin, dass der einzige Gedanke, den sie vor einer Verhandlung haben, ist: Heute reden wir über das Monatsgehalt. Oder: Heute verhandeln wir mit unserem Kunden über die Vertragsverlängerung. Oder: In der heutigen Verhandlung geht es um die Übernahme von Aktien von Unternehmen B. All diese Zugänge sind natürlich legitim, aber eben auch sehr beschränkt. Denn sie richten ihren Fokus nur auf einen einzigen Verhandlungsgegenstand. Und als wäre das nicht schon schlimm genug, gehen sie auch noch davon aus, dass ihre Anliegen automatisch mit den Interessen der anderen Verhandlungspartei im Konflikt stehen. Das Motto dabei ist: Wenn es gut für den anderen ist, kann es nicht gut genug für uns sein. Ein Irrtum, der zu fatalen Haltungen führen kann, wie die Aussage eines amerikanischen Diplomaten während des Kalten Krieges beweist: „Wenn es gut für die Russen ist, kann es nicht gut für uns sein."

Diese Haltung bezeichnen wir als distributive Verhandlung. Ein Kuchen wird in gleich große Stücke aufgeteilt. In der distributiven Verhandlung dreht sich alles nur um einen Aspekt, zum Beispiel um den Preis. Typisch dafür ist die Verhandlung über einen Gegenstand auf dem Flohmarkt.

Die Verhandlungsparteien handeln, als würden sie einen Kuchen (Pie) unter sich aufteilen. Dieser Kuchen hat in den Augen der Verhandlungspartner eine gewisse Größe, die nicht veränderbar ist (Fixed Pie). Dies würde natürlich bedeuten, dass das Stück, das der eine bekommt, nicht auch der andere bekommen kann. Was somit nur in einem Aufteilen münden kann.

In der Wirtschaft würde das bedeuten, dass der Gewinn einer Seite immer auf Kosten einer anderen Seite geht. Dabei sieht man in der Praxis, dass die Interessen, die hinter Forderungen oder Positionen stecken, oft die gleichen sind, parallel laufen oder zumindest untereinander kompatibel sind.

Eine schöne Metapher für die Kompatibilität zweier Positionen und Interessen liefert die Geschichte vom Streit um die Orange von Roger Fisher und William Ury:

> Zwei Verhandlungspartner streiten sich um eine Orange, und sie können zu keinem anderen Ergebnis kommen als die Orange am Ende in der Mitte durchzuschneiden und jedem eine Hälfte zu geben. Damit findet zwar keiner der beiden das Auslangen und keiner ist zufrieden, aber zumindest gibt es ein Ergebnis. Wenn auch in Form eines Kompromisses.

> Dieser Kompromiss bringt aber beiden nichts. In Wirklichkeit hätte die eine Seite nämlich nur die Schale der Orange benötigt, um daraus Mar-

melade zu machen, und die andere Seite hätte das Fruchtfleisch benötigt, um daraus Orangensaft zu pressen.

Um den Fixed-Pie-Irrtum zu vermeiden, lautet die richtige Frage also statt: Wie können wir diese Orange am besten unter uns aufteilen?

Was an der Orange interessiert dich und was an der Orange interessiert mich?

In einem – natürlich theoretischen – Fall wie diesem kann die Verhandlung dazu führen, dass aus 100 Prozent des Verhandlungsgegenstands, hier einer Orange, plötzlich 200 Prozent werden. Denn jeder erhält das gleiche Ergebnis, als hätte er für sich selbst eine ganze Orange bekommen. Der Kuchen, der in diesem Fall eine Orange ist, wurde damit vergrößert und der Anteil jedes Einzelnen am Kuchen ebenfalls. Überlegen Sie:

Würden Sie lieber 70 Prozent eines Stücks bekommen, das 100 Euro wert ist, oder würden Sie lieber 50 Prozent eines Stücks bekommen, das 200 Euro wert ist?

Und genau das ist die Frage, die Sie in Ihren Verhandlungen auch leiten sollte, nämlich:

Wie bekomme ich einen größeren Anteil am größeren Ganzen?

Denn selbst wenn Sie zum Beispiel von einer ursprünglichen Forderung, 100 Prozent des Verhandlungsgegenstands für sich zu bekommen, auf 60 Prozent fallen, diesen Verhandlungsgegenstand aber durch geschicktes Verhandeln vergrößert haben, kann es sein, dass Sie am Ende trotzdem mehr für sich erhalten als mit Ihrer ursprünglichen Forderung. Diese Art zu verhandeln schafft also für beide Seiten einen Mehrwert.

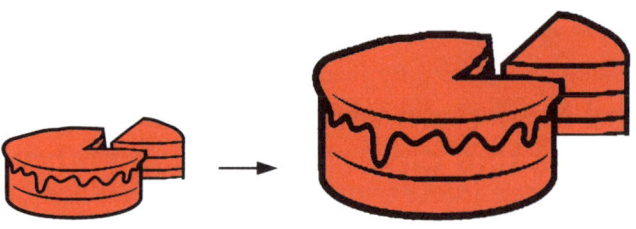

Abbildung 1: Exzellente Verhandler vergrößern nicht nur ein Stück, sondern die ganze Torte

Dass so etwas nie im Alleingang geht, ist klar. Sie brauchen die andere Verhandlungspartei dazu. Weil diese aber möglicherweise den Fixed-Pie-Irrtum nicht kennt und ihm daher unterliegt, ist es Ihre Aufgabe, in der Verhandlung durch geschicktes Betrachten des Themas, durch das Identifizieren der Interessen, die hinter Forderungen und Positionen stecken, herauszufinden, was wirklich wichtig ist, und dadurch den Kuchen für beide Parteien zu vergrößern.

Verhandeln Sie in einer Gehaltsverhandlung also nicht nur Ihr Gehalt, sondern auch Ihre Urlaubstage, mögliche Homeoffice-Tage, einen Fahrtkostenzuschuss, einen Dienstwagen, Technik, die Sie auch privat nutzen können, wie Laptop, Handy, Blackberry, die private Nutzung von Flugmeilen, einen Zuschuss zu Ihrem Homeoffice und vieles mehr. Das bedeutet natürlich nicht, Ihren Verhandlungspartner mit einer Vielzahl an Forderungen zu überfallen, sondern stattdessen eine große Bandbreite an Variablen bereit zu haben, aus denen für beide Verhandlungspartner ein passendes Paket geschnürt werden kann. Sieht Ihr Verhandlungspartner beispielsweise aufgrund interner Richtlinien keine Möglichkeit, Ihr Gehalt zu erhöhen, können Sie immer noch an fünf oder sechs anderen Schrauben drehen. Denn wenn es zum Beispiel um Aufstiegsmöglichkeiten, Boni oder die Übernahme von mehr Verantwortung mit Sonderzahlungen geht, können sowohl Sie als auch das Unternehmen profitieren. Möchten Sie Teile Ihres Unternehmens verkaufen, denken Sie nicht allein an den Preis pro

Aktie, sondern auch an Variablen wie einen Job als Berater, eine Beteiligung, Gewinnanteile oder ein Büro zur eigenen Nutzung.

Der Fixed-Pie-Irrtum verhindert die Vergrößerung des Kuchens und die Schaffung von Mehrwert in Verhandlungen

Die Möglichkeit, den Kuchen zu vergrößern, wird in der Praxis viel zu selten genutzt. Die Verhandlungspartner schießen sich zum Teil aufgrund schlechter Vorbereitung, aus Sturheit oder aus zu sportlichem Ehrgeiz auf einen Verhandlungspunkt ein und verhandeln (feilschen) diesen zu Tode. Oft ist der Grund dafür aber auch ganz einfach der, dass sich die Verhandlungspartner vorher nicht die Zeit nehmen und alles durchdenken, was an Möglichkeiten und Absichten auf *beiden* Seiten vorhanden ist. Somit kommt es ihnen auch nie in den Sinn, dass der Verhandlungspartner möglicherweise einer Sonderzahlung oder einem neuen Verantwortungsgebiet zustimmen würde. Man denkt: „Das geben sie mir nie", „Dazu werden sie nie Ja sagen" oder „Das werden sie mir niemals genehmigen" und begrenzt so die Möglichkeit eines gewinnbringenden Ausgangs für beide Parteien. Halten Sie sich in solchen Situationen immer vor Augen: Ein Nein haben Sie schon, Sie können nur noch ein Ja bekommen.

Dabei ermöglicht das Ausschalten dieses Irrtums exzellente Chancen, dass beide Verhandlungspartner mit einem Mehrwert vom Tisch aufstehen und mit ihrem eigenen Kuchen, der möglicherweise sogar größer ist als der Ursprungskuchen, den beide im Auge hatten, nach Hause gehen. Die Variablen zur Vergrößerung des Kuchens lernen Sie in diesem Buch kennen.

Besser verhandeln – mehr erreichen

Verhandeln ist eine *der* Kernkompetenzen für Führungskräfte überhaupt. Und zwar eine, die sie weder in der Schule noch in ihrer Berufsausbildung lernen. Dabei ist es – und davon bin ich überzeugt – mehr denn jemals zuvor eine extrem wichtige Fähigkeit für den Erfolg in allen Lebensbereichen. Aus diesem Grund kann man auch eine Zunahme an entsprechenden Lehrangeboten an Business Schools und ähnlichen Instituten feststellen. Trotzdem kommt das Verhandeln in sämtlichen Ausbildungsbereichen, gemessen an der Wichtigkeit der Thematik, immer noch viel zu kurz. Dabei sind gute Verhandler sehr gefragt, denn sie sind in der Lage,

- Werte zu schaffen,
- Lösungen zu finden,
- Gewinne zu erhöhen,
- Beziehungen zu verbessern,
- Konflikte zu beseitigen.

Verhandeln zu können ist zusammen mit Wissen über Präsentation und Rhetorik, verbunden mit Führungskompetenz und Überzeugungskraft, ein ganz wichtiger Karrierefaktor. Wobei Verhandeln nicht nur im Beruf eine große Rolle spielt, sondern im Leben insgesamt. Mit dem Wissen über Verhandlungsprozesse, psychologische Vorgänge in Verhandlungen und die Anwendung von Verhandlungswerkzeugen werden Sie in der Lage sein, Unsicherheit zu reduzieren, Standpunkte und Forderungen nachhaltig zu vertreten und exzellente Verhandlungsergebnisse zu erzielen.

Um zu einem exzellenten Verhandler zu werden, müssen Sie zunächst Ihren eigenen Verhandlungsstil kennen und sich mit der Planung und der Anwendung von Strategien in Verhandlungen beschäftigen. Und genau das ist der Zweck dieses Buchs: Ihnen Schritt für Schritt, basierend auf wissenschaftlichen Erkenntnissen und den umfangreichen Praxiserfahrungen in der Wirtschaft und in vielen Seminaren, zu exzellenten Verhandlungsergebnissen zu verhelfen.

Bevor wir uns mit dem Verhandlungsprozess und dessen Planung im Detail beschäftigen, sehen wir uns zuerst an, welche Verhandlungsstile es gibt und welchen Verhandlungsstil Sie selbst anwenden.

Übrigens: Manche Vorschläge in diesem Buch beziehen sich auf jeweils nur eine Seite des Verhandlungstisches, welche dadurch mehr profitiert als die andere. Meist kann aber auch die jeweils andere Partei davon profitieren, was mir moralisch betrachtet sehr wichtig ist.

Ihr persönlicher Verhandlungsstil

Ein bekannter und beliebter Fußballer spielte schon seit mehreren Jahren erfolgreich bei seinem Klub. Seine Gage war gut, aber im internationalen Vergleich nicht Spitze, und so sagte sein Manager zu ihm: „Pass auf, ich werde ein paar Angebote von anderen Klubs einholen, denn ich bin mir sicher, du kannst auch das Doppelte verdienen. Und falls du nicht wechseln willst, haben wir zumindest ein Druckmittel, damit du bei deinem jetzigen Klub mehr bekommst." Der Fußballer willigte ein.

Als die Transferzeit im Herbst begonnen hatte, brachte der Manager seinem Klienten nach nur wenigen Wochen drei Topangebote. Er ließ sich einen Termin beim Sportlichen Direktor geben, und als sie am Verhandlungstisch saßen, sagte er: „Ich habe drei Angebote für meinen Klienten, die sich bis auf das Doppelte seiner jetzigen Gage belaufen. Sein Vertrag läuft Ende des Jahres aus. Ich weiß, dass ihr nicht so viel zahlen könnt, was könntet ihr also maximal anbieten? Gegebenenfalls müssen wir uns nämlich etwas anderes überlegen, und er ist weg." Der Fußballmanager legte also ein recht aggressives Verhandlungsverhalten an den Tag.

Der Sportliche Direktor wusste, dass der Klient des Managers ein extrem beliebter und netter Typ war, den alle in der Mannschaft mochten und mit dem er auch sehr gut zurechtkam, auch auf persönlicher Ebene. Und so sagte er zu dessen Manager: „Einen Moment, ihr rufe ihn an, ich will das mit ihm besprechen."

Verblüfft musste der Manager zusehen, wie der Direktor des Klubs den Spieler anrief. Nach ein paar allgemeinen Worten und dem Austausch einiger Nettigkeiten sagte dieser zu dem Spieler: „Hör zu, dein Manager ist hier bei mir und droht mir mit deinem

Abgang. Ich wäre sehr glücklich, wenn du bei uns bleiben würdest. Was meinst du?" Der Spieler sagte nur: „Okay, ich bleibe." Außer sich vor Wut verließ der Spielermanager das Büro des Sportlichen Direktors. Dieser gab dem Spieler einen neuen Vertrag mit einer 30-prozentigen Erhöhung, und alle (bis auf den Manager) waren glücklich.

Was können Sie aus dieser Geschichte lernen?

Stellen Sie sich vor, Sie sind ein kooperativer, netter und allgemein beliebter Mensch. Es würde Ihnen sehr schwerfallen, so zu verhandeln wie der Spielermanager. Es würde Ihnen aber leichtfallen, so zu verhandeln wie der Sportliche Direktor. Umgekehrt: Sind Sie ein aggressiver Verhandler wie unser Spielermanager, werden Sie große Probleme damit haben, während der Verhandlung ständig kooperativ, nett und auf das Wohl der anderen Seite bedacht sein zu müssen. Sie würden es vielleicht eine Zeitlang schaffen, irgendwann würde aber Ihre Dealmaker-Mentalität gnadenlos zuschlagen und Ihre Bemühungen zunichtemachen. Ihren eigenen Verhandlungsstil zu kennen ist also enorm wichtig, denn damit können Sie die Stärken Ihres Stils bewusster einsetzen und sind für die Gefahren gerüstet, die Ihr Stil mit sich bringt.

Übrigens: Selbst wenn Sie äußerst ungern verhandeln, können Sie ein exzellenter Verhandler werden. Dazu müssen Sie weder Ihre Persönlichkeit noch Ihr Verhalten verändern. Allein die Kenntnis Ihres Kommunikations- und Verhandlungsstils schafft ein Fundament, auf dem Sie mit dem Wissen aus diesem Buch aufbauen können. Der Blick in den Spiegel ist dabei extrem hilfreich:

- Wer sind Sie?
- Welcher Stil liegt Ihnen?
- Wie kommunizieren Sie generell mit Menschen?
- Wobei fühlen Sie sich wohl?
- Welche Verhaltensweisen stoßen Sie ab?
- Was bereitet Ihnen Probleme?

Kompetitives Verhandeln vs. kooperatives Verhandeln

In der Literatur ist von unzähligen Verhandlungstypen und deren Verhaltensmustern die Rede – sicher haben Sie auch schon von Bezeichnungen wie der „Machtorientierte", der „Harmoniebedürftige", der „Faktenorientierte" oder der „Macher" gehört. Das ist zwar alles recht interessant, doch mal ehrlich, was hilft diese Einteilung für die Praxis? Sollen wir diese auswendig lernen und darauf hoffen, dass uns dann am Verhandlungstisch ein sortenreiner Verhandlungstypus gegenübersitzt und wir spontan die dazu passenden Taktiken anwenden können? Was machen wir dann aber, wenn unser Verhandlungspartner sein Verhalten plötzlich ändert? Viel Spaß damit: Verwirrung ist vorprogrammiert. Bei Engarde beschränken wir uns daher auf zwei Hauptausprägungen, die *wirklich* einen Unterschied machen: den kompetitiven Verhandlungsstil und den kooperativen Verhandlungsstil.

Gleich vorweg: Keiner der beiden Stile ist richtig oder falsch. Abhängig von der Situation kann jeweils der eine oder auch der andere Stil effektiver und wirkungsvoller sein. In der Praxis wie auch in der Forschung zeigt sich allerdings:

- Der kooperative Verhandlungsstil ist eher dazu geeignet, langfristig zufriedenstellende Verhandlungsergebnisse zu erreichen.
- Der kompetitive Stil zeigt seine Stärke vor allem darin, bei Einmal-Transaktionen aufgrund der härteren Verhandlungsführung bessere Ergebnisse zu erzielen.

Zwei besonders interessante Studien geben einen Einblick in das Verhalten von Verhandlern auf breiterer Basis. Die erste Untersuchung, eine amerikanische Studie von Professor Gerald R. Williams, zeigte auf, dass etwa 65 Prozent der Versuchspersonen – Rechtsanwälte aus zwei amerikanischen Großstädten – einen konsistent kooperativen Verhandlungsstil pflegten und nur 24 Prozent ausgeprägt kompetitiv verhandelten. Die restlichen 11 Prozent waren weder der einen noch der anderen Kategorie klar zuordenbar. Insgesamt war ungefähr die Hälfte der Versuchspersonen von Menschen aus ihrem Umfeld als effektive Verhandler beschrieben worden.

Das wirklich Interessante daran ist nun, dass mehr als 75 Prozent der als effektiv beschriebenen Verhandler den kooperativen Stil ausübten und nur 12 Prozent den kompetitiven. Dies steht in Kontrast zu den Stereotypen aus den Wirtschaftskrimis im Kino, denn die Studie zeigt klar, dass der kooperative Verhandlungsstil nicht nur verbreiteter, sondern offensichtlich auch wirkungsvoller ist. Darüber hinaus erscheint es uns auch logisch, dass es Ihnen leichter fallen wird, Langfristbeziehungen aufzubauen und aufrechtzuerhalten und sich eine Reputation als fairer und guter Verhandler zu schaffen, wenn Sie den kooperativen Stil dem kompetitiven Stil vorziehen.

Die zweite interessante Studie stammt von Neil Rackham und John Carlisle aus England. Über einen Zeitraum von neun Jahren wurde das Verhalten von 49 professionellen Gewerkschaftsverhandlern in der Realität studiert. Die Studie untersuchte unter anderem die Anzahl von aggressiven Verhaltensweisen in Verhandlungen. Darunter fallen zum Beispiel überzogen positive Beschreibungen der eigenen Vorschläge (Schönreden), Beleidigungen der Gegenseite oder direkte Attacken auf die Aussagen der anderen. Ergebnis: Der durchschnittliche Verhandler setzte 10,8 aggressive Verhaltensweisen pro Verhandlungsstunde, die routinierten und effektiven Verhandler gebrauchten durchschnittlich nur 2,3 aggressive Verhaltensweisen pro Stunde. Darüber hinaus vermieden die routinierten und effektiveren Verhandler das, was die Forscher eine Angriff-Verteidigungsspirale nennen, also Zyklen von emotionsgeladenen Argumenten zwischen beiden Verhandlungsparteien (Streitgespräch). Nur 1,9 Prozent der Kommentare von erfahrenen Verhandlern fielen in diese Kategorie, während 6,3 Prozent der Argumente der durchschnittlichen

Verhandler zu dieser Kategorie zählten. Das Profil des effektiveren und routinierteren Verhandlers scheint also einen höheren Grad an Kooperation zu zeigen als das des Durchschnittsverhandlers.

Die Conclusio beider Studien: Kooperation ist grundsätzlich die geeignetere Strategie für effektive Verhandlungsergebnisse, wenn auch sicher nicht die einzige und auch sicher nicht diejenige, die Sie in allen Fällen benutzen.

Test zur Feststellung Ihres persönlichen Verhandlungsstils

Ihren persönlichen Verhandlungsstil zu kennen bietet eine ganze Reihe von Vorteilen für Sie:

- Sie wissen, worauf Sie in der Vorbereitung besonders achten müssen.
- Sie wissen, mit welcher Art von Verhandlungspartner Sie leichter oder schwerer zurechtkommen.
- Sie erfahren, wie Sie feststellen können, welchen Verhandlungsstil Ihr Verhandlungspartner anwendet.
- Sie können sich rechtzeitig gegen Gefahren wappnen, die Ihr Verhandlungsstil mit sich bringt.
- Sie lernen Ihre Verhandlungspartner besser zu verstehen und können diese leichter überzeugen.

Gehen Sie nun die folgenden 42 Fragen eine nach der anderen durch und entscheiden Sie jeweils spontan, ob die aufgelisteten Aussagen auf Sie persönlich zutreffen oder eher nicht zutreffen. Denken Sie dabei an alle möglichen Situationen, nicht nur im beruflichen Umfeld, sondern auch zu Hause und im privaten Bereich.

Bitte achten Sie darauf, dass Sie den Aussagen nicht generell zustimmen oder diese als richtig oder falsch anerkennen. Es geht ausschließlich darum, festzustellen, ob eine Aussage auf Sie persönlich zutrifft oder nicht. Es gibt keine falschen oder richtigen Antworten. Und wenn Sie bei einer

Antwort nicht ganz sicher sind, dann nehmen Sie jene, zu der Sie spontan tendieren.

Bitte wundern Sie sich nicht, wenn manche Fragen ähnlich sind, dies gehört zur Absicherung des Ergebnisses. Der Test ist rasch auszufüllen und liefert zuverlässige Ergebnisse. Bitte beginnen Sie jetzt – im Anschluss an den Test finden Sie die Auswertung und Interpretation der Ergebnisse.

Welcher Verhandlungstyp sind Sie: kooperativ oder kompetitiv?

Aussage	trifft zu	trifft nicht zu
	A	B
1 Die Beziehung zu meinem Verhandlungspartner ist mir sehr wichtig		
2 Ich versuche, die Bedürfnisse meines Verhandlungspartners zu identifizieren		
3 Ich versuche, unangenehme Situationen zu entspannen		
4 Ich erreiche Zusagen durch meine Hartnäckigkeit		
5 Ich versuche, unnötige Konflikte zu vermeiden		
6 Ich suche aktiv nach fairen Kompromissen		
7 Ich habe kein Problem mit unterschiedlichen Meinungen		
8 Ich versuche, die Probleme des anderen zu lösen		
9 Ich bemühe mich sehr um eine gute Atmosphäre		
10 Ich versuche, Kompromisse zu vermeiden		
11 Ich vermeide persönliche Konfrontationen		

12	Ich versuche, den goldenen Mittelweg zu finden		
13	Ich suche nach Gründen für unterschiedliche Meinungen		
14	Ich erwarte in Verhandlungen „Geben und Nehmen"		
15	Ich kommuniziere meine Ziele klar und deutlich		
16	Ich verhandle gern mit extremen Positionen		
17	Ich konzentriere mich auf die Bedürfnisse des anderen		
18	Ich versuche, taktisch überlegen zu sein		
19	Ich wende gern (erlaubte) Tricks an		
20	Ich gehe Meinungsverschiedenheiten aus dem Weg		
21	Ich habe starke Argumente, um Diskussionen zu gewinnen		
22	Ich bin immer kompromissbereit		
23	Ich verlange gern Zugeständnisse		
24	Ich finde das Thema wichtiger als die Personen		
25	Ich spreche Probleme gleich direkt an		
26	Ich achte mehr auf die Beziehung als auf meinen Profit		
27	Ich mache Zugeständnisse und erwarte dafür ebenfalls solche		
28	Ich gehe Verhandlungen sportlich an		
29	Ich versuche, alle meine Verhandlungsziele zu erreichen		
30	Ich fordere lieber etwas, als etwas zu geben		

31	Ich ziehe ein gutes Ergebnis einer guten Beziehung vor		
32	Ich versuche, eine gute Gesprächsbasis zu erhalten		
33	Ich lasse Konfrontationen lieber von anderen lösen		
34	Ich bespreche meine Ziele nicht mit dem Verhandlungspartner		
35	Ich behandle lieber Punkte, in denen Übereinstimmung herrscht		
36	Ich halte oft Zugeständnisse zurück		
37	Ich versuche, unterschiedliche Meinungen zu überbrücken		
38	Ich entwickle gute Beziehungen zu meinen Verhandlungspartnern		
39	Ich erreiche meine Verhandlungsziele eher selten		
40	Ich höre lieber zu als zu sprechen		
41	Ich habe oft die stärkeren Argumente		
42	Ich freue mich über Siege in Verhandlungen		

Auswertung

Für Kreuze in den Feldern 1A, 2A, 3A, 4B, 5A, 6A, 7B, 8A, 9A, 10B, 11A, 12A, 13A, 14B, 15B, 16B, 17A, 18B, 19B, 20A, 21B, 22A, 23B, 24B, 25B, 26A, 27B, 28B, 29B, 30B, 31B, 32A, 33A, 34B, 35A, 36B, 37A, 38A, 39A, 40A, 41B, 42B geben Sie sich einen Punkt für die Kategorie A.

Für Kreuze in den Feldern 1B, 2B, 3B, 4A, 5B, 6B, 7A, 8B, 9B, 10A, 11B, 12B, 13B, 14A, 15A, 16A, 17B, 18A, 19A, 20B, 21A, 22B, 23A, 24A, 25A, 26B, 27A, 28A, 29A, 30A, 31A, 32B, 33B, 34A, 35B, 36A, 37B, 38B, 39B, 40B, 41A, 42A geben Sie sich einen Punkt für die Kategorie B.

❖ **Der Verhandlungs-Profi** ❖

Übertragen Sie die Summe der Kategorien A und B in das Koordinatensystem und lesen Sie dort Ihren Verhandlungstyp und die jeweilige Ausprägung ab.

Auswertung Ihres Testergebnisses

Ihr persönlicher Verhandlungsstil, also die Ausprägung kooperativen oder kompetitiven Verhaltens, spielt eine zentrale Rolle in Ihren Verhandlungen. Der Grund dafür ist einfach: Je besser Sie sich selbst kennen, umso eher können Sie Gefahren vermeiden und umso eher können Sie Ihre Stärken ausspielen. Zudem wissen Sie, wie Sie auf jeweils gleiche oder entgegengesetzte Verhandlungstypen, mit denen Sie zu tun haben, optimal reagieren können.

Der Verhandlungsstil ist erfahrungsgemäß ein relativ stabiler Faktor im persönlichen Verhalten. Er entsteht über die Jahre aus Ihrer Prägung, Ihrem erlernten Verhalten im sozialen und beruflichen Umfeld, genauso wie er durch Geschlecht, Kultur und Ausbildung beeinflusst ist.

Es gibt Menschen, die mit beiden Verhandlungsstilen hervorragend zurechtkommen und auch keine Probleme haben, selbst zwischen Verhandlungsstilen hin und her zu wechseln. Wohingegen andere einen sehr stark eingefahrenen Stil verfolgen und auch kaum fähig sind, im anderen Stil zu verhandeln, geschweige denn mit dem anderen Stil zurechtzukommen. Die wirklich spannende Frage dabei ist:

Welche Ergebnisse liefert Ihr Verhandlungsstil und wie geht es Ihnen, wenn Sie auf einen kooperativen oder einen kompetitiven Verhandlungspartner treffen? Machen Ihnen schwierige Situationen Spaß? Freuen Sie sich darüber? Oder sind sie eher frustrierend, machen sie Sie nervös oder sogar böse? Je emotionaler Sie auf die Stile reagieren, umso mehr müssen Sie in Verhandlungen darauf achten, keine Fehler zu machen, sich auf die Fakten zu konzentrieren und Ihre Strategie diszipliniert zu verfolgen.

Der kompetitive Verhandler – aus Lust am Gewinnen

Als kompetitive Verhandler werden jene Verhandler bezeichnet, die stark wettbewerbsorientiertes Verhalten zeigen. Der kompetitive Verhandler hat oft Spaß an der Verhandlung selbst, weil er sie als sportliche Herausforderung sieht, die ihm die Möglichkeit zum Gewinnen gibt. Daher ist sein Zugang zur Verhandlung auch oft ein spielerischer, vergleichbar mit Sport oder auch Schach, bei welchem er seine Fähigkeiten zeigen und seine natürliche Tendenz zum Wettbewerb stark ausleben kann.

Der kompetitive Verhandler hat Werkzeuge wie Hebelwirkung (Phase 4, Optimieren), Erstvorschläge (Phase 3, Vorschlagen), das Ausspielen von Assen (Phase 4, Optimieren) oder den Abschluss (Phase 5, Abschließen) oft instinktiv zur Verfügung und ist in solchen Situationen auch entsprechend flexibel und stark. Gerade Transaktionen machen dem kompetitiven Verhandler Spaß, und um je mehr (Geld) es geht, umso größer die Herausforderung.

Dabei fällt es ihm wesentlich schwerer als dem kooperativen Verhandler, auf Beziehungen Rücksicht zu nehmen, überhaupt Beziehungen einzugehen und zu verstärken, und diese Beziehungen im Fortlauf einer Verhandlung gewinnbringend einzusetzen. Das führt dazu, dass Verhandlungspartner sich oft überrollt oder über den Tisch gezogen fühlen. Bei zukünftigen Verhandlungen sind diese dann sehr vorsichtig oder haben überhaupt Probleme damit, langfristige Partnerschaften mit kompetitiven Verhandlern einzugehen. Damit lassen diese wiederum zukünftiges Geld auf dem Tisch liegen und vergessen bei aller Freude über den Sieg sehr gern die langfristige Perspektive.

Ein kompetitiver Verhandler neigt auch dazu, Details bei Verhandlungsabschlüssen zu übersehen, diese als selbstverständlich oder nicht so wichtig vom Tisch zu wischen. Er konzentriert sich gern auf das große Ziel und ist zufrieden, sobald er es erreicht.

Der kooperative Verhandler – der verlässliche Partner

Der kooperative Verhandler hat die größte Freude mit dem Kompromiss, weil er der Überzeugung ist, dass es in den meisten Fällen die für beide Seiten beste Lösung ist. Er löst gern Probleme und mag es, die Bedürfnisse und Interessen des Verhandlungspartners zu erfüllen. Seine Fähigkeit, Beziehungen aufzubauen, ist wesentlich ausgeprägter als beim kompetitiven Verhandler und er schafft es, in seinen Verhandlungen eine angenehme Atmosphäre aufzubauen und aufrechtzuerhalten.

Die Rolle des Verhandlungsführers liegt ihm nicht unbedingt, er spielt seine Stärken als Mitglied in einem Verhandlungsteam voll aus. Als Verhandlungsführer ist er gut beraten, sich einen Experten an die Seite zu holen, der zum richtigen Zeitpunkt auch Schlagkraft an den Tag legen kann.

Der kooperative Verhandler sucht ständig nach fairen Lösungen und ist gewissenhaft im Festhalten der Zwischenschritte und Zwischenergebnisse. Auch dabei kommt es ihm auf Ausgewogenheit an. Wird er unter Druck gesetzt, tendiert er dazu, sehr rasch Zugeständnisse zu machen und Asse zu verschenken, weil er meint, damit nehme die Kooperationsfähigkeit des Verhandlungspartners zu. Er gibt sich auch gern mit Erstvorschlägen zufrieden und fühlt sich recht unwohl, wenn er feilschen oder zu lange an Details herumverhandeln muss. Konflikte bereiten ihm Unbehagen, obwohl er diese gut lösen kann – dies allerdings am besten als vermittelnder Dritter in einer Verhandlung.

Die größte Gefahr beim kooperativen Verhandeln ist das Aufgeben von Standpunkten oder das Machen von zu großen Zugeständnissen zugunsten der Beziehung, auch wenn dies oft gar nicht notwendig wäre.

Oft gestellte Fragen zur Auswertung und zu den Verhandlungsstilen

Können sich die Ergebnisse mit der Zeit verändern?

Grundsätzlich ja, obwohl dies von ein paar Voraussetzungen abhängt. Meine Beobachtung zeigt: Je jünger und unerfahrener ein Verhandler ist, umso eher können sich seine Verhandlungsergebnisse mit der Zeit verändern. Dies passiert durch zusätzliche Erfahrungen, Beobachtungslernen und oft auch einschneidende Ereignisse in ganz speziellen oder wichtigen Verhandlungen, die durch das eine oder andere Verhalten zu bestimmten Ergebnissen geführt haben. Im Allgemeinen bleibt das Ergebnis aber recht stabil, und mit der Ausnahme von Schlüsselerlebnissen im Leben wird es sich wenig verändern.

Was ist, wenn ich keine eindeutige Tendenz zu einem Stil zeige?

Dieser Punkt wird oft in die Richtung missinterpretiert, dass die Testperson dann auch keine ausgeprägte Stärke besäße. Das ist nicht korrekt. Wenn Sie in jedem Bereich im Durchschnitt liegen, zeigen Sie Verhaltensmuster aller Stile, sowohl die Stärken als auch die Schwächen betreffend.

Müssen Sie nun mit Extremen jeden Verhaltens verhandeln, tun Sie sich möglicherweise schwerer als jemand, der selbst einen ausgeprägten Stil in die eine oder andere Richtung praktiziert. Allerdings sind Sie auch leichter in der Lage, mit jedem Stil rasch halbwegs zurechtzukommen. Mit etwas Übung und Training können Sie Ihren Stil also leicht in die jeweils eine oder andere Richtung adaptieren, wenngleich das Thema Verhandeln für Sie möglicherweise einen niedrigeren Spaßfaktor hat als für jemanden mit einem ausgeprägten Verhandlungsstil.

Wie weiß ich, welchen Verhandlungsstil mein Verhandlungspartner hat?

Das lernen Sie durch Beobachten und Zuhören. Machen Sie gerade zu Beginn der Verhandlung Ihre Augen weit auf und spitzen Sie Ihre Ohren. Wie viel Zeit verwendet Ihr Gesprächspartner darauf, zu Ihnen eine Beziehung herzustellen? Oder: Wie rasch will er ins Thema einsteigen, ohne mehr über Sie zu wissen? Ist er an Ihren Bedürfnissen interessiert oder denkt er von vornherein nur an die Ergebnisse? Reißt er die Agenda (siehe Phase 2, Klären) an sich oder ist er bereit, Ihre Agenda anzuerkennen, wenn auch vielleicht mit leichten Modifikationen? Fällt es ihm leicht, Ihren Vorschlägen und Ideen zuzustimmen, oder will er selbst jeden Schritt vorgeben, jeden Vorschlag machen und über alles entscheiden? Wenn Sie gut darauf achten, werden Sie sehr rasch deutliche Zeichen für den einen oder anderen Verhandlungsstil erkennen.

Aber was Sie auch erkennen, bitte machen Sie eines auf keinen Fall: Versuchen Sie nie, Ihrem Verhandlungspartner Ihren eigenen Stil aufzuzwingen und seinen Verhandlungsstil zu ändern. Nicht nur, dass es Ihnen ohnehin nicht gelingen würde, es würde viel zu viel Zeit und Mühe kosten. Akzeptieren Sie Ihren Verhandlungspartner, wie er ist, verhandeln Sie strategisch, beachten Sie die fünf Phasen des „VerhandlungsChronos" (s. weiter unten in diesem Kapitel) und Sie werden stets in der Lage sein, exzellente Ergebnisse zu erreichen.

Beeinflusst mein Verhandlungsstil meine Wahrnehmung?

Ja, das ist zweifellos der Fall. Und interessanterweise beeinflusst er auch Ihre Erwartungshaltung: Haben Sie selbst einen stark ausgeprägten kooperativen Verhandlungsstil, werden Sie grundsätzlich davon ausgehen, dass auch der andere einen kooperativen Verhandlungsstil an den Tag legt. Nehmen wir also an, ein kompetitiver Verhandler trifft einen kooperativen Verhandler am Verhandlungstisch, so werden beide vom anderen denken, dass dieser denselben Stil verfolgt wie er selbst. Was natürlich zu Fehlannahmen und falschen Interpretationen führen wird. Denn falls die kooperative Person zu Beginn eine gute Beziehung herstellt, Information teilt, faire Vorschläge macht und immer auf der Suche nach der für beide besten Lösung ist, wird der kompetitive Verhandler dies zwar wahrnehmen, aber wahrscheinlich davon ausgehen, dass dieses Verhalten bloß Taktik ist und nur dazu dient, ihn einzulullen. Das wird ihn dazu bringen, die Verhandlung zu kontrollieren und mit extremen Positionen zu versuchen, den kooperativen Verhandler unter Druck zu setzen. Dieser wiederum wird auf dieses aus seiner Sicht extreme Verhalten möglicherweise selbst aggressiv reagieren, was den kompetitiven Verhandler sofort in seiner Meinung bestätigt, dass seine Hypothese korrekt war. Dieses typisch menschliche Verhalten ist somit zu einer sich selbst erfüllenden Prophezeiung geworden, weil beide fälschlicherweise davon ausgingen, die andere Person sei ebenso wie sie selbst.

Gibt es ein optimales Ergebnis?

Nein. Wie schon in der Einleitung zum Test gesagt, es gibt keine richtigen und keine falschen Antworten. Infolgedessen kann es auch keinen richtigen oder falschen Stil geben. Jeder Stil weist bestimmte Stärken und Schwächen auf und zeigt je nach Situation und Verhandlungspartner eine bestimmte Wirkung. Für Sie ist es jedenfalls interessant, zu sehen, ob Ihr Verhandlungsstil mit Ihrem Job kompatibel ist und Sie damit Ihre angestrebten Ergebnisse erreichen können. Stehen Sie zum Beispiel in diplomatischen Diensten, wird ein kompetitiver Verhandlungsstil Ihrem Beruf eher abträglich als förderlich sein. Führen Sie aber hauptsächlich High-Value-Transaktionen auf dem Finanzmarkt durch, wird ein kooperativer Stil Ihnen eher Nachteile als Vorteile bringen. Das Ergebnis Ihres Tests wird Ihnen also sehr wohl darüber Aufschluss geben, welchen Stil Sie haben und wie dieser in Ihr Umfeld passt, aber nicht darüber, ob er richtig oder falsch ist (es sei denn, Sie zeigen null kooperatives Verhalten und 100 Prozent kompetitives Verhalten oder umgekehrt).

Sind Frauen die kooperativeren Verhandler?

Geht es nach der Meinung der Frauen selbst, sind selbstverständlich die Frauen die kooperativeren Verhandler. Doch Studien zeigen, dass die Selbsteinschätzung der Frauen korrekt ist. Professor Deborah Tannen zeigt in ihren Untersuchungen, dass Männer direkter und aggressiver verhandeln, ihre Verhandlungspartner eher unterbrechen, statusorientierter sind und weniger gut zuhören. Frauen hingehen hören besser zu, zeigen größere Aufmerksamkeit, stellen emotionalen Rapport her und nehmen mehr Rücksicht auf ihren Gesprächspartner, während sie selbst sprechen. Auch wenn Sie also zufällig einige eher emotional orientierte Männer und dafür toughe und statusorientierte Businessfrauen kennen, unterstützen doch sämtliche Statistiken und Untersuchungen die von Professor Tannen gezeigten Ergebnisse.

Die Frage ist also: Was können Frauen tun, um nicht nur als die netten und kooperativen Verhandler gesehen zu werden, sondern auch ihre eigenen Verhandlungsziele zu erreichen? In der Praxis zeigen Frauen zwei typische Verhaltensweisen:

- Frauen vermeiden Verhandlungen grundsätzlich öfter als Männer. Die Anzahl der Frauen, die von sich selbst aus zum Beispiel zu Gehaltsverhandlungen geht, um ein höheres Gehalt zu verhandeln, ist signifikant geringer als die von Männern.
- In wichtigen geschäftlichen Verhandlungen schicken Frauen eher Männer vor als selbst die Verhandlungen zu führen.

Weil vielen Frauen diese Verhaltensweisen auch bewusst sind, kommt es natürlich häufig zur selbsterfüllenden Prophezeiung. Das heißt, da Frauen über ihre Verhaltensweisen in Verhandlungen Bescheid wissen und diese als Nachteile sehen, verhandeln sie automatisch schlechter beziehungsweise ineffektiver als die männlichen Kollegen. Eine besonders interessante Studie untermauert dies: Unmittelbar vor einer Verhandlung wurde eine Versuchsgruppe von Frauen mit einem negativen Frauenbild in Verhandlungen konfrontiert. Ihnen wurde gesagt, dass Frauen grundsätzlich schlechtere Ergebnisse bringen, Angst vor Verhandlungen haben, sich selbst sabotieren, weniger Selbstvertrauen haben und oft Geld auf dem Verhandlungstisch liegen lassen. Die Vergleichsgruppe hingegen wurde mit einem positiven Frauenbild konfrontiert, welches zeigte, dass Frauen gut auf Aggressionen reagieren können, Topresultate verhandeln, sich hervorragend selbst verteidigen können und durch ihren besseren emotionalen Rapport in der Lage sind, Männer am Verhandlungstisch zu beherrschen. Beide Gruppen hatten denselben Fall zu verhandeln, die zweite Gruppe schnitt jedoch wesentlich besser ab – was ausschließlich auf die Affirmation vor der Verhandlung zurückgeführt wurde.

Für meine Leserinnen heißt das also: Auch wenn dieses Frauenbild besteht und Frauen grundsätzlich zu diesen Verhaltensweisen tendieren, ist es keineswegs so, dass Sie keine Wahl haben. Konzentrieren Sie sich auf Ihre Stärken, nutzen Sie Ihre Kooperationsfähigkeit, beschäftigen Sie sich aber auch mit den Möglichkeiten des kompetitiven Verhandelns. Das wird Ihnen in Situationen, in denen Sie auf kompetitiv ausgeprägte Verhandler treffen, besonders hilfreich sein.

Vier Wege zu kooperativem Verhandeln

1. Gemeinsam lässt sich mehr erreichen

Wie ich schon erläuterte, sind Verhandlungen weder Wettbewerbe noch Kämpfe noch Kriege, wenn uns dies die Medien auch immer wieder vorführen, wenn sie von „Übernahmeschlachten", „Preiskriegen", „Grabenkämpfen" oder Ähnlichem schreiben. Unser Zugang zu Verhandlungen ist primär kooperativ und zielt auf ein Ergebnis, das für beide Seiten optimal ist. Das bedeutet nicht, dass wir dem Win-win-Dogma unterliegen, denn der Engarde-Verhandler weiß ganz genau, er ist primär dem eigenen Verhandlungsergebnis verpflichtet. Er freut sich aber natürlich umso mehr, wenn beide Seiten mit einem Geschäft zufrieden sind.

Die schwierigste Person, mit der Sie in einer Verhandlung zu tun haben, sind Sie selbst. Die Kontrolle, die Sie über das Verhalten Ihres Gegenübers haben, ist stark eingeschränkt. Was Sie allerdings kontrollieren können, ist Ihr eigenes Verhalten und sind Ihre eigenen Emotionen. Wann immer Sie in einer Verhandlung mit jemandem, mit dem Sie nicht zurechtkommen, feststecken, suchen Sie also bei sich selbst nach möglichen Gründen, warum die Verhandlung nicht funktioniert. Indem Sie weniger anderen Menschen die Schuld geben, sondern Verantwortung bei sich selbst suchen, werden Sie ein starker und selbstbewusster Verhandler, der immer auf der Suche nach Lösungen ist.

Als ich dies in einem meiner Seminare den Teilnehmern sagte, konnten diese das nur sehr schwer nachvollziehen, weil sie selbst in einer Branche tätig waren, in der die Emotion am Verhandlungstisch an der Tagesordnung ist. Sie wollten also wissen, was sie mit jemandem tun sollten, der frech ist, persönlich wird und extrem aggressiv verhandelt. Meine Empfehlung für solche Fälle: Werden Sie keinesfalls zum Spiegel für das negative Verhalten Ihres Verhandlungspartners. Denn das macht einen positiven Deal mit Sicherheit unmöglich (außer, beide Seiten haben so viel zu verlieren, dass sie sich irgendwie einigen *müssen*). Ihre Aufgabe in solchen Fällen ist es, rational zu denken, die Emotion aus der Verhandlung herauszuhalten und die Verantwortung für die Verhandlung zu übernehmen.

Was Sie möglicherweise am liebsten tun würden, nämlich das negative Verhalten des Verhandlungspartners zu erwidern, um ihm zu zeigen, dass es so nicht geht, ist genau der falsche Weg. Versuchen Sie ihn zu verstehen, aber nicht, ihn zu imitieren. Der einzige effektive Weg, mit solchen Menschen zu verhandeln, ist, sich selbst zu kontrollieren und negatives

Verhalten komplett zu vermeiden. Denn eines dürfen Sie nie vergessen: Ziel ist es, auch in schwierigen Fällen eine akzeptable Vereinbarung oder ein akzeptables Verhandlungsergebnis zu erzielen.

2. Den Blickwinkel ändern

Eine besonders hilfreiche Frage dazu ist: „Warum verhält mein Verhandlungspartner sich so?" Versuchen Sie seinen Blickwinkel einzunehmen, seinen Blick auf die Fakten zu verstehen oder, vielleicht im Gespräch mit Kollegen, herauszufinden, was Ihren Verhandlungspartner zu diesem Verhalten bringen könnte. Denn sobald Sie in der Lage sind, den Grund dafür zu verstehen, können Sie auch konstruktiv damit umgehen.

3. Den anderen als Partner betrachten

Eine weitere Möglichkeit, kooperatives Verhalten zu verstärken, ist, das Gegenüber von vornherein als Partner zu betrachten. Nicht von ungefähr benutze ich auch in diesem Buch ständig den Begriff „Verhandlungspartner" und niemals das Wort „Gegner". Wenn Sie sich als Partner verhalten, wird Ihr Verhandlungspartner diesem vorbildlichen Verhalten folgen. Genauso wird er Ihnen Respekt entgegenbringen, wenn Sie ihm mit Respekt begegnen.

4. Die Interessen des Verhandlungspartners kennen

Um kooperatives Verhandeln zu ermöglichen und zu verstärken, müssen Sie über die Interessen Ihres Verhandlungspartners Bescheid wissen. Der einfachste Weg dazu ist, ihn danach zu fragen. Das mag für Ihr Gegenüber eine Überraschung sein, denn das ist etwas, was nur Menschen tun, die echtes Interesse am anderen haben. Gerade wenn Ihr Verhandlungspartner sich eher abweisend und zurückhaltend verhält, ist das aber eine wunderbare Möglichkeit, das Eis zu brechen und ganz klar zu zeigen, dass Sie auf kooperatives Arbeiten Wert legen. Genauso wichtig ist das aktive Zugehen auf den Verhandlungspartner mit der Bitte um Hilfe und Mitarbeit. Fragen Sie nach Hilfe, um eine Lösung zu finden. Das wird den Eindruck verstärken, dass Sie gemeinsam statt gegeneinander arbeiten möchten. Und vielleicht ist es gerade eine Idee Ihres Verhandlungspartners, die zu einer hervorragenden Lösung führt.

Übrigens: Selbst wenn der Großteil einer guten Lösung von Ihnen kommt, lassen Sie Ihr Gegenüber ruhig glauben, es war dessen Idee. Denn wenn dieses das Gefühl hat, zum Ergebnis beigetragen zu haben, wird es erhöhtes Commitment zur Umsetzung zeigen.

Die fünf Phasen einer Verhandlung: Der Engarde VerhandlungsChrono

Es gibt einige Dinge, die Sie als Verhandler nicht beeinflussen können, zum Beispiel Ihr Geschlecht, Ihre Herkunft, Ihre grundsätzliche Tendenz zu Kooperation oder zur Kompetition. Zum Glück sind diese Dinge nicht entscheidend, wenn es darum geht, exzellente Verhandlungsergebnisse zu erzielen. Dazu ist vielmehr ein exaktes Verständnis des Verhandlungsprozesses notwendig sowie die Fähigkeit, gewisse Werkzeuge und Methoden vor und in der Verhandlung einzusetzen. Mit dem im Folgenden beschriebenen „VerhandlungsChrono" lernen Sie Schritt für Schritt die entscheidenden Phasen einer Verhandlung kennen.

Jede Verhandlung läuft grundsätzlich durch fünf Phasen:
- Vorbereiten
- Klären
- Vorschlagen
- Optimieren
- Abschließen

Wir nennen diesen Ablauf den VerhandlungsChrono, denn diese Phasen laufen hintereinander, also chronologisch, ab. Eine detaillierte Untersuchung hat gezeigt, dass bei Verhandlungen, die scheitern oder die keine guten Ergebnisse bringen, in einer oder mehreren der fünf Phasen etwas schiefgeht oder diese ganz ausgelassen wurden.

Der Erfolg einer Verhandlung wird sich dann einstellen, wenn Sie in der Lage sind, in jeder der fünf Phasen das Richtige zu tun, beziehungsweise sicherzustellen, dass wirklich alle fünf Phasen stattfinden.

Der systematische Engarde-Ansatz verhindert Risiken, die Menschen eingehen, indem sie sich von ihrer Intuition, also von ihrem Bauchgefühl leiten lassen, und weniger auf die vorliegenden Fakten oder die Situation eingehen.

Beginnen Sie eine Verhandlung nie, ohne optimal vorbereitet zu sein. Sie können keinen Vorschlag machen, ohne die Interessen beider Seiten geklärt zu haben, Sie können nicht optimieren oder feilschen, ohne realistische Vorschläge auf dem Tisch zu haben, und Sie können nicht abschließen, ohne alles vereinbart und ein optimales Package geschnürt zu haben.

Phase 1 Vorbereiten

Professor G. Richard Shell von der Wharton School of Business führte folgendes hochinteressante Experiment zum Thema „Vorbereitung in Verhandlungen" durch. Er war der Überzeugung, eine standardisierte Vorbereitung mittels eines aufwendigen Computerprogramms würde helfen, Verhandlungsergebnisse signifikant zu verbessern. Gemeinsam mit einem Kollegen entwickelte er daher ein derartiges Programm und testete dieses mit hunderten MBA-Studenten. All diese Studenten hatten dieselben Verhandlungsfälle zu lösen. Die Hälfte der Studenten musste sich mithilfe seines Computerprogramms vorbereiten, was etwa 40 Minuten pro Person dauerte, während die anderen sich intuitiv vorbereiteten und kaum mehr als fünf bis zehn Minuten dafür brauchten.

Die Ergebnisse werden niemanden erstaunen: Die Testgruppe, die sich mittels des Computerprogramms vorbereitete, schnitt in den Verhandlungen wesentlich besser ab und erzielte deutlich höhere Profite bei ihren Verhandlungsfällen als jene Studenten, die sich nur intuitiv und kurz vorbereiteten.

Das Überraschende dabei war aber, dass das Computerprogramm selbst überhaupt nichts mit diesem Ergebnis zu tun hatte, sondern ausschlaggebend war rein die Dauer der Vorbereitung! Die lange und ausführliche Vorbereitung verschaffte den Studenten eine große Menge an Information – und Information ist der Schlüssel zum Verhandlungserfolg.

Der Wille zur Vorbereitung

Ihre erste wichtige Aufgabe ist die Vorbereitung der Verhandlung. Und damit haben wir auch schon das erste Problem: Obwohl die Vorbereitung einer der wesentlichen Erfolgsfaktoren beim Verhandeln ist, lassen viele diesen Punkt unter den Tisch fallen. Die Begründungen dafür sind vielfältig – von „keine Zeit" bis „Das habe ich noch nie gemacht" und „Ich weiß ohnehin, was meine Verhandlungspartner von mir wollen/erwarten". Die Folgen: Wenn Sie zu wenig wissen, die Fakten zu wenig kennen, sich zu wenig Gedanken über Ihre Ziele und die Ziele Ihres Gegenüber gemacht haben, gehen Sie mit zahlreichen Vorannahmen in die Verhandlung – und improvisieren sich dann durch das Gespräch, mit mehr oder weniger guten Ergebnissen. In der Regel jedoch mit wesentlich schlechteren Ergebnissen, als Sie mit der richtigen Vorbereitung für sich *und* Ihren Verhandlungspartner hätten erzielen können.

Jeder Erfolg, zum Beispiel im Sport, beruht auf Training und Vorbereitung. So muss ein Slalomfahrer monatelang, ja, jahrelang trainieren, um bei den Olympischen Spielen in zwei Minuten die Goldmedaille zu erringen. Das Training bedeutet unter Umständen Überwindung, Schmerz und Qual. Er studiert die Strecke und ihre Besonderheiten, er lässt sich und seine Ausrüstung von einem Team von Experten auf den wichtigen Termin vorbereiten. Und eines Tages steht er am Start, vor sich den steilen Abhang, an dessen Fuß ihn der Erfolg, das Ergebnis seiner Mühen, erwartet. Doch er ist motiviert, denn am Ziel wartet Gold auf ihn.

Als Verhandler haben Sie es im Vergleich zum Rennläufer leichter, Sie müssen sich nicht körperlich quälen und in der Vorbereitung Schmerzen erleiden, Sie müssen „lediglich" Fakten und Informationen sammeln, ordnen und interpretieren und sich eine Strategie zurechtlegen, um in der Verhandlung mit den richtigen Taktiken zu arbeiten.

Eine Verhandlung vorzubereiten ist Arbeit. Arbeit, die aber immens wichtig ist. Bevor Sie mit dieser Arbeit beginnen, checken Sie sicherheitshalber rechtzeitig, ob die von Ihnen geplante Verhandlung überhaupt notwendig und sinnvoll ist. Fragen Sie sich dazu:

- Kann die Verhandlung meine jetzige Situation verbessern?
- Kann mein Verhandlungspartner von der Verhandlung profitieren?
- Gibt es gemeinsame Interessen?
- Habe ich genug Hebel, die ich einsetzen kann?

Trifft keiner dieser Punkte zu, können Sie auf die Verhandlung wahrscheinlich verzichten, weil sie entweder aussichtslos ist oder sinnlos sein wird.

Mit der Faktenbrille Wesentliches von Unwesentlichem trennen

Bei der Vorbereitung auf eine Verhandlung stoßen Sie unweigerlich auf eine Vielzahl von Informationen: Fakten, Vermutungen, Verdachtsmomente, Vorurteile, Erfahrungen, Emotionen, Gerüchte. Es liegt an Ihnen, zu entscheiden, welche Informationen für Sie wesentlich sind und welche unwesentlich. Sie müssen auch entscheiden, welche Informationen Sie in der Vorbereitung oder in der Verhandlung benutzen wollen und welche nicht.

Exzellente Verhandler werfen nicht alle Fakten in einen Topf, sondern unterscheiden genau, welche Art von Information vorliegt. Oft vernebeln vorhandene Emotionen, Erfahrungen oder Vermutungen den Blick auf das Wesentliche. Es kann aber auch sein, dass wichtige Informationen auf emotionaler Ebene bekannt sind, sie aber nicht genutzt werden. Wir empfehlen daher, bereits bei der Vorbereitung die sogenannte „Faktenbrille" aufzusetzen. Diese hilft Ihnen,

- Wesentliches von Unwesentlichem zu unterscheiden,
- Fakten von Emotionen zu trennen,
- Interessen von Positionen zu unterscheiden.

Durch den klaren und unverfälschten Blick auf alle vorliegenden Informationen sind Sie in der Lage, störende Faktoren, die Sie möglicherweise in eine falsche Richtung beeinflussen, auszuschließen. Das garantiert Ihnen eine effektive Verhandlungsführung und erhöht Ihre Chancen – denn Sie haben sich rechtzeitig und professionell mit den relevanten Fakten auseinandergesetzt.

Psychologische Fallen und irrationales Verhalten

Viele Menschen meinen, Verhandeln habe nur mit Körpersprache und Rhetorik und dem Einsatz von Tricks und Bluffs zu tun. Das stimmt natürlich nicht, denn was eine erfolgreiche Verhandlung auszeichnet, ist das Gewinnen von Information und deren richtige Verwendung in der Verhandlung.

Die Bestätigungsfalle führt zu gefährlichen Entscheidungen

Vorsicht! Manche picken sich in der Vorbereitungsphase nur jene Informationen heraus, welche die eigenen Annahmen stützen, und ignorieren Informationen, die dagegen sprechen – ein gefährlicher Fehler. Die Tendenz, unsere Urteile und Entscheidungen durch bestätigende Informationen abzusichern und Informationen auszublenden, die unsere Annahmen ins Wanken bringen können, führt zu einem blinden Fleck in unserer Wahrnehmung. Die sogenannte Bestätigungsfalle versperrt uns damit den Weg zu alternativen Sichtweisen und neuen Lösungsmöglichkeiten. Die Lösung finden Sie oft aber nur, wenn Sie Ihren eigenen Glauben, Ihre Vermutungen und Hypothesen infrage stellen und Information durch Gegeninformation überprüfen.

Beispiel

Angenommen, Sie möchten sich ein Ferienhaus an der Ligurischen Küste kaufen und beginnen nun mit der Suche nach Information. Welche Art von Information werden Sie nun sammeln? Solche, die den Kauf des Ferienhauses unterstützt, oder solche, die den Kauf des Hauses verhindert? Mit hoher Wahrscheinlichkeit werden Sie nach ersterer Information suchen, also nach bestätigenden Fakten. Und alles, was dagegen spricht, werden Sie links liegen lassen, ignorieren und als nicht so wichtig abtun.

Dieses Verhalten betrifft neun von zehn Personen und ist zutiefst menschlich – und daher leider auch zutiefst irrational. Um der Bestätigungsfalle zu entgehen, brauchen Sie vor allem Information, die Ihre Annahmen infrage stellt.

Tipp

Denken Sie über alle (!) Fakten nach, insbesondere über jene, die gegen Sie sprechen.

Die Ego-Falle vernebelt die Sicht auf die Realität

Zur Bestätigungsfalle gesellt sich nun noch die Ego-Falle, die in Kombination mit anderen Faktoren schon oft zu katastrophalen Entscheidungen geführt hat, sowohl in der Wirtschaft als auch in der Politik oder im Privatleben vieler Menschen. Einige Gefahrenquellen:

- Nur weil Sie einmal, zweimal oder dreimal recht hatten, haben Sie nicht immer recht.
- Das eigene Urteil wird so gut wie immer überschätzt, ebenso überschätzen auch Ihre Verhandlungspartner sich. Das ist Ihre Chance, durch gute Aufklärung, Argumente und andere Sichtweisen zu punkten.
- Gemäß dem Sprichwort „Eine Zahl ist besser als keine Zahl", welchem durchaus zuzustimmen ist, klammern sich viele Menschen leider auch an irrelevante und irrationale Zahlen.

In einer Studie über das Verhalten in Verhandlungen wurde die Existenz der Ego-Falle eindrucksvoll bewiesen. Jeweils zwei Parteien mussten ein Angebot an einen neutralen Dritten übermitteln und dann die Wahrscheinlichkeit schätzen, mit der ihr Angebot zum Zuge kommen wird. Rational betrachtet ist die Wahrscheinlichkeit bei zwei Bietern exakt 50 Prozent. Im Durchschnitt gaben die Befragten aber eine 68-Prozent-Wahrscheinlichkeit für die Akzeptanz ihres Angebots an, was natürlich höchst interessant ist.

Durch die Ego-Falle ergibt sich oft ein folgenschweres Problem: Wenn ein Manager in der Ego-Falle sitzt, wird er eher davon ausgehen, dass seine Angebote und Vorschläge ohne zu verhandeln akzeptiert werden. Das bringt ihn zu einer verminderten Aufmerksamkeit gegenüber seinem Verhandlungspartner und reduziert seine Motivation, Zugeständnisse zu machen.

Führungskräfte, welchen die Gefahr der Ego-Falle bewusst ist, sind offener gegenüber Vorschlägen, überlegen rationaler und entscheiden eher aufgrund der Faktenlage.

Unsere Seminarteilnehmer, die wir mit dieser Falle konfrontiert und entsprechend trainiert haben, sagen, dass sie ihre Vorschläge nun sorgfältiger überlegen, die Wahrscheinlichkeit der Annahme durch den Verhandlungspartner niedriger einschätzen und dadurch intensiver über Lösungen und Alternativen nachdenken. In weiterer Folge führt dies zu besseren Verhandlungsergebnissen mit einem Mehrwert für beide Seiten.

Die drei rationalen Illusionen

Die Ego-Falle führt zu besonders gefährlichen Illusionen, denen wir uns nur zu gerne hingeben. Diese lassen uns in dem süßen Glauben, wir wären überlegen, hätten alles unter Kontrolle und die Zukunft kann nur rosig sein. Das klingt zwar verlockend, ist aber kontraproduktiv, weil natürlich eine irrationale Annahme.

Überlegenheit

Eine unrealistisch positive Selbsteinschätzung führt zu folgender Illusion: Menschen halten sich selbst für intelligenter, fairer, ehrlicher, rationaler (!) und kompetenter als andere. Erfolge schreiben sie ihrem Können zu, Misserfolge den äußeren Umständen. Dafür ziehen sie andere Menschen umso eher bei Fehlern zur Verantwortung und haben Mühe, deren Erfolge anzuerkennen. Der Psychologe Rod Kramer und seine Kollegen fanden heraus, dass Verhandler oft der Meinung sind, sie wären besser als ihre Verhandlungspartner.

Optimismus

Menschen glauben im Durchschnitt, dass sie weniger von negativen zukünftigen Ereignissen betroffen sein werden als andere. Als wäre das nicht schon seltsam genug, glauben sie auch noch, dass sie mehr von positiven künftigen Ereignissen betroffen sein werden als andere.

Kontrolle

Diese Illusion ist deshalb so interessant, weil sie rational betrachtet die unlogischste von allen ist: Menschen glauben, dass sie über Ereignisse mehr Kontrolle hätten, als dies tatsächlich der Fall ist, selbst wenn es um etwas so vom Zufall Abhängiges wie Würfeln oder Roulettespielen geht. So zeigt zum Beispiel eine interessante Untersuchung, dass Menschen, die bei Pferderennen wetten, bei Rennen, die noch nicht begonnen haben, wesentlich höhere Beträge setzen als bei solchen, die bereits gelaufen sind, deren Ergebnisse sie aber nicht kennen. Das bedeutet, sie glauben, sie könnten mit ihren Wetten den Ausgang der Rennen beeinflussen.

Diese drei Illusionen als Folge der Ego-Falle lassen uns die Welt anders sehen, als sie tatsächlich ist. So vertrauen zum Beispiel Manager, Investoren oder auch Finanzexperten ihrem eigenen Urteil mehr, als es aufgrund der tatsächlichen Umstände angebracht ist. Kein Wunder, dass manche Entscheidungen, Urteile oder Voraussagen im Nachhinein unglaublich erscheinen.

So entkommen Sie der Ego-Falle und den damit verbundenen Illusionen:
- Trainieren Sie Ihre Aufmerksamkeit, damit Sie merken, wann Sie in eine Falle tappen.
- Holen Sie zur Überprüfung externen, neutralen Rat und Expertise ein.
- Sammeln Sie Information und Wissen, je mehr, desto besser.
- Fragen Sie sich laufend:
  - Weshalb könnte diese Entscheidung falsch sein?
  - Was könnte ich übersehen haben?
  - Wo könnte ich einer Fehleinschätzung unterliegen?
  - Was geschieht außerhalb meiner Kontrolle?

Die Welt mit den Augen des anderen sehen

Eine der Schlüsselfähigkeiten erfolgreicher Verhandler ist, die Verhandlung mit den Augen des anderen zu sehen. Dies beginnt bereits bei der Vorbereitung: Wenn Sie sich nicht fragen, was das wirkliche Interesse Ihres Verhandlungspartners ist, wie er von Ihren Vorschlägen profitieren, weshalb er zu Ihren Vorschlägen Nein sagen und welchen Nutzen er aus einer möglichen Vereinbarung ziehen könnte, verzichten Sie auf einen wichtigen Teil der Vorbereitung und begeben sich damit auf Glatteis. Echtes Interesse für die andere Partei, Verständnis für ihre Sichtweise und Vorgehensweise sowie das Herausfinden von deren Zielen sind sehr wichtige Erfolgskriterien.

Im Gegensatz zu vielen anderen Fähigkeiten in der Kommunikation scheint es sich hier, wie viele Untersuchungen zu diesem Thema zeigen, tatsächlich um eine Eigenschaft zu handeln, die uns zum Großteil in die Wiege gelegt wird. Nichtsdestotrotz ist es möglich, sie bis zu einem gewissen Grad zu erlernen, vor allem dann, wenn wir mit strukturierten Werkzeugen wie dem Engarde Strategic Planner (ESP) arbeiten, den ich Ihnen gleich im Anschluss vorstellen werde.

Warum aber ist es so schwierig, sich „die Schuhe des anderen anzuziehen"? Dafür gibt es drei Gründe:

Irrationales Wettbewerbsdenken

In fast allen Verhandlungen gibt es kritische oder schwierige Themen mit einem gewissen Konfliktpotenzial. Gerade diese Themen verleiten (vor allem kompetitive) Verhandler dazu, den Blick auf das Wesentliche zu verlieren und diese Punkte nur um des Sieges willen zu verhandeln. Wenn Sie das allerdings tun, verlieren Sie das Interesse Ihres Gegenübers völlig aus den Augen, und die Gefahr eines Konflikts nimmt weiter zu. Und nur wenn Sie sich dieser Gefahr bewusst sind und immer wieder hinterfragen: „Was bewegt den anderen?", „Warum sagt er nun Nein?", „Weshalb lehnt er meinen Vorschlag ab?", haben Sie die Möglichkeit, den Blickwinkel des anderen wieder zu verstehen und in der eigenen Verhandlungsführung zu berücksichtigen.

Die eigene Sicht der Welt

Natürlich sehen wir die Verhandlungssituation und die Fakten in erster Linie durch unsere eigenen Augen und vor dem Hintergrund unserer eigenen Erfahrungen. Was für uns selbst logisch oder „richtig" ist, muss es aber nicht zwingend auch für den anderen sein. Dazu gesellt sich auch die oben beschriebene Bestätigungsfalle, die uns in Gefahr bringt, unsere eigenen Annahmen auch noch durch unterstützende Informationen zu bestätigen. Das alles macht es umso schwieriger, konträre Standpunkte unserer Verhandlungspartner zu berücksichtigen und zu verstehen.

Während der Verhandlung auf die Sichtweise des anderen vergessen

Eine spektakuläre Sammelstudie aus 32 Einzelstudien mit über 5.000 Teilnehmern von Professor Leigh Thompson zeigte ein unglaubliches Ergebnis: In mehr als 50 Prozent aller Verhandlungssituationen schafften es die Probanden nicht, die Sichtweise des anderen einzunehmen, *sobald die Verhandlung begonnen hatte.* Einer der Gründe dafür war zum Beispiel gegenseitiges Bluffen: Selbst wenn sie sagten, sie würden einen Kompromiss eingehen, verfolgten sie explizit ihre eigenen Ziele. Andere gaben ihre eigenen Interessen und Vorschläge in der Verhandlung nicht zu 100 Prozent ehrlich bekannt, andere wiederum trafen enorme Fehleinschätzungen über ihren Verhandlungspartner, unterstellten ihm zum Beispiel fehlendes Fachwissen oder mangelnde Qualifikation in Bezug auf das Verhandlungsthema. Die Conclusio: Die Gefahr, bereits in der Vorbereitung auf die Betrachtung der Sichtweise des anderen zu vergessen ist groß. Doch auch wenn Sie es in der Vorbereitung beachtet haben, kann es doch sehr leicht passieren, dass Sie in der Verhandlungssituation erneut darauf vergessen, weil die Ereignisse Sie überrollen.

Tipp

Wechseln Sie die Seiten – mental und real

Verhandeln Sie zum Beispiel immer nur als Einkäufer, begleiten Sie einen Tag lang Ihre Kollegen aus dem Verkauf, sind Sie Verkäufer, gehen Sie mit Ihren Einkäufer-Kollegen mit zu Verhandlungen. Versuchen Sie immer zu verstehen, wie die andere Seite tickt, was sie antreibt, welche Interessen sie hat. Dabei lernen Sie auch noch Strategien aus dem Blickwinkel der anderen kennen und haben so die Möglichkeit, sich darauf einzustellen und Gegenstrategien zu entwickeln.

Der Engarde Strategic Planner: die erfolgreiche Planung Ihrer Verhandlungsstrategie

Um Ihnen die Vorbereitung Ihrer zukünftigen Verhandlungen zu erleichtern, haben wir den Engarde Strategic Planner (ESP) entwickelt. Dieser gibt Ihnen die nötige Struktur zur Analyse der Information und zur Festlegung Ihrer Verhandlungsstrategie. Der ESP wurde zu 100 Prozent für die Praxis entwickelt und wird mittlerweile von unzähligen Engarde-Absolventen zur Vorbereitung von Verhandlungen genutzt. In diesem Kapitel erfahren Sie, wie Sie den ESP ausfüllen und für sich nutzen. Die Belohnung dafür wird ein völlig neuer Fokus in Verhandlungen sein – und ich versichere Ihnen, erste Erfolge werden sich allein durch die Nutzung dieses Werkzeugs rasch und zuverlässig einstellen.

Der ESP ist in folgende Bereiche gegliedert:

Thema, Problem, Anlass

Definieren Sie in einem Satz die Aufgabenstellung: Worum geht es für Sie?

ESP - En GardE Strategic Planner©

Thema, Problem, Anlass: _____

Verhandlungsart: o Konflikt   o Beziehung   o Transaktion

Verhandlungspartner: _____   Entscheidet: ja | nein

Einstellung zu mir: - | o | +   meiner Firma: - | o | +   zum Thema: - | o | +

Ziele
must have _____   **A**
want to have _____
nice to have _____
Interessen, Bedürfnisse
_____   **B**
_____

Ziele
must have _____
want to have _____
nice to have _____
Interessen, Bedürfnisse
_____
_____

Asse   **A**
_____

Mögliche Zugeständnisse   **B**

Asse
_____

Mögliche Zugeständnisse
_____

Erstvorschlag: o aktiv   o einfordern   **A**

o aggressiv   o optimistisch   o moderat   **B**

Erstvorschlag: o aktiv   o einfordern

o aggressiv   o optimistisch   o moderat

Exit-Point: _____   **A**

Plan B: _____   **B**

Exit-Point: _____

Plan B: _____

---

mögliche Taktiken: _____
mögliche Stolpersteine: _____

© *Engarde Verbandlungstraining GmbH*

Zum Beispiel: *Lösung des Problems mit der verspäteten Montage der Anlage; Gehaltsverhandlung für nächstes Jahr; Sicherung der Landeerlaubnis bis 2020, Festlegen der Schadenersatz-Summe für den Klienten*

Verhandlungsart

Verhandeln Sie ein Geschäft, geht es um einen Konflikt mit Kollegen, Partnern, Kunden oder darum, eine Beziehung zu schaffen oder zu verbessern? Auch Mischformen sind möglich, wenn zum Beispiel in einer bestehenden Kunden-Lieferantenbeziehung ein Geschäft abgeschlossen werden soll oder in einer Kooperation ein Konflikt beizulegen ist.

Verhandlungspartner

Mit wem verhandeln Sie, ist die Person entscheidungsbefugt und wie ist die Einstellung zu Ihnen, Ihrem Unternehmen und dem Thema? Negativ, neutral oder positiv?

Ziele

Must-have: Ihr Minimumziel – was *müssen* Sie erreichen?

Want-to-have: Was möchten Sie erreichen? Natürlich mehr als Ihr Must-have, durchaus auch in mehreren Verhandlungspunkten.

Nice-to-have: Ihr ideales Verhandlungsergebnis: Was hätten Sie gerne? Was wäre das Sahnehäubchen oben drauf?

Interessen, Bedürfnisse

Was bewegt Sie, worüber machen Sie sich Sorgen, was ist noch für Sie wichtig? Ziele dienen manchmal nur einem bestimmten Zweck – dem dahinterliegenden Bedürfnis. Je genauer Sie darüber Bescheid wissen, umso besser werden Sie verhandeln.

Asse

Was haben Sie, was für Ihren Verhandlungspartner wertvoll ist? Was bringt ihm viel, kostet Sie aber wenig? Asse sind Variablen, die Sie Zug um Zug einbringen können: Zusatzleistungen, Perspektiven, Optionen. Asse könne Verhandlungen in eine neue Richtung lenken, sie sind besonders wichtig!

Mögliche Zugeständnisse

Überlegen Sie sich rechtzeitig, welche Zugeständnisse Sie im Laufe der Verhandlung machen können. Dass Sie diese bereits vorher aufschreiben, heißt natürlich nicht, dass Sie sie auch alle geben sollen. Asse sind starke Argumente und wertvoll für den Verhandlungspartner, Zugeständnisse hingegen sind kleine Schritte im Sinne des „Nachgebens" oder „Quid pro quo".

Erstvorschlag

Aktiv oder einfordern?

Planen Sie den Erstvorschlag je nach Verhandlungsart und Informationsstand. Wenn Sie nicht sicher sind, fordern Sie ihn ein. Wenn Sie aggressiv ankern wollen, wählen Sie „aktiv".

Aggressiv, optimistisch, moderat?

Formulieren Sie Ihren Erstvorschlag aus. Natürlich können Sie diesen während der Verhandlung ändern oder adaptieren, falls in der Klärungsphase unerwartete Informationen auftauchen, doch er sollte schon klar sein, bevor Sie in die Verhandlung gehen.

Exit-Punkt

Der Umkehrschluss Ihres Must-haves: Falls Sie dieses nicht erreichen können, ziehen Sie den Abbruch in Betracht. Voraussetzung dafür ist ein funktionierender Plan B.

Plan B

Der Plan B muss realistisch, umsetzbar und attraktiv genug sein, sodass Sie ihn auch umsetzen würden. Sonst gibt er keinen Rückhalt und wäre vermutlich ein Bluff.

Mögliche Taktiken

Wie werden Sie das Gespräch angehen, welche möglichen Taktiken könnten Ihnen in der Verhandlung behilflich sein?

Mögliche Stolpersteine

Was könnten Sie übersehen haben? Was wäre unangenehm oder gefährlich? Was muss passieren, damit die Verhandlung scheitert?

Die Bereiche des ESP leiten Sie durch Ihre Vorbereitung. Sehen wir uns nun die wesentlichen Aspekte und Hintergründe Ihrer Vorbereitung im Detail an.

Informationen über Ihren Verhandlungspartner

Im Bereich „Verhandlungspartner" Ihres ESP tragen Sie den Namen Ihres Verhandlungspartners ein sowie seine Funktion und seit wann er diese bekleidet. Ist er ein Entscheider? Welche Einstellung hat Ihr Verhandlungspartner zu Ihnen? Zu Ihrem Unternehmen? Und wie steht er zum Thema, um das es in der Verhandlung gehen wird? Gehen Sie diese Punkte nicht nur oberflächlich durch, sondern hinterfragen Sie auch Ihre möglicherweise vorhandenen Vorannahmen und Informationen, die Sie von Dritten bekommen haben.

Fangen Sie so frühzeitig wie möglich mit dem Sammeln von Informationen an. Zapfen Sie alle Informationsquellen an, die Ihnen zur Verfügung stehen. Fragen Sie Mitarbeiter, Kollegen, Freunde oder Bekannte, ob sie schon einmal mit dieser Firma oder dieser Person zu tun hatten. Prüfen Sie, ob Sie Zugang zu Personen aus der Umgebung Ihres Verhandlungspartners haben, also aus seiner Organisation, ob Sie an Geschäftspartner und Kooperationspartner herankommen, die mit Ihrem Verhandlungspartner bereits zu hatten oder noch zu tun haben. Und selbstverständlich sammeln Sie alle Informationen, die bereits publiziert sind, zum Beispiel in Fachmagazinen, Zeitschriften oder Büchern. Natürlich werden Sie auch die Informationsquelle Nummer eins nützen, das Internet: Googeln Sie Namen, Unternehmen, Produkte und checken Sie, ob es zu Ihrem Verhandlungsthema Äußerungen in Foren, auf Bewertungsplattformen und in Online-Netzwerken gibt.

Ambitionierte Ziele führen zu exzellenten Ergebnissen

Das Bestimmen von Zielen in Verhandlungen läuft sehr oft nur auf eines hinaus: einen guten Preis. Natürlich ist ein guter Preis normalerweise ein wichtiges Ziel, vor allem auch deshalb, weil er präzise festzulegen und zu quantifizieren ist. Was dabei allerdings oft übersehen wird: Kaum je geht es um den Preis allein. Der Preis ist immer nur Bestandteil eines Pakets oder eines Bündels von Zielen. Ein „wirkliches" Ziel, das darübergestellt ist, könnte zum Beispiel sein, mehr Wert zu schaffen, ein Problem zu lösen oder profitabler zu arbeiten. Aber es wird niemals ausschließlich um den Preis als isolierten Faktor gehen.

Klingt das abstrakt? Stellen Sie sich vor, Sie kaufen einen Artikel, kaufen Sie dann den Artikel selbst oder dessen Preis? Wahrscheinlich ist es Ihnen wichtiger, dass der Artikel funktioniert und eine gewisse Qualität hat. Ihr Ziel ist ja nicht, Geld auszugeben, sondern den Artikel zu bekommen, den Sie haben wollen. Der Preis wird wahrscheinlich immer eine Rolle spielen, er wird aber nicht das einzige Verhandlungsziel sein. Als Verkäufer wiederum müssen Sie darauf achten, dass Ihre Produkte oder Waren den Kunden auch nach der Zahlung des vereinbarten Preises zufriedenstellen. Das heißt, dass der Kunde wirklich die Qualität bekommt, die er möchte, dass er Sie möglicherweise weiterempfiehlt und wieder einmal etwas von Ihrem Unternehmen kauft.

In der Praxis bewährt sich das Definieren dreier unterschiedlicher Ziele:

- **Ihr Must-have**
  Ihr Must-have-Ziel bildet Ihr absolutes Mindestziel. Dieses Ziel müssen (!) Sie erreichen. Alles, was in der Verhandlung unter diesem Ziel liegt, würde zu einem Verhandlungsabbruch führen.

- **Ihr Want-to-have**
  Ihr Want-to-have-Ziel liegt über Ihrem Must-have-Ziel und beschreibt das, was Sie erreichen möchten. Es muss also ambitionierter sein als Ihr Must-have-Ziel.

- **Ihr Nice-to-have**
  Die dritte Zielkategorie ist Ihr Nice-to-have-Ziel. Dieses beschreibt die optimistische Variante Ihrer Zieldefinition, die aber trotzdem noch realistisch und erreichbar sein muss.

Die Anwendung aller drei Zielkategorien bewährt sich in der Praxis deshalb, weil Sie Ihnen von vornherein eine gewisse Bandbreite (Verhandlungsspielraum) gibt und Sie dazu ermutigt, sich darüber Gedanken zu machen, was Sie alles gern *hätten*, statt nur darauf zu fokussieren, was Sie unbedingt *brauchen*. Dadurch werden Sie automatisch ambitionierter verhandeln und die Chance auf einen Abschluss über Ihrem Must-have steigt. Mit Ihren Zielen geben Sie Ihrem Handeln eine Richtung und richten Ihr Verhalten auf das Erreichen der Ziele aus.

Das Festlegen von Zielen ist nicht immer einfach. Gehen Sie trotzdem niemals in eine Verhandlung, ohne sich Gedanken über alle drei Zielkategorien gemacht zu haben.

Achtung vor Pro-Forma-Zielen!

Pro-Forma-Ziele sind solche, bei denen Sie nicht besonders überrascht sind, wenn Sie sie a) entweder gar nicht oder b) sofort und problemlos erreichen. Tritt einer der beiden Fälle ein und Sie sind weder überrascht noch enttäuscht, dann war das Ziel von vornherein nicht in Ordnung, weil entweder zu hoch oder zu niedrig angesetzt.

Ziele müssen motivieren

Ziele dienen in Verhandlungen als roter Faden. Sie müssen so gestaltet sein, dass wir Verlust oder Enttäuschung empfinden, wenn wir sie nicht erreichen. Es muss also wehtun, wenn Sie Ihr Ziel verfehlen. Nur dann wird es Sie ausreichend motivieren.

Studien über Ziele zeigen, dass diese als psychologischer Trigger funktionieren. In der Verhandlung selbst verhilft Ihnen ein klares Ziel automatisch zu einer höheren Überzeugungskraft, zu geringerer Bereitschaft, Zugeständnisse zu machen, und zum Mut, harte Forderungen zu stellen. Ich sage meinen Seminarteilnehmern dazu gern: „Zu Zielen müssen Sie sich committen und Commitment erhöht die Chance auf das Erreichen Ihrer Ziele."

Machen Sie nicht den Fehler, Ihre Ziele nach oberflächlichen Positionen auszurichten (recht haben wollen, es dem anderen zeigen, Macht demonstrieren, etwas aus Prinzip wollen).

Tipp

Denken Sie gut über Ihre Ziele nach, sie müssen Ihre Interessen und Bedürfnisse befriedigen.

Weshalb verzichten wir immer wieder auf das Setzen von Zielen?

Es ist schon seltsam, oder? Wir wissen, dass Ziele bessere Ergebnisse bringen, trotzdem verzichten wir in der Praxis immer wieder darauf. Auslöser dafür sind die folgenden psychologischen Gründe – achten Sie darauf, dass Sie diesen nicht zum Opfer fallen.

Wir wollen Konflikte vermeiden.

In einer Verhandlung viel erreichen zu wollen und dazu auch von dem Verhandlungspartner viel zu fordern, birgt immer ein gewisses Konfliktpotenzial. Das ist natürlich unangenehm und daher möchten wir es so gut es geht vermeiden. Wir setzen das Ziel somit gleich etwas niedriger an, um dem Konflikt von vornherein aus dem Weg zu gehen, vermeiden so Probleme in der Verhandlung und kommen schneller zu einer Einigung.

Wir haben Angst vor Enttäuschungen.

Sind die Ziele sehr moderat oder niedrig, hilft uns das, unser Selbstvertrauen zu behalten, da wir diese Ziele schließlich viel schwerer verfehlen können als hohe Ziele. Mit anderen Worten: Die Versuchung, das Verhandlungsziel so niedrig anzusetzen, dass man es sicher erreicht, ist ziemlich groß, denn das erspart uns die eine oder andere Enttäuschung und die damit einhergehenden unangenehmen Gefühle.

Wir wissen nicht, wie man richtige Ziele setzt.

Diesen Grund können Sie in Zukunft getrost streichen, da Sie mit dem ESP eines der am besten funktionierenden Werkzeuge zu diesem Thema in der Hand haben.

Wir haben zu wenig Information.

Genau dazu gibt es den ESP. Er zwingt Sie dazu, über die Verhandlung nachzudenken, Ihre Forschungen durchzuführen, sich so viel Information wie nur möglich zu beschaffen, um aufgrund dieser Information – denken Sie daran, Information erhöht die Chance auf einen exzellenten Verhandlungserfolg – die Ziele so zu setzen, dass sie sinnvoll, motivierend, attraktiv und erreichbar sind.

Müssen Ziele Win-win sein?

Das Thema Win-win habe ich bereits in der Einleitung im Zusammenhang mit dem Schaffen von Werten ausführlich besprochen. Manche Verhandlungsprinzipien, wie zum Beispiel das „Harvard-Konzept", propagieren die grundsätzliche Ausrichtung von Verhandlungen auf Win-win – eine durchaus begrüßenswerte Sache, die aber auch eine gewisse Gefahr in sich birgt: Gehen Sie zu bald auf Win-win, dann haben Sie zu sehr das eigene *Mindestziel* im Auge, weil damit die Chance, dass auch der Verhandlungspartner ein Win erzielt, am größten ist. Das wiederum führt in vielen Fällen zu recht unambitionierten Zielen und damit zu verschenktem Potenzial in Verhandlungen.

Fazit: Win-win ist durchaus erstrebenswert, kann aber zu niedrigen Zielen und damit zu nicht zufriedenstellenden Verhandlungsergebnissen führen, wenn man in der Vorbereitung zu bald nach diesem Prinzip vorgeht.

Hohe Ziele können anfangs frustrieren

Teilnehmer in unseren Seminaren legen oft einen extremen Eifer beim Festsetzen von Zielen mit dem ESP an den Tag, sobald sie gelernt haben, wie das funktioniert. In den ersten Fallstudien, in denen mit gesetzten Zielen verhandelt wird, führt dies aber manchmal zu Enttäuschung und Frustration. Der Grund: Die Ziele wurden zu ambitioniert gesetzt und es ist kaum möglich, diese umzusetzen, ohne extrem aggressiv zu verhandeln. Was natürlich der Verhandlungspartner, der ebenfalls mit Engarde-Know-how in die Verhandlung geht, nicht zulassen wird. Dieses Gefühl der Frustration bleibt interessanterweise gleich, obwohl die Verhandlungsfortschritte innerhalb von drei Seminartagen rasch und zuverlässig ansteigen.

Falls Sie selbst dieses Gefühl in der Praxis erleben, gebe ich Ihnen folgende Empfehlung: Erhöhen Sie Ihre Ziele nur langsam, gehen Sie Schritt für Schritt von einer Verhandlung zur nächsten. So vermeiden Sie ein Übermaß an Frustration, wenn nicht gleich alles funktioniert, was Sie sich vorgenommen haben, und Sie werden gleichzeitig von Mal zu Mal kleine Fortschritte erzielen.

Untersuchungen zu diesem Thema zeigen deutlich: Verhandler, die ihre Ziele immer gerade so erreichen, tendieren viel eher dazu, in der nächsten Verhandlung ihre Ziele leicht anzuheben, als Verhandler, die ihre Ziele laufend untererfüllen, deshalb natürlich irgendwann entmutigt sind und ihre Ziele künftig unverändert lassen oder gar senken, um endlich wieder Erfolgserlebnisse zu haben.

Glauben Sie an Ihre Ziele

Ein ganz wesentlicher Faktor beim Festsetzen Ihrer Ziele ist der Glaube an diese Ziele. Optimistische Ziele funktionieren nur, wenn Sie selbst daran glauben, diese zu erreichen. Denn eines ist klar:

Tipp

Realismus und der Glaube an Ihr Ziel sind die Grundvoraussetzungen für dessen Erreichung.

Bereiten Sie Ihre Asse vor

Wir schreiben das Jahr 1912. In Amerika tobt ein hochemotionaler Präsidentschaftswahlkampf. Nachdem der frühere Präsident Theodore Roosevelt gesehen hat, wie erfolglos sein Nachfolger, Präsident William Howard Taft, das Land regiert, hat er beschlossen, erneut anzutreten. Die Kampagne wird hart geführt, mit Untergriffen, persönlichen Attacken und viel Frustrationspotenzial. Und zu diesen täglichen Herausforderungen kommt plötzlich ein ganz anderes Problem ungeahnten Ausmaßes hinzu, mit dem niemand gerechnet hat:

Das Team von Roosevelt hat bei einem Fotografen ein Bild von Teddy Roosevelt in Auftrag gegeben. Dieses Bild wird in einer Broschüre mit einer Auflage von drei Millionen abgedruckt. Als die Druckerei liefert, stellt ein Mitarbeiter des Teams fest, dass der Fotograf nicht um Erlaubnis zur Verwendung des Fotos gefragt worden ist. Nach der gültigen Gesetzgebung könnte er, so findet das Team heraus, bis zu einem Dollar pro gedruckter Abbildung verlangen, also drei Millionen Dollar, in heutiger Kaufkraft ein Gegenwert von 60 Millionen Euro. Diese Summe ist natürlich unvorstellbar hoch und eine entsprechende Forderung des Fotografen könnte die Kampagne von einem Tag auf den anderen beenden. Die Alternative dazu ist, drei Millionen neue Abzüge zu drucken, was eine starke Zeitverzögerung und extreme Zusatzkosten mit sich bringt.

Vor dieser Herausforderung stehend hat der Kampagnenmanager nun zu überlegen, wie er mit dem Fotografen umgehen soll.

Stellen Sie sich vor, Sie wären der Kampagnenmanager von Teddy Roosevelt. Was würden Sie in dieser Situation tun?

Die Lösung des Problems ist einer der faszinierendsten Turnarounds in Verhandlungen, die überliefert sind. Sie ist ausschließlich dann zu erzielen, wenn man absolut systematisch und strategisch an das Problem herangeht. Eine Bauchentscheidung oder ein Schnellschuss würde diese Situation nur schwerlich optimal lösen können. Der Grundgedanke der Lösung führt über den Fixed-Pie-Ansatz. Daraus abgeleitet ergibt sich folgende Frage:

Wie schaffen wir eine Situation, in der nicht nur wir das Problem lösen, sondern der Fotograf sogar noch davon profitieren könnte?

Entsprechend sieht auch die Lösung aus, die der Kampagnenmanager damals gefunden hat:

Er schickte dem Fotografen ein Telegramm mit den Worten:

„Wir werden drei Millionen Exemplare der Wahlkampfbroschüre mit einer Fotografie verschicken. Das bietet eine hervorragende PR-Chance für Fotografen. Was wäre es Ihnen wert, wenn wir Ihre Fotografie dafür verwenden würden? Bitte um Antwort!"

Binnen kürzester Zeit antwortete der Fotograf per Telegramm: „Danke für die Möglichkeit, leider kann ich mir nicht mehr als 250 Dollar leisten."

Es versteht sich von selbst, dass das Kampagnenteam den Vorschlag annahm. Und beide Seiten waren zufrieden.

Denken Sie noch einmal an die Ausgangssituation zurück: Das Kampagnenteam stand beinahe vor dem Aus und konnte nun dank des kreativen Ansatzes des Wahlkampfmanagers nicht nur zusätzliche Einnahmen verbuchen, sondern den Fotografen zum glücklichen Partner machen.

Die PR-Chance, die dem Fotografen geboten wurde, bezeichnen wir als „ein Ass in der Hand des Kampagnenmanagers". Dieses Ass spielte er zu einem Zeitpunkt aus, als die Lage für ihn relativ hoffnungslos war, und er bewirkte damit den kompletten Turnaround dieser Situation.

Mit Assen den Handlungsspielraum vergrößern und die eigene Verhandlungsposition stärken

Asse gehören zu den mit Abstand wichtigsten Faktoren in Verhandlungen. Mit Assen verstärken Sie Ihre Hebelwirkung, denn damit können Sie Variable ins Spiel bringen, die den Kuchen und damit den Verhandlungswert vergrößern.

Grundsätzlich gilt: Alles, was für Ihren Verhandlungspartner von Wert sein könnte, ist ein Ass in Ihrer Hand. Beispiele für Asse sind Geld, langfristige Vereinbarungen, Barzahlung, jegliche Art von Zusatznutzen und Ergänzungen, Kooperation, Lieferung frei Haus, Zugaben bei Mehrabnahme, Entgegenkommen bei einem anderen Projekt, Exklusivverträge, Optionen.

Achtung: Bei Zugeständnissen gegenüber Ihrem Verhandlungspartner handelt es sich nicht um Asse. Wenn Sie zum Beispiel in der Lage sind, zusätzlich 5 Prozent Rabatt bei einem Verkauf geben zu können, müssten Sie dies bereits in Ihrer Zieldefinition berücksichtigt und Ihr Must-have um diese 5 Prozent nach unten reduziert haben. In so einem Fall müssten Sie auf Ihr Want-to-have verhandeln, welches den Zusatzrabatt eben nicht beinhaltet.

Je mehr Asse Sie finden, umso besser ist Ihre Verhandlungsposition und umso mehr Möglichkeiten haben Sie, ein für Sie positives Verhandlungsergebnis zu erreichen. Haben Sie keines oder nur ein einziges Ass, fehlt Ihnen die Möglichkeit, die Verhandlung mit Varianten zu bereichern und so das Verhandlungsergebnis zu optimieren. Sie sind dann den Vorschlägen Ihres Gegenübers ausgeliefert. Seien Sie daher bei der Identifizierung von Assen kreativ, denken Sie quer und gehen Sie noch einmal alle Informationen, die Sie über Ihren Verhandlungspartner haben, durch, denn vieles davon kann ein Anhaltspunkt für ein Ass sein.

Gute Asse bringen viel und kosten wenig

Die besten Asse sind jene, die Ihrem Gegenüber viel bringen, Sie aber wenig kosten. Beim Neuwagenverkauf wird beispielsweise lieber Ausstattung im Wert von soundso viel Euro verschenkt – Gratis-Service, Alufelgen, Klimaanlage – als einen Rabatt in derselben Höhe zu geben. Klar, denn der Wert für Sie ist dabei höher als die Kosten für den Autohändler.

Gehen Sie auf keinen Fall ohne detailliert vorbereitete und bewertete Asse in die Verhandlung. Überlegen Sie sich gut, wann und unter welchen Bedingungen Sie sie ausspielen. Geben Sie Asse nicht zu früh und nicht alle auf einmal aus, denn wer weiß, vielleicht brauchen Sie gar nicht alle auszuspielen, um Ihr Wunschergebnis zu erreichen. Und: Antizipieren Sie die Asse der anderen und bewerten Sie sie.

Für den Fall, dass Ihr Verhandlungspartner keine Asse mitbringt, bereiten Sie sich stimulierende Fragen vor:

Was können Sie mir sonst noch bieten?
Wie könnten Sie mir sonst noch entgegenkommen?
Was können Sie noch in die Verhandlung einbringen?

Wenn Sie über die Asse Ihres Verhandlungspartners nachdenken, werden Sie feststellen, dass es möglicherweise Punkte auf der Gegenseite gibt, die für Sie sehr viel Wert haben, und solche, die für Sie wenig oder keinen Wert haben, auf die Sie daher leicht verzichten könnten. Möglicherweise sind aber gerade diese Punkte für den anderen besonders wichtig und können so zu einem lohnenden Tauschgeschäft führen. Das Beschäftigen mit den Assen des Verhandlungspartners ist daher sehr wichtig, denn dies kann Ihnen schon vor der Verhandlung interessante Hinweise auf mögliche Szenarien liefern.

Ihr Exit-Punkt: Bis hierher und nicht weiter

Ihr Exit-Punkt hängt direkt von Ihrem Must-have ab: Haben Sie Ihr Must-have nicht erreicht, sind Sie an Ihrem Exit-Punkt angelangt. Trotzdem ist es wichtig, genau das ausdrücklich zu definieren, denn wir haben in der Praxis die Erfahrung gemacht, dass Verhandler, die nur ein Must-have, aber keinen Exit-Punkt definieren, immer wieder dazu tendieren, nur um eines Deals willen unter ihr Must-have zu gehen. Haben Sie gleichzeitig den Exit-Punkt ausformuliert und auch einen entsprechenden Plan B vorbereitet, haben Sie den notwendigen Rückhalt, um zum Beispiel auf die letzten Zugeständnisse zu verzichten, die eine Vereinbarung möglicherweise zu einem schlechten Geschäft für Sie werden lassen. Umgekehrt zeigt das Definieren des Ausstiegspunkts, also Ihre allerunterste Grenze, zuverlässig, ob Ihr Must-have tatsächlich richtig formuliert ist oder ob es sich nicht vielleicht doch um ein Want-to-have handelt, das noch etwas Spielraum nach unten lässt.

Der Exit-Punkt ist also jener Zeitpunkt, an dem Sie aus der Verhandlung aussteigen. Für einen Ausstieg kann es viele gute Gründe geben. Sie brechen die Verhandlung ab,

- bevor Sie Ihr Limit übersteigen;
- bevor Sie sich in einer Lose-win- oder Lose-lose-Situation wiederfinden;
- statt „faule" Kompromisse einzugehen.

Je intensiver Sie sich bei der Vorbereitung der Verhandlung mit diesen möglichen Gründen beschäftigen und die Kriterien für einen Exit festlegen, umso weniger werden Sie mit negativen Gefühlen kämpfen müssen, wenn es tatsächlich zum Ausstieg kommt.

Keine Verhandlung ohne Plan B

Haben Sie eine Alternative? Viele Menschen gehen in Verhandlungen, ohne genau zu wissen, was sie tun werden, wenn sie ihr Verhandlungsziel nicht erreichen, weil entweder die Konditionen nicht stimmen, die Forderungen zu hoch sind oder der Preis so niedrig ist, dass sie auf das Geschäft nicht einsteigen können. Die Frage, die Sie zu Ihrem Plan B führt:

Was machen Sie, wenn es zu keinem zufriedenstellenden Verhandlungsergebnis kommt?

So könnten Sie zum Beispiel statt einer Kooperation mit Firma X beschließen, weiter allein am Markt tätig zu sein und Ihre Präsenz auszubauen oder Firma A und B als Partner zu gewinnen oder die freiwerdenden Ressourcen in ein anderes lohnendes Projekt zu investieren.

Manchmal sind Alternativen nur schwer mit einem bestimmten Wert zu beziffern, doch wenn sie eine gangbare Alternative zu einem Verhandlungsergebnis darstellen, können Sie diese als Ihren Plan B bezeichnen. Wenn Sie sich über diesen Plan B bereits vor der Verhandlung Gedanken machen, fällt es Ihnen leichter, den Punkt des Ausstiegs aus der Verhandlung zu definieren. Und genau damit setzen Sie auch den Wert eines möglichen Agreements fest beziehungsweise jenen Punkt, an dem Sie es gerade noch akzeptieren würden. Weil Sie aber zu diesem Zeitpunkt bereits einen Plan B in der Tasche haben, fällt es Ihnen wesentlich leichter, zu verhandeln, und das wird auch Ihr Verhandlungspartner bemerken.

Verhandlungen ohne Plan B sind oft ein Himmelfahrtskommando, und es ist mir bis heute unbegreiflich, wie in Österreich nach den Wahlen und vor den darauffolgenden Koalitionsverhandlungen der Vorsitzende einer politischen Partei öffentlich erklären konnte: „Wir haben keinen Plan B." Die Folge daraus war eine Vielzahl an Zugeständnissen, um überhaupt zu einem Ergebnis (in diesem Fall: Koalition) zu kommen.

Plan B wird eingesetzt, wenn das Verhandlungsergebnis für Sie nicht gut genug ist.

Tipp

Der Plan B ist die „beste Alternative" zu Ihrem erzielbaren Verhandlungsergebnis oder zum Abbruch. Akzeptieren Sie nie ein schlechteres Ergebnis als Ihren vorbereiteten Plan B!

Der Plan B kann sowohl als Alternative nach dem Ausstieg mit dem Exit-Punkt als auch als Druckmittel gegen den Verhandlungspartner verwendet werden. Der ausschlaggebende Parameter für den Ausstieg wäre das Nichterreichen Ihres Must-haves. Dies setzt allerdings eine entsprechende Bewertung des Ereignisses voraus – in welches auch Faktoren wie Zeitersparnis, Bequemlichkeit und Beziehungen mit einbezogen werden müssen.

Exit-Punkt und Plan B Ihres Verhandlungspartners

Wo liegt das Limit Ihres Verhandlungspartners? Der Exit-Punkt und der Plan B der anderen Verhandlungspartei sind sehr schwer einzuschätzen, wenn Sie über keine präzisen Informationen verfügen. Trotzdem lohnt es sich, darüber sehr detailliert und konzentriert nachzudenken. Denn wenn Sie eine Vermutung haben, wo der Exit-Punkt Ihres Verhandlungspartners liegt, kann das sehr wohl Einfluss auf die Richtung haben, in die Sie pushen wollen – zum Beispiel mit Ihrem ersten Vorschlag. Aber auch darauf, wie beweglich Sie sind, wenn es darum geht, Werte zu schaffen beziehungsweise den Kuchen zu vergrößern. Überlegen Sie daher:

- Was wäre seine Alternative?
- Was würde er machen, falls wir zu keiner Einigung kommen?

- Welchen Aufwand würde das für ihn bedeuten, was würde es ihn kosten?

Die Beschäftigung mit diesen Fragen wird Ihnen eine Fülle an Ideen, Möglichkeiten und wertvollen Gedanken liefern. Im Folgenden einige Ansatzpunkte, wie Sie die Position des Verhandlungspartners möglichst gut einschätzen können.

Schritt 1: Zapfen Sie sämtliche verfügbaren Quellen an

Wenn Sie keine Möglichkeit haben, Ihren Verhandlungspartner direkt zu fragen, und Sie sich nicht auf ein Ratespiel einlassen oder sich auf Einschätzungen verlassen wollen, finden Sie in der Praxis viele Möglichkeiten, um an Informationen zu gelangen.

Ein praktischer Fall, mit dem wir immer wieder konfrontiert sind, ist die Bewerbungsphase von Topmitarbeitern in Unternehmen, in der es darum geht, umfangreiche Packages zu verhandeln und einen für beide Seiten zufriedenstellenden Deal zu finden. Viele Bewerber sind in dieser Phase überraschend unkreativ und wissen kaum mehr über die Firmen, als sie von ihren Gesprächspartnern – oft gehört dazu der CEO – oder von der Website des Unternehmens erfahren.

Ich ermutige diese Bewerber immer, sich mit Kunden und Geschäftspartnern des Unternehmens zu unterhalten und nach Möglichkeit selbst in Verhandlung zu treten, also sich ein Angebot über eine gewisse Leistung schicken zu lassen und so zu sehen, wie das Unternehmen funktioniert. Durchaus sinnvoll ist es auch, sich den Mitbewerb so gut wie möglich anzusehen, mit Freunden zu sprechen, die mit der Firma oder mit dem Mitbewerb bereits zu tun hatten, oder auch hinzugehen und mit dem Portier zu plaudern.

Zur Erinnerung: Je mehr Information Sie haben, umso besser ist Ihre Verhandlungsposition. Dazu zählen auch Gehaltsstatistiken, Gehaltsvergleiche, Einkommensvergleiche der Branche und der Positionen. Umso besser Ihr Verständnis der Bandbreite der Möglichkeiten Ihres Verhandlungspartners ist, umso präziser wird die Einschätzung seines Plans B und seines Exit-Punkts sein. Zapfen Sie also so viele Quellen wir nur möglich an und füllen Sie Ihren ESP immer vollständig aus.

Schritt 2: Unterscheiden Sie zwischen Wissen und Vermutungen

Auch wenn Sie im Schritt 1 gewissenhaft gearbeitet haben und sich viel Information geholt haben, unterliegen Sie bitte nicht dem Irrglauben, dass Sie den Exit-Punkt oder den Plan B Ihres Verhandlungspartners nun tatsächlich kennen. Es ist sehr sogar eher unwahrscheinlich, dass Sie ihn kennen, im günstigsten Fall können Sie ihn gut einschätzen. Überschätzen Sie sich dabei aber bitte nicht, denn viele Menschen halten sich zu diesem Zeitpunkt fälschlicherweise für klüger oder gescheiter als ihren Verhandlungspartner, die in der Einleitung erwähnte Ego-Falle schnappt zu.

Für Sie bedeutet das, dass Sie nicht nur aufschreiben, was Sie alles wissen, sondern sich auch eine Liste darüber machen, was Sie alles *nicht* wissen. Im Zuge der Auflistung der Punkte, die Sie nicht wissen, ist es ganz besonders wichtig, zu unterscheiden, was Sie *glauben*, zu wissen, denn das bedeutet in Wirklichkeit, dass Sie es nicht wissen, sondern lediglich vermuten. Wichtig dabei ist, dass Sie selbst erkennen, wo Sie auf Vermutungen und Einschätzungen angewiesen sind und sich dadurch möglicherweise auf eine falsche Fährte locken lassen.

Schritt 3: Überprüfen Sie Ihre Vermutungen und Ihre Einschätzungen durch gezielte Fragen an Ihren Verhandlungspartner

In der Phase 2 des VerhandlungsChrono, Klären, können Sie Ihre Vermutungen und Einschätzungen überprüfen. Bereiten Sie Ihre Fragen in der Vorbereitung vor. Formulieren Sie offene Fragen, denn damit erhalten Sie mehr Information als mit geschlossenen Fragen. Da es sein kann, dass Sie mit direkten Fragen nicht weiterkommen werden oder der Verhandlungspartner abblockt, bereiten Sie indirekte Fragen vor, um sich Ihrem Thema anzunähern. Wollen Sie zum Beispiel Ihren zukünftigen Arbeitgeber nicht danach fragen, wie hoch das Gehalt ist, bereiten Sie zum Beispiel folgende Formulierungen vor:

Welche Art von Projekten werde ich bearbeiten?

Wer werden meine Kunden sein?

Welche Qualifikation haben meine Kollegen?

Wenn Mitarbeiter Ihr Unternehmen verlassen, aus welchen Gründen tun sie das?

Nach welchen Richtlinien für die Gehaltsstrukturen von Mitarbeitern gehen Sie in Ihrem Unternehmen vor?

Aufgrund der Antworten auf diese Fragen werden Sie in der Lage sein, sich ein recht klares Bild darüber zu verschaffen, ohne direkt und plump gefragt zu haben: „Was verdiene ich?" (Mehr zum Thema „Fragen" finden Sie im Kapitel „Phase 2, Klären").

Erweitern Sie Ihren Aufmerksamkeitsradius

Der Schlüssel zu exzellenten Verhandlungsergebnissen liegt in der Information. Leider tendieren wir dazu, den Wert der Informationen, die wir haben, zu überschätzen, und den Wert der Informationen, die unsere Verhandlungspartner haben, zu unterschätzen. Das führt zu blinden Flecken, die Sie während der Verhandlung verwundbar machen. Stellen Sie sich also vor, Sie werden mitten in der Verhandlung mit Fakten konfrontiert, an die Sie entweder nicht gedacht haben oder welche Sie schlicht und einfach übersehen haben. Ergänzend zu den Informationen, die Sie für Ihren ESP erarbeiten, gibt es daher einige weitere Felder, in denen es sich zu suchen lohnt. Dies kann Sie vor bösen Überraschungen bewahren und Ihnen helfen, Ihre eigenen blinden Flecken zu entdecken.

Analysieren Sie die Rolle dritter Parteien, die nicht direkt an der Verhandlung teilnehmen

Nicht immer hängt der Verhandlungsausgang direkt von Ihnen oder Ihrem Verhandlungspartner ab. Oft haben dritte Parteien enormen Einfluss auf das Ergebnis. Dritte Parteien sind Vorgesetzte, Kollegen oder enge Vertraute Ihres Verhandlungspartners oder Mitbieter und Konkurrenten am Markt. Überlegen Sie genau, welche Rolle dritte Parteien haben können, und überprüfen Sie deren Einfluss vor der Verhandlung und, wenn nötig, während der Verhandlung in der Phase 2, Klären.

Finden Sie heraus, wie die andere Seite ihre Entscheidungen trifft

Versuchen Sie herauszufinden und zu verstehen, wie Entscheidungen auf Seiten Ihres Verhandlungspartners fallen. Wie wird kalkuliert, wer wird zurate gezogen, welche Entscheidungszeiträume und -spielräume gibt es und welche externen Faktoren können Einfluss auf diese Entscheidung ausüben?

Beachten Sie asymmetrische Information

Ein besonders kritischer Faktor: Ihr Verhandlungspartner weiß mehr über den Verhandlungsgegenstand als Sie und ist daher in der Lage, fundiertere Entscheidungen zu treffen. Stellen Sie sich vor, Sie wollen ein Grundstück erwerben und nur der Verkäufer selbst weiß, dass mit hoher Wahrscheinlichkeit eine Durchzugsstraße entlang des Grundstücks geplant ist. Diese Information kann den Wert des Grundstücks erheblich beeinflussen und Sie würden Gefahr laufen, zu viel für das Grundstück zu bezahlen. Solche Informationsasymmetrien können Sie vermeiden, indem Sie nicht nur selbst vorher nach Informationen suchen, sondern sich auch an Dritte wenden, seien es Experten, Behörden oder auch Mitbewerber.

Noch einmal: Je mehr Information Sie haben, umso besser können Sie entscheiden, umso sicherer sind Ihre Entscheidungen. Lesen Sie zu diesem Thema unbedingt auch über den „Fluch des Gewinners" (s. Phase 3, Vorschlagen), der eine Folge von Informationsasymmetrien sein kann.

Haben Sie die Stärke Ihrer Mitbewerber richtig eingeschätzt?

In Bezug auf die Stärke des eigenen Unternehmens unterliegen viele Entscheidungsträger einer gefährlichen Fehleinschätzung. Studien zeigen, dass Unternehmen dazu tendieren, sich zu sehr auf die eigene Stärke, die eigenen Produkte und das eigene Know-how zu verlassen, und dabei die Stärke der Wettbewerber aus dem Auge verlieren. Das führt immer wieder dazu, dass Unternehmen in andere Märkte eintreten und dabei zwar das wirtschaftliche Umfeld, die Demografie und andere wichtige Fakten analysieren, auf die Stärken der Mitbewerber, die bereits auf diesem Markt tätig sind, aber vergessen. Diese Fehleinschätzung führt zu Nachlässigkeiten und damit zu negativen Verhandlungsergebnissen.

Immer dann, wenn Sie glauben, eine Verhandlung laufe zu leicht oder der Abschluss eines Geschäfts sei kein wirkliches Problem, denken Sie an den Mitbewerb. Wer nimmt noch an der Verhandlung teil, wer ist noch in der Lage, Gebote abzugeben, Parallelverhandlungen zu führen oder Ihrem Verhandlungspartner stärkere Argumente als Sie zu liefern? Sie sind mit Sicherheit nicht immer der Einzige, der sich in einer Verhandlung um einen wirtschaftlichen Vorteil bemüht.

Denken Sie einen Schritt voraus

Das Ziel von Verhandlungen sind oft Langfristverträge, Kooperationsvereinbarungen und Partnerschaften. Diese zeichnen sich dadurch aus, dass sie über die Gegenwart hinausweisen und oft jahrelang existent bleiben. Das bedeutet, Sie müssen auch nach Informationen Ausschau halten, die in der Zukunft für Erfolg oder Misserfolg maßgeblich sein können. Dazu gehören zum Beispiel rechtliche oder steuerliche Veränderungen, langfristige Entwicklungen am Markt, Trends und Entwicklungen, die Reaktion Dritter auf das Verhandlungsergebnis, sowohl auf Ihrer Seite als auch auf der Seite Ihrer Verhandlungspartner. Und werden Sie sich schließlich auch darüber klar, welches Gefühl Sie bei dem Gedanken haben, mit dem Verhandlungsabschluss möglicherweise eine langfristige Beziehung einzugehen. Erfüllt Sie der Gedanke daran mit Zuversicht oder eher mit Zweifel? Auch hier kann der Rat dritter Personen oder von Experten Gold wert sein.

Was hat mein Verhandlungspartner davon?

Sobald Sie Ihre Ziele identifiziert und Ihren ESP ausgefüllt, also Ihre Verhandlungsstrategie festgelegt haben, halten Sie einen Moment inne und fragen Sie sich: Und was hat mein Verhandlungspartner davon? Klar ist, wenn Sie darauf keine Antwort haben, werden Sie wahrscheinlich auch in der Verhandlung keinen Erfolg haben. Es sei denn, Ihr Verhandlungspartner hat keine andere Wahl und muss alles akzeptieren, was Sie ihm vorgeben; was eine Verhandlung aber ohnehin ad absurdum führen würde.

Was hat mein Verhandlungspartner davon? Genau diese Frage kann Sie zu den Interessen Ihres Verhandlungspartners führen. Gerade Unternehmen haben zum Beispiel großes Interesse daran, zufriedene Kunden zu haben, weiterempfohlen zu werden und langfristige, profitable Partnerschaften einzugehen. Möchten Sie dieses Prinzip als Konsument anwenden, liefert es Ihnen ein besonders starkes Argument. Denn immer dann, wenn Sie signalisieren, ein weiterer treuer Kunde bleiben zu wollen, wird die Bereitschaft, Ihnen bessere Konditionen anzubieten, zunehmen.

Wenn Sie Ihren Vorgesetzten um eine Gehaltserhöhung fragen, müssen Sie sich vorher überlegen, was *er* davon hat. Dies könnte Ihr stärkstes Argument in der Gehaltsverhandlung überhaupt werden. Und wenn Ihr Vorgesetzter dadurch seine Ziele auch noch einfacher und leichter erreicht, haben Sie die Erhöhung so gut wie in der Tasche.

Denken Sie daher immer daran, sich zu fragen: Was hat der andere davon und wie können Sie durch das Ansprechen seiner Interessen Ihre Ziele erreichen?

Von der Position zum Interesse

Der Vorstand eines Unternehmens ersuchte mich um Unterstützung bei einem internen Projekt für die Einrichtung von Strukturen für überzeugendere Kommunikation. Nach dem Abklären der Bedürfnisse und des Projektumfangs kam die unvermeidliche Frage nach meinem Honorar. Nachdem ich diese beantwortet hatte, meinte einer der Herren erstaunt: „Puh, so viel hatten wir nicht budgetiert."

So etwas passiert täglich vielfach in Besprechungsräumen und an den Verhandlungstischen dieser Welt. Aber nicht nur dort, auch wenn Sie im privaten Umfeld beabsichtigen, etwas zu erwerben oder eine Partnerschaft einzugehen, wird irgendwann die Frage nach dem Preis auf den Tisch kommen.

Es gibt nun zwei Möglichkeiten: Entweder, Sie lassen sich auf eine Preisdiskussion ein, oder Sie konzentrieren sich auf die Interessen Ihres Verhandlungspartners. In meinem Fall bin ich auf die Antwort meines Verhandlungspartners überhaupt nicht eingegangen, sondern habe sofort versucht, noch gezieltere Information herauszubekommen.

- Weshalb gibt es dieses Projekt?
- Welchen Wert wird es der Firma hinzufügen?
- Was sind die zukünftigen Erwartungen daraus?

Als ich diese Information hatte, konnte ich sehr gut argumentieren, welchen Wert ich zu diesem Projekt beitragen könnte. Unnötig, anzumerken, dass dies natürlich genau den Interessen meines Verhandlungspartners entsprach. Jedenfalls waren weder Honorar noch Budget in der Folge ein Thema, sondern die Zusammenarbeit wurde vereinbart und das Projekt erfolgreich durchgeführt. – Sicher geht es nicht immer so einfach, aber einen Versuch ist es auf alle Fälle wert.

Sie können übrigens grundsätzlich davon ausgehen, dass die Interessen nicht sofort auf den Tisch kommen, sondern oft gut hinter Positionen versteckt sind. Gerade hier liegt Ihre Chance. Denn nur wenige sind in der Lage, die tatsächlichen Interessen herauszufinden. Dazu bedarf es einer guten Fragetechnik und der Fähigkeit des Zuhörens (mehr dazu im Kapitel „Phase 2, Klären").

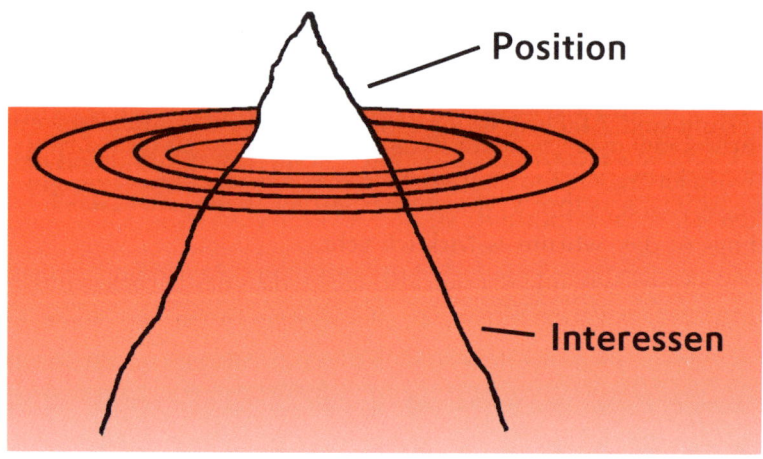

Abbildung 2: Konzentrieren Sie sich auf die Interessen Ihres Verhandlungspartners statt auf seine Position

Zur Verdeutlichung stellen Sie sich folgende Analogie vor: Die Interessen beziehungsweise Bedürfnisse Ihres Verhandlungspartners sind wie ein Eisberg zu einem Großteil unter der Oberfläche verborgen. Sie sehen nur die herausragenden 20 Prozent, also die Position Ihres Verhandlungspartners, und müssen die verborgenen 80 Prozent nun ans Tageslicht holen.

Zeigen Sie dem anderen, dass Ihnen seine Bedürfnisse wichtig sind

Erfolgreiche Verhandler betrachten die Verhandlung immer von der Warte ihres Verhandlungspartners. Jeder Mensch hat seinen eigenen Blick auf die Welt und auf die Ereignisse. Und genau der Blick Ihres Verhandlungspartners selbst auf den Verhandlungsgegenstand kann Ihnen den Weg zu einem hervorragenden Deal weisen. Statt zu versuchen, die Verhandlung zu gewinnen und nur mit den eigenen Stärken und Argumenten zu arbeiten, versuchen Sie zu verstehen, was Ihr Verhandlungspartner möchte, und zeigen Sie ihm Wege auf, diese Bedürfnisse zu erfüllen. Helfen Sie ihm, Zufriedenheit zu erlangen, helfen Sie ihm, seine Bedürfnisse zu befriedigen, und helfen Sie ihm, seine Probleme zu lösen.

Zufriedenheit bedeutet übrigens nicht, dass Sie seine Forderungen erfüllen, sondern Zufriedenheit bedeutet, dass seine grundsätzlichen Interessen erfüllt sind. Machen Sie bitte niemals den Fehler, Interessen mit Positionen oder gar Forderungen zu verwechseln. Die Position und die Forderung ist das, was Ihre Verhandlungspartner Ihnen sagen, das Interesse allerdings ist das, worum es wirklich geht.

Zusammenfassend lässt sich also sagen, dass das Berücksichtigen der Interessen des anderen – oder wie wir sagen: die Welt aus seinen Augen zu betrachten – zwar ziemlich einfach klingt, es aber gar nicht so einfach ist und in der Praxis von sehr vielen Verhandlern ignoriert wird. Kompetitive Verhandler beispielsweise tendieren dazu, die Interessen des anderen zu ignorieren und strittige Punkte eher mit dem Wettbewerbsgedanken – also Sieg oder Niederlage – zu verhandeln, während viele Menschen automatisch davon ausgehen, dass ihre Interessen ohnehin mit den Interessen der anderen Partei in Konflikt stehen. Wie Sie bereits wissen, führt das unweigerlich zum Fixed-Pie-Dilemma.

Mit der Interessenfrage erfahren Sie, was für Ihren Verhandlungspartner wirklich wichtig ist:

- Warum möchten Sie das erreichen?
- Weshalb ist dieser Punkt so wichtig?
- Warum gibt es keine Alternative?
- Weshalb beharren Sie auf dieser Forderung?
- Welches Interesse steckt hinter diesem Thema?

Übrigens: Exzellente Verhandler verbringen laut einer Studie viermal so viel Zeit wie durchschnittliche Verhandler damit, sich zu überlegen, wie das Verhandlungsthema aus der Sicht des Verhandlungspartners aussieht. Ihr ESP bildet die wertvolle Basis dazu und erinnert Sie immer wieder daran, sich nicht nur Ihre eigene Strategie zu überlegen, sondern im selben Ausmaß über die Strategie Ihres Verhandlungspartners nachzudenken. Dies stärkt Sie sowohl im Finden Ihrer Argumentation als auch psychologisch während der Verhandlung und versetzt Sie in die Lage, Ihr Gegenüber in der Verhandlung den sanften psychologischen Druck des informierten und perfekt vorbereiteten Verhandlers spüren zu lassen.

Der auf der nächsten Seite abgebildete ESP zeigt die Vorbereitung zu einer Verhandlung über einen Dreijahresvertrag zum Bezug elektronischer Komponenten. Beide Parteien sind an einem Abschluss interessiert, es handelt sich in diesem Fall um eine Transaktion, aber auch um eine Beziehung. Beide Parteien werden also daran interessiert sein, nicht nur ein möglichst profitables Geschäft zu machen, sondern auch die Basis für eine Kooperation und langfristige Zusammenarbeit zu schaffen. Da keine kompletten Informationen zum Verhandlungspartner vorliegen, wird der Erstvorschlag eingefordert. Ein exekutierbarer Plan B liegt ebenfalls vor, die Verhandlung kann mit geringem Risiko geführt werden.

EN GARDE
Verhandlungstraining

ESP - En GardE Strategic Planner©

Thema, Problem, Anlass: 3-Jahres-Liefervertrag elektronische Komponenten

Verhandlungsart: o Konflikt ⚑ Beziehung ⚑ Transaktion

Verhandlungspartner: Fr. Julia Makito   **Entscheidet:** (ja) nein

Einstellung zu mir: - (o) +   **meiner Firma:** - | o (+)   **zum Thema:** - | o (+)

Ziele   **Ziele**

must have technische Spezifikation 100% erfüllt   must have Auftrag von uns
           Preis/Einheit < 1.20, Exklusivität   **A**
want to have Preis/Einheit < 1,15; 3 kostenlose   want to have Preis > 1,20
           Teillieferungen
nice to have Preis/Einheit < 1,10; kostenloser   nice to have Auftrag, Preis 1,30, Referenz-
           Abruf kleiner Monatsmengen   Kunde, Vertrag > 3 Jahre

Interessen, Bedürfnisse   **Interessen, Bedürfnisse**
Kein Aufwand, alles funktioniert zuverlässig, **B** neuer Kunde, langfristige Partnerschaft,

Qualitätsprodukt, herzeigbarer Rahmenvertrag   Ausweitung Auftragsvolumen

---

Asse   **Asse**
Aufstockung des Auftrags durch Ausbau, **A** Qualität, Verlässlichkeit, innovativster
Referenzkunde, Standardprodukt=wenig
Aufwand, Weiterempfehlung   Hersteller

Mögliche Zugeständnisse   **B** **Mögliche Zugeständnisse**
Abruf in 2 Tranchen, Option auf 5 Jahre   Preis, Teillieferungen, Sondermenge gratis

---

Erstvorschlag: o aktiv ⚑ einfordern **A** **Erstvorschlag:** o aktiv ⚑ einfordern

⚑ aggressiv o optimistisch o moderat **B** o aggressiv ⚑ optimistisch o moderat

---

Exit-Point: Preis > 1,20 **A** **Exit-Point:** Preis < 1,10

Plan B: Lieferant X Preis 1,18, **B** **Plan B:** ev. Neuverhandlungen mit
           zweitbeste verfügbare Qualität   Konzernmutter bez. Rahmenvertrag

---

mögliche Taktiken: erfahren, wie wichtig der Auftrag ist, Bluff mit Plan B und Ultimatum (5 Tage)

mögliche Stolpersteine: sind bereits ausgelastet, nur Zusatzauftrag; keine Exklusivität machbar
                           (Rechte prüfen)

© Engarde Verhandlungstraining GmbH

Ihr 10-Punkte-Check für die Phase 1 – Vorbereiten	
1	Beachten Sie die Art der Verhandlung: Konflikt, Beziehung oder Transaktion?
2	Information ist der Schlüssel zum Verhandlungserfolg
3	Formulieren Sie Ihre Zielkategorien vollständig, setzen Sie Ihre Ziele ambitioniert
4	Trennen Sie mit der Faktenbrille Emotion von Fakten, Wesentliches von Unwesentlichem
5	Sorgen Sie für wertvolle Asse
6	Arbeiten Sie einen realistischen Plan B aus
7	Wählen Sie die passende Art des Erstvorschlags
8	Wie verhandeln Sie und Ihr Verhandlungspartner: kooperativ oder kompetitiv?
9	Beachten Sie die Bestätigungsfalle und die Ego-Falle
10	Es geht nicht um den Sieg, sondern ein exzellentes Ergebnis

Phase 2 Klären

Es ist so weit: Die Verhandlung beginnt. Sie sitzen „am Verhandlungstisch", gemeinsam mit Ihrem Verhandlungspartner und professionell vorbereitet durch den Engarde Strategic Planner. Diese Situation markiert den eigentlichen Beginn der persönlichen Verhandlung.

Wenn wir unsere Seminarteilnehmer fragen, was zu Beginn der persönlichen Verhandlungsphase passiert, sind sich meistens alle einig: Zuerst muss Smalltalk her. Wir reden über die Anreise, das Wetter, das schöne Büro und die allgemeine wirtschaftliche Lage. Und ehe wir uns versehen, wurde aus dem Smalltalk ein Bigtalk, wir befinden uns schon in der Mitte der anberaumten Verhandlungszeit, haben eigentlich noch überhaupt nicht über den Verhandlungsgegenstand gesprochen und kommen daher nun eilig zur Sache. – Aber der Reihe nach …

Die Phase „Klären" dient dem Herstellen der Beziehung und der Informationsbeschaffung

Information ist der Schlüssel zum Verhandlungserfolg. In der Phase „Klären" prüfen, bestätigen und hinterfragen Sie vorhandene und beschaffen mit detektivischem Spürsinn neue und zusätzliche Information. Ein Überspringen dieser Phase oder nachlässiges Arbeiten beim Klären ist meist die Ursache für spätere Probleme. Daher ist es auch oft so, dass Sie im späteren Verlauf der Verhandlung noch einmal zurück zur Phase „Klären" müssen, weil plötzlich Information auftaucht, die Sie nicht kennen, oder weil Sie vergessen haben, nach etwas Wichtigem zu fragen.

Mit dem Einholen von Informationen legen Sie den Grundstein für die späteren Vorschläge. In diesem Kapitel erfahren Sie, wie Sie dabei vorgehen. Beginnen wir mit dem so wichtigen Herstellen der Beziehung.

Der Einfluss von Emotionen auf die Beziehung

Niemals zornig werden.
Niemals drohen.
Vernünftig mit den Leuten reden.

Don Vito Corleone (Der Pate)

Jeder Verhandler bringt Bedürfnisse aus drei Bereichen in die Verhandlung. Diese Bereiche sind seine Person, seine Rolle und seine Interessen. Die Bedürfnisse sind der Auslöser für Emotionen, und je nachdem, ob sie befriedigt oder verletzt werden, schaffen oder verstärken Sie damit positive oder negative Emotionen.

Grundsätzlich sind positive Emotionen einem guten Verhandlungsergebnis förderlich, aus taktischen Gründen kann die Emotion aber auch bewusst verändert, also zusätzlich positiv oder negativ verstärkt werden. In den folgenden Beispielen finden Sie positive Formulierungen, die die drei Grundbedürfnisse befriedigen, und negative, die Ihre Partner in emotionale Probleme bringen (und Sie damit höchstwahrscheinlich auch).

Wertschätzung der Person

Jeder möchte wertgeschätzt werden und ehrliche Wertschätzung zu geben kostet Sie nichts – achten Sie dabei auf das richtige Maß und vermeiden Sie den Eindruck, sich „einschleimen" zu wollen.

Positive Emotionen auslösen

Sie sind ein besonderer Geschäftspartner.
Ich freue mich immer, mit Ihnen zu verhandeln.

Negative Emotionen auslösen

Leider gibt es immer wieder Probleme mit Ihnen.
Sie haben ja keine Ahnung.
Wie kommen Sie auf diesen Unsinn?

Anerkennung der Rolle

Mit Anerkennung bestätigen Sie den Partner in seiner Bedeutung und Verantwortung und Sie signalisieren ihm, dass Sie sich mit ihm beschäftigt haben.

Positive Emotionen auslösen

Als Einkäufer wissen Sie natürlich, wie wichtig das ist.
Sie als Manager tragen eine besondere Verantwortung.

Negative Emotionen auslösen

Offenbar sind Sie ein eher mittelmäßiger Techniker.
Wie können Sie so eigentlich Ihren Job erledigen?
Und Sie wollen ein Jurist sein?

Akzeptanz des Interesses

Das bedeutet nicht, dass Sie zustimmen, aber Sie zeigen Verständnis. Somit weiß er, dass Sie ihn ernst nehmen.

Positive Emotionen auslösen

Ich verstehe Ihr Interesse an einer raschen Lösung,
Ich weiß, dass Sie nur Topqualität akzeptieren werden.

Negative Emotionen auslösen

Ihre Forderung berührt mich herzlich wenig.
Mir egal, was Sie wollen.

Die Beziehung beeinflusst Ihre Entscheidungen (und die Ihres Verhandlungspartners)

Wenn Sie als Manager mit einem langjährigen Geschäftspartner verhandeln, werden Sie sich eher um sein gutes Gefühl Gedanken machen, als dies bei einem neuen Geschäftspartner der Fall sein wird. Das zeigen jedenfalls Umfragen zu diesem Thema. Bei völlig fremden Personen verliert dieser Aspekt noch mehr an Bedeutung. In einem interessanten Versuch befragte Professor Max Bazerman Manager, wie die Resultate einer Verhandlung um die Aufteilung von Geld aussehen würden, wenn sie zur anderen Verhandlungspartei entweder eine gute, eine schlechte oder gar keine Beziehung hätten. Grundsätzlich war der Wille für ein ausgewogenes Ergebnisse vorhanden, doch wenn die Aufteilung unterschiedlich ausfallen hätte müssen, zeigten die Manager eine Präferenz für eine ungleiche Aufteilung zu ihren eigenen Gunsten. Das heißt, wenn es schon ein Ungleichgewicht geben muss, dann aber bitte mit Profit für mich. Und je mehr sich nun die Beziehung von gut über neutral zu schlecht verschob, umso gleichgültiger wurden die Manager gegenüber einer einseitigen Aufteilung zu ihren eigenen Gunsten und umso aufgebrachter über einen höheren Profit der anderen Partei waren sie. Mit anderen Worten: Je schlechter die Beziehung, umso egoistischer das Entscheidungsverhalten. Beachten Sie diese Tendenz besonders bei Personen, mit denen Sie noch nie verhandelt haben, die Sie nicht kennen oder zu denen Sie keinen „guten Draht" finden, denn hier wirkt sich die Beziehung deutlich auf das Verhalten und damit das Ergebnis aus.

Ein weiterer interessanter emotionaler Aspekt ist der des Vergleichs mit anderen Personen. In Verhandlungen mit Menschen, zu denen eine gute Beziehung besteht, zählt ein relativ gleichwertiges Ergebnis oft mehr als das tatsächlich erreichte (rational messbare) Verhandlungsergebnis.

Hier zählt der soziale Kontext des Ergebnisses, und das eigene Resultat wird als Referenzpunkt zu dessen Beurteilung herangezogen. Mit zwei Schritten starten Sie optimal in die Phase 2:

Schritt 1: Stellen Sie eine positive und konstruktive Beziehung her

Mit exzellenter Vorbereitung und entsprechend viel Wissen über Ihren Verhandlungspartner sollte es Ihnen nicht schwerfallen, einen guten Einstieg ins Gespräch für Sie beide zu finden. Ein exzellenter Verkäufertrick ist das Scannen des Zimmers auf Fotos, besondere Gegenstände oder Zeichen für besondere Interessen. Sprechen Sie diese an, und schon haben Sie eine sehr schöne Einstiegskonversation:

Oh, Sie sind Formel-1-Freund! Was halten Sie von der laufenden Saison?

Doch Vorsicht! Verlieren Sie sich nicht zu lange darin, denn immerhin sind Sie da, um zu verhandeln. Gehen Sie daher möglichst zügig zu Schritt 2 der Klärungsphase: Besprechen Sie das heutige Thema und die Erwartungen Ihrerseits. Sagen Sie zum Beispiel:

Ich schlage vor, wir stimmen zuerst unsere Interessen und Erwartungen in Form einer Agenda ab und starten dann mit der Verhandlung, einverstanden?

Schritt 2: Die Agenda

Eine professionelle Agenda beinhaltet folgende Punkte:

Die Vorstellung (Rolle) der Verhandlungspartner

Stellen Sie neben Ihrer Person auch die Mitglieder Ihres Teams vor:

Das ist Frau Gruber. Sie ist zuständig für die rechtlichen Aspekte des Projekts.

Prüfen Sie unbedingt auch:

Kommt von Ihrer Seite noch jemand dazu oder sind wir komplett?

Den Zeitrahmen

Wir hatten eine Stunde eingeplant, ist das auch von Ihrer Seite okay?

Die Ist-Situation: Worum geht es?

Heute geht es um die Klärung der Rahmenbedingungen für das Projekt „cloud-based CRM".

Das angestrebte Ergebnis

Ziel ist, ein „Go" für das Projekt zu vereinbaren, damit anschließend die Verträge formuliert werden können.

Danach die Checkfrage:

Ist das für Sie in Ordnung?

Die Verhandlung beginnt erst, wenn beide Seiten der Agenda zugestimmt haben. Sollte die Agenda nicht akzeptiert werden, haben Sie nun die Gelegenheit, diese gemeinsam festzulegen:

Was müssen wir verändern, damit es für Sie passt?

Die Agenda ist neben der Einstimmung auf die Verhandlung auch hervorragend dazu geeignet, das angestrebte Verhandlungsergebnis bereits im Vorfeld anzusprechen.

Klären Sie Thema und Erwartungen ab

Überlegen Sie sich ein bis zwei Sätze, die das ganze Thema auf den Punkt bringen, und formulieren Sie diese bereits vorab. So könnten Sie zum Beispiel sagen:

Ich schlage vor, wir stimmen nun unsere Interessen ab. Aus meiner Sicht geht es heute darum, die Eckpfeiler für die künftige Kooperation festzulegen, sodass wir im nächsten Schritt einen Vertragsentwurf von unseren Anwälten anfertigen lassen können. Wie sehen Ihre Erwartungen für die heutige Verhandlung aus?

Notieren Sie sich die Antwort, falls Sie später auf die anfängliche Vereinbarung zurückkommen müssen.

Die Agenda bietet Ihnen die hervorragende Möglichkeit, in der Verhandlung von Beginn an die Initiative zu ergreifen und die Führung im Gespräch zu übernehmen. Gleichzeitig dient sie beiden Seiten als eine Art Navigationssystem durch die Verhandlung. Und als dritter positiver Effekt: Wird die Agenda von beiden Parteien verabschiedet, haben Sie bereits zu Beginn der Verhandlung ein erstes Ja von Ihrem Verhandlungspartner auf dem Tisch, und es herrscht Übereinstimmung über die Richtung, in die die Verhandlung gehen soll. Darauf können Sie sich im Notfall später berufen, falls Ihr Verhandlungspartner vom gemeinsam vereinbarten Ziel oder der Richtung der Verhandlung abweicht:

Aber Herr X., wir hatten doch zu Beginn vereinbart, dass die heutige Besprechung der Festlegung der Bedingungen unserer Kooperation und der Vorbereitung der wesentlichen Vertragspunkte dient. Darf ich davon ausgehen, dass dies nach wie vor unser gemeinsames Ziel ist?

Leider haben selbst erfahrene Verhandler eine gewisse Hemmung, schon vor Beginn der Verhandlung über ihre Ziele zu sprechen. „Das kann ich doch nicht machen, ich kann doch dem Kunden nicht sagen, dass mein Ziel ist, ihm heute das Produkt zu verkaufen!" lautet beispielsweise ein diesbezügliches Argument. Sie können sicher sein, dass der Kunde ohnehin längst weiß, dass das Ihre Intention ist. Aber Sie können es ja auch anders verpacken:

Ziel des heutigen Termins ist, dass wir mit unserer Zusammenarbeit beginnen.

Ziel unseres Gesprächs heute ist, dass wir schauen, ob wir zueinander passen.

Unser heutiger Termin hat zum Ziel, dass wir uns gemeinsam anschauen, wie wir künftig zusammenarbeiten können.

Der Kunde wird nicht umhin können, dem zuzustimmen. Auch er ist dann über das Ziel im Bilde, und Sie wissen nun beide, in welche Richtung es geht. Beachten Sie beim Festlegen der Agenda folgende Punkte:

Spiegelt die Agenda Ihre Interessen wider?

Sind Sie derjenige, der die Agenda verfasst und ins Gespräch einbringt, haben Sie die Möglichkeit, Punkte aufzunehmen, die Ihnen persönlich wichtig sind. Übernimmt die andere Seite die Agenda, müssen Sie darauf vorbereitet sein, dass Prioritäten enthalten sind, die eher der anderen Seite dienen und nicht unbedingt Ihren eigenen Interessen entsprechen.

Tipp

Stimmen Sie der Agenda Ihres Verhandlungspartners niemals aus Freundlichkeit zu, wenn diese Dinge enthält, die nicht in Ihrem Sinne sind.

Fügen Sie nach Belieben Punkte hinzu oder ändern Sie bestehende. Zu Beginn der Verhandlung sollte dies allerdings in einer besonders kooperativen Art und Weise erfolgen, attackieren Sie die Agenda auf keinen Fall aggressiv.

Haben Sie alle wichtigen Punkte vorbereitet?

Die Agenda ist auch eine Art Checkliste durch die Verhandlung, die sicherstellt, dass Sie nichts vergessen.

Erstellen Sie bei komplexen Verhandlungen zusätzlich zur offiziellen Agenda auch noch eine eigene Agenda, die sämtliche Ihrer Punkte beinhaltet.

Dies, wenn möglich, gleich in der Reihenfolge des VerhandlungsChronos, denn so fällt es Ihnen leichter, Ihre persönliche Agenda in der Logik der Verhandlung unterzubringen oder die Verhandlung nach Ihrem Wunsch zu steuern.

Verzichten Sie auf den Punkt „Allfälliges"

Eine professionelle Verhandlungsagenda sollte weder „Allfälliges" noch „Sonstiges" enthalten. Dafür gibt es zwei Gründe: Erstens ist es geradezu eine Einladung für den Verhandlungspartner, sich Forderungen bis zum Schluss aufzuheben und diese dann noch einzubauen – denn es ist ja offenbar genug Zeit dafür da. Und zweitens weist es schlicht und einfach auf mangelhafte Vorbereitung hin, wenn man sich selbst nicht ganz sicher ist, ob am Ende noch etwas kommt oder nicht.

Daher: Planen Sie eine straffe Agenda, ziehen Sie alle Punkte durch, halten Sie den Zeitplan ein – und verzichten Sie auf „Allfälliges".

Information, Information, Information

Nutzen Sie die Phase „Klären" in der Verhandlung, um erstens die bereits vorhandenen Informationen zu überprüfen und zweitens persönlich an weiterführende Information zu kommen. Verhandlungserfolg hängt in erster Linie von den verfügbaren Informationen ab. Die Partei, die über die meiste Information verfügt, ist in der Lage, bessere Vorschläge zu machen, fundierter zu optimieren und daher insgesamt bessere Ergebnisse zu erreichen. Es zählt zu den wichtigsten Aufgaben des Verhandlers, an Information zu gelangen. Legen Sie diesbezüglich eine geradezu detektivische Akribie an den Tag und sammeln Sie alles, was Ihnen verwertbar erscheint.

Studien zum Thema Informationsaustausch zu Interessen und bei Konflikten zeigen übrigens, dass dies eine ziemlich knifflige Angelegenheit ist. In einer Untersuchung mit über 5.000 Versuchspersonen fanden Forscher heraus, dass Verhandlungspartner in mehr als 50 Prozent der Fälle nicht alle beziehungsweise nicht die richtigen Prioritäten und Interessen beider Seiten gefunden und identifiziert haben. Das hat verschiedene Gründe, zum Beispiel Bluffen, das Vorgeben falscher Prioritäten oder das Zurückhalten von Informationen, bis der andere Informationen gegeben hat. Als Folge davon wurden oft sogar Punkte vereinbart, die eigentlich keinem der beiden Verhandlungspartner wichtig waren, die aber durch die Bluffs plötzlich eine eigene Dynamik bekamen und somit als Teile des endgültigen Deals festgelegt wurden.

Exzellente Verhandler sind ausdauernde Fragensteller

Hand aufs Herz: Wie viele Fragen stellen Sie Ihren Verhandlungspartnern, bevor Sie Ihre Vorschläge und Vorstellungen präsentieren oder bevor Sie mit der Verhandlung der Preise und Konditionen beginnen? Die Erfahrung mit unseren Teilnehmern zeigt: fast immer zu wenige. Zwei Faktoren arbeiten hier oft gegen den erfahrenen Verhandler: (Zeit-)Druck und Routine. Doch neben Preis, Konditionen, Terminen, Platzierungen, Qualität, Produkteigenschaften, Service und anderen rationalen Dingen gibt es eine Vielzahl von emotional geprägten Einflüssen, die das Ergebnis einer Verhandlung beeinflussen können.

Was wir in der Praxis immer wieder feststellen, wird auch von wissenschaftlichen Studien bestätigt. Nicht die Zahl der Fragen an sich, sondern deren Qualität ist maßgeblich für die Information, die während der Klärungsphase eingeholt wird. Information ist Macht. Je mehr Sie wissen, umso besser Ihre Verhandlungsposition. Die folgenden Tabellen zeigen Ihnen sehr deutlich den Unterschied zwischen guten Verhandlern und durchschnittlichen Verhandlern in der Anzahl und Art der gestellten Fragen, im Checken der Information und im anschließenden Zusammenfassen.

	Gestellte Fragen	Offene Fragen	Check-fragen	Zusammen-fassungen
geübte Verhandler	13	8	5	3
durch-schnittliche Verhandler	6	3	3	0

Abbildung 3.1: Durchschnittliche Zahl und Art der gestellten Fragen während der gesamten Verhandlungszeit (20 Minuten). Quelle: Engarde

	Fragen stellen	Auf Verständnis checken	Zusammen-fassen	Summe
geübte Verhandler	21,3 %	9,7 %	7,5 %	38,5 %
durch-schnittliche Verhandler	9,6 %	4,1 %	4,2 %	17,9 %

Abbildung 3.2: Anteil der angeführten Verhaltensweisen an der gesamten Verhandlungszeit in Prozent. Quelle: Rackham und Carlisle

Abbildung 3.1 zeigt, dass geübte Verhandler mehr als doppelt so viele Fragen stellen, um qualifizierte Information einzuholen, Abbildung 3.2 zeigt den Anteil der angeführten Verhaltensweisen an der gesamten Verhandlungszeit. Die Studie verdeutlicht, dass geübte Verhandler 38,5 Prozent ihrer Zeit damit verbringen, Information zu erheben und zu bestätigen, während durchschnittliche Verhandler nur knapp unter 18 Prozent ihrer Verhandlungszeit für diese Tätigkeit aufwenden. Darüber hinaus halten die geübten Verhandler deutlich öfter das Gehörte fest und fassen es zusammen, um die erhobenen Informationen verbindlicher zu machen. Damit vermeiden sie Probleme bei der Umsetzung der geschlossenen Vereinbarungen, weil (kostspielige) Missverständnisse von vornherein weniger oft auftreten. Dieses Ergebnis bestätigt eine Studie unter amerikanischen Rechtsanwälten, die die Fähigkeit, Fragen zu stellen und gut zuzuhören, als eine der Top-3-Qualifikationen von Spitzenverhandlern einstufen. Die beiden anderen Fähigkeiten sind übrigens eine präzise Vorbereitung und Fachwissen.

Erst Sie – nein, zuerst Sie!

Eine immer wieder amüsante Situation am Beginn von Verhandlungen ist die Entscheidung, wer seine Interessen zuerst auf den Tisch legt. Oft wollen ja beide Parteien eher abwarten, um zu sehen, wie offen und ehrlich der andere über sein Thema spricht, und erst dann selbst nachziehen. Nun kann es aber durchaus dazu kommen, dass keiner der beiden sich richtig traut, was dann zu einem Hin und Her in der Kommunikation führt. Sollten Sie sich in so einer Situation wiederfinden und gute Gründe haben, nicht selbst sofort mit Ihren Informationen herauszurücken, können Sie nach dem Motto „Zug um Zug" verfahren. Das bedeutet, Sie wechseln sich ab. Zuerst legt der eine einen Punkt – entweder ein Interesse, ein Anliegen oder ein Problem – auf den Tisch und dann der andere. Checken Sie zum Schluss unbedingt:

Sind das alle Themen, oder fehlt noch etwas?

Wenn Sie zuerst einmal Ihr Gegenüber abklopfen möchten

Oft ist es auch sinnvoll, eigene Information vorerst zurückzuhalten und zu versuchen, möglichst viel über den Verhandlungspartner zu erfahren. Wenn Sie also Ihr Gegenüber erst einmal abklopfen möchten, halten Sie sich an folgende Punkte:

- Sprechen Sie wenig, ruhig und langsam.
- Üben Sie keinerlei Druck aus, stellen Sie keine Forderungen (sowieso nicht im Klären!).
- Lassen Sie Ihr Gegenüber reden.

- Stellen Sie offene Fragen.
- Hören Sie zu.
- Verwenden Sie den Konjunktiv, beziehen Sie keine Position.

Halten Sie Ihre Prioritäten zurück

Ein routinierter Verhandler einer großen Spedition saß mit seinen Geschäftspartnern am Verhandlungstisch und eröffnete die Klärungsphase mit den Worten: „Wissen Sie, was? Es ist ja immer so, einige Dinge sind für Sie wichtig, einige Dinge sind für uns wichtig. Ich schlage vor, wir kürzen das Ganze ab. Sie sagen uns ganz einfach, welche drei Dinge für Sie besonders wichtig sind, dann schauen wir, wie wir den bestmöglichen Deal für Sie festzurren können." Das sagte er mit ziemlichem Selbstvertrauen und großer Selbstsicherheit, und offenbar war er mit dieser Strategie schon einige Male gut gefahren. (Zumindest glaubte er das.) Sein Gegenüber erwiderte darauf ganz ruhig: „Interessante Idee. Ich muss Ihnen aber sagen, dass für uns sämtliche Aspekte des Geschäfts von hoher Wichtigkeit sind. Ich schlage daher vor, dass Sie uns Ihre drei wichtigsten Punkte nennen. Dann wird uns klarer, was Sie damit meinen, und wir können Ihnen dann eventuell auch einige unserer Punkte sagen." Tja, das ging wohl in die Hose. Die beiden Parteien einigten sich darauf, langsam und in aller Ruhe das Thema zu besprechen und alle Interessen ohne Priorisierung zu Beginn der Verhandlung auf den Tisch zu legen.

Für jede Situation die richtigen Fragen

Sicher kennen Sie den Unterschied zwischen offenen und geschlossenen Fragen. Aber, ganz ehrlich: Wenden Sie diese auch gezielt an? Da dieses Thema in vielen Kommunikationsbüchern ausführlich behandelt wird, fasse ich mich hier kurz. Die nachstehende Tabelle liefert Ihnen Anhaltspunkte und Inspiration, wie Sie offene Fragen in der Phase „Klären" richtig formulieren und in welcher Situation Sie geschlossene Fragen einsetzen können.

Offene Fragen liefern bessere Informationen, geschlossene Fragen checken diese

Geschlossene Frage	Zweck	Offene Frage	Zweck
Ist Ihnen X wichtig?	zeigt Priorität	Weshalb ist Ihnen X wichtig?	deckt Bedürfnisse auf
Ist die andere Marke günstiger?	bringt Vergleich	Wie ist die preisliche Situation?	liefert umfassendere Information
Haben Sie noch Fragen?	Checkfrage	Welche Fragen haben Sie noch?	stimuliert, regt zum Nachdenken an
Ist dieser Passus im Vertrag wichtig?	als Testballon für Prioritäten	Was bedeutet dieser Passus für Sie?	sucht nach Begründungen und Interessen
Ist das Ihr letztes Angebot?	Checkfrage vor Abbruch	Welche Möglichkeiten sehen Sie noch?	lässt einen Ausweg offen, sucht nach Lösung
Sind die Maschinen in einem guten Zustand?	Checkfrage	Wie ist der Zustand der Maschinen aus Ihrer Sicht?	liefert Detailinformationen
Ist die gleichbleibende Qualität gesichert?	Checkfrage für Protokoll	Was geschieht in puncto Qualitätssicherung?	zeigt das Gesamtbild
Sind Sie mit den bisherigen Leistungen zufrieden?	spontaner Check	Wie zufrieden sind Sie bisher?	liefert Emotion und Information
Sagt Ihnen das so zu?	Check eines Vorschlags	Was halten Sie von diesem Vorschlag?	hinterfragt Meinung und Interesse

Ist das ein großer Unterschied?	zeigt Wertigkeit	Welcher Unterschied besteht im Detail?	bringt Zusatzinformation
Haben Sie damit schon Erfahrung gesammelt?	Checkfrage	Welche Erfahrungen gibt es damit?	liefert Emotion und Interessen
Haben Sie einen Vorschlag?	prüft, ob es etwas gibt	Was schlagen Sie konkret vor?	ist konstruktiv, liefert Information
Ist noch etwas offen?	Checkfrage	Was fällt Ihnen noch dazu ein?	stimuliert Suche nach offenen Punkten
Können wir so verbleiben?	Checkfrage am Ende	Wie können wir verbleiben?	regt Nachdenkprozess an

Abbildung 4: Geschlossene Fragen werden zum Checken, Bestätigen und Prüfen von Prioritäten eingesetzt, offene Fragen liefern komplettere Informationen und zeigen Interessen und Hintergründe auf

Die Präzisierungsfrage liefert wertvolle Information

Ein befreundeter Psychologe erzählt in seinen Vorträgen gern die Geschichte der Autofahrt mit seinem fünfjährigen Sohn.

Sie gerieten in einen Stau. „Papa, warum bleiben wir denn stehen?" Dieser antwortet: „Weil hier ein Stau ist und ich nicht weiterfahren kann." „Und weshalb ist hier ein Stau?" Darauf der Vater: „Weil diese Autos hier alle nicht mehr weiterfahren können." „Und weshalb können die Autos alle nicht mehr weiterfahren?" „Naja, vielleicht ist da vorne irgendetwas passiert, ein Unfall oder so." „Aha, und was ist dort vorne genau passiert?" „Nun, ich weiß es nicht."

Hätte ein Erwachsener auch so weit gefragt? Wahrscheinlich nicht. Er hätte sich mit der ersten oder maximal der zweiten Antwort zufriedengegeben. Aus irgendeinem Grund haben wir Erwachsenen leider verlernt, so lange nachzufragen, bis wir eine Antwort bekommen, mit der wir wirklich etwas anfangen können. Genau das ist der Fehler, den wir im Alltag, vor allem auch im Geschäftsleben, machen: Wir geben uns mit der erstbesten Antwort zufrieden und bilden uns daraufhin eine Meinung über die Situation oder glauben zu wissen, wie die Lage ist.

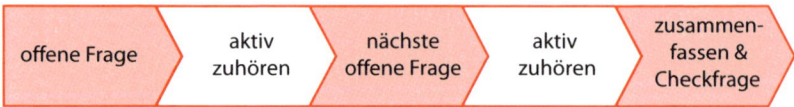

Abbildung 5: Die Präzisierungsfrage: Drei aufeinanderfolgende Fragen liefern wertvolle, präzise Informationen

Die Engarde-Präzisierungsfrage hilft Ihnen dabei, hinter die Kulissen zu blicken, von der Position Ihres Verhandlungspartners auf seine Interessen zu kommen und festzustellen, was er wirklich will und, vor allem, weshalb er es will. Denn in der Praxis ist das „Was?" oft zu wenig. Viel interessanter ist es, herauszufinden, weshalb der andere das will, was er will. Umgekehrt gilt damit natürlich auch: Wenn Sie selbst in Verhandlungen Ihrem Verhandlungspartner erzählen, was Sie brauchen und was Ihre Forderungen sind, vergessen Sie auf keinen Fall, zu erwähnen, weshalb Sie das brauchen und weshalb Sie das fordern. Das gibt dem Gesprächspartner ein tieferes Verständnis dafür, welches Interesse hinter Ihren Vorschlägen und Forderungen liegt, und ermöglicht ihm, diese auch auf einem anderen Weg zu erfüllen als über das simple Aufteilen des Verhandlungsgegenstands.

Auf eine Frage wie „Was wollen Sie?" muss daher auch immer eine zweite Frage aufsetzen, die lautet:

Und weshalb wollen Sie das?

Oder:

Und wozu brauchen Sie das?

Erinnern Sie sich an das Eisberg-Prinzip: Die zweite Frage bringt Sie zum Interesse, während die erste Frage Sie lediglich zur Position bringt.

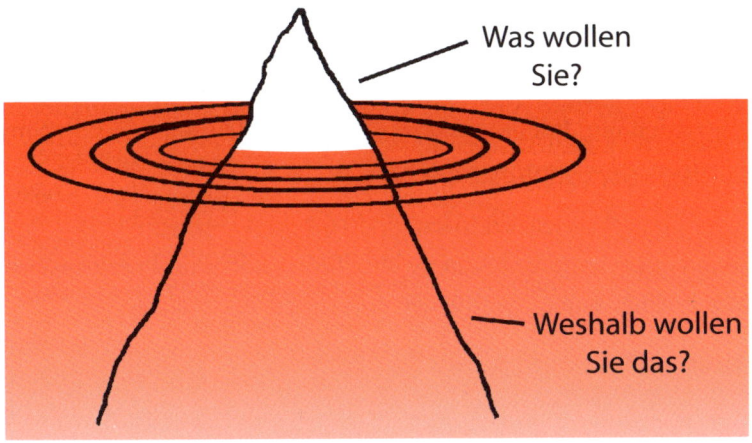

Abbildung 6: Die wertvollsten Informationen liegen oft verborgen

Gerade in Kunden-Lieferanten-Beziehungen spielt diese Art der Information eine enorm große Rolle. Typische Gespräche laufen da in etwa so ab: „Herr Lieferant, die Qualität Ihrer letzten Lieferung ist leider nicht so gut wie erwartet." Der Lieferant setzt nun sofort zu einer Rechtfertigungstirade an. Und um alles wiedergutzumachen, räumt er dem Kunden für die nächste Lieferung noch einen 10-prozentigen Rabatt ein.

Das ist verschenktes Geld und auch gar nicht notwendig. Denn eines weiß der Lieferant nicht und auf diese Weise wird er es auch nie erfahren: Was genau bedeutet die mangelhafte Qualität der letzten Lieferung für den Kunden? Die darauf folgende Frage muss daher lauten:

Was bedeutet das konkret?

Und erst jetzt wird der Lieferant erfahren, was das Problem auf Seiten des Kunden ist. Der Kunde könnte zum Beispiel sagen: „Die Lieferung erfüllt unsere Fertigungstoleranzen nicht, daher können wir sie nicht in die aktuelle Charge unserer Produktion einbauen." Diese Information ist weitaus interessanter als die erste. Und doch ist sie möglicherweise immer noch zu wenig. Der typische Lieferant würde an dieser Stelle aber nicht mehr weiterfragen. Ich empfehle Ihnen: Fragen Sie noch einmal weiter, nämlich:

Was bedeutet das für Sie, Herr Kunde?

Der Kunde: „Das bedeutet, dass wir die Lieferung von zwanzig Maschinen an den Betrieb X dieses Monat nicht durchführen können." Nun haben Sie einen wirklich guten Blick auf das Problem des Kunden bekommen und können versuchen, möglicherweise mit Ersatzlieferungen oder Ähnlichem das Problem zu lösen.

In einer Verhandlung könnte ein Dialog mit einer Präzisierungsfrage nun so aussehen wie in den beiden folgenden Beispielen:

Beispiel 1

Aussage	Dieser Vorschlag gefällt mir nicht.
Frage	Was an diesem Vorschlag gefällt Ihnen nicht?
Antwort 1	Er passt nicht ins Budget.
Präzisierungs-frage	Wie muss das Budget aussehen?
Antwort 2	Ich darf heuer maximal um 5 Prozent erhöhen.
Zusammenfassen und Checkfrage	Das heißt, dieser Vorschlag gefällt Ihnen nicht, weil er nicht berücksichtigt, dass Sie nur um 5 Prozent erhöhen dürfen, korrekt?
Antwort 3	Ja.

Kommentar: Statt sofort nach der ersten Antwort einen neuen Vorschlag zu bringen, haben Sie erfahren, weshalb er nicht passt. Nun fällt es Ihnen leichter, auf die Situation einzugehen.

Beispiel 2

Aussage	Mein Chef braucht konkrete Zahlen.
Frage	Welche Art von Zahlen braucht Ihr Chef?
Antwort 1	Zumindest einen Dreijahresplan.
Präzisierungs-frage	Wie muss dieser Dreijahresplan genau aussehen?
Antwort 2	Alle Kosten, Erträge und die Liquidität.
Zusammen-fassen und Checkfrage	Ihre Chef braucht also einen Dreijahresplan, der alle Kosten, Erträge und die Liquidität zeigt, richtig?
Antwort 3	Ja.

Kommentar: Nach zwei Fragen ist präzisiert, was Sie nun liefern müssen. Das erleichtert die weitere Vorgehensweise und hilft Ihrem Verhandlungspartner.

Lassen Sie sich nicht entmutigen, wenn die Forderungen und Interessen Ihres Verhandlungspartners auf den ersten Blick nicht mit Ihren eigenen vereinbar sind. Fragen Sie weiter, graben Sie tiefer, versuchen Sie herauszufinden, welche tiefen Interessen und Bedürfnisse dahinterliegen. Nur so haben Sie die Möglichkeit, kreative und ungewöhnliche Lösungsansätze, Vorschläge und Vereinbarungen zu finden, die im Interesse beider Seiten liegen. Ein Beispiel dazu:

Der Bewerber für einen Job verlangt von seinem zukünftigen Arbeitgeber ein zu hohes Gehalt, was dieser ihm deutlich zu verstehen gibt. Solange beide Verhandlungsparteien sich nun auf den Verhandlungsgegenstand „Gehalt" konzentrieren, werden sie nicht weiterkommen und in dieser Verhandlung keine Lösung finden. Sobald eine der beiden Verhandlungsparteien aber beginnt, zu erläutern oder zu hinterfragen, weshalb das hohe Gehalt für den Kandidaten so wichtig ist, werden sich neue Optionen ergeben.

Irgendeinen Grund für die hohe Gehaltsforderung muss es geben. Vielleicht hätte der Bewerber gern ein etwas luxuriöseres Leben oder er möchte ein Haus kaufen, möchte sich eine zusätzliche Krankenversicherung leisten, möchte mehr reisen oder Ähnliches. Sobald die Verhandlungsparteien sich nun auf diese Bedürfnisse konzentrieren und versuchen, Wege zu finden, wie sie diese erfüllen könnten, ohne das Gehalt zu erhöhen, werden sie große Fortschritte in der Verhandlung machen. So könnte zum Beispiel ein Mehr an Urlaubstagen, Homeoffice-Tage, ein Gesundheitsplan, eine jährliche Bonuszahlung, ein Dienstwagen zur privaten Nutzung oder Ähnliches die Interessen des Bewerbers erfüllen und das hohe Gehalt wäre dann gar kein Thema mehr.

Bitte kein Verhör!

Achtung, fragen heißt nicht, dass Sie Ihren Verhandlungspartner einem Verhör unterziehen sollen! Formulieren Sie Fragen, die Ihnen zu direkt erscheinen, vorsichtig oder umschreiben Sie diese:

Statt: „Wie hoch ist Ihre Budget?"

An welchen Investitionsrahmen hatten Sie gedacht?

Statt: „Woher haben Sie diese Information?"

Interessant. Darf ich fragen, wie Sie zu dieser aufschlussreichen Information kommen?

Statt: „Wie lautet Ihr Vorschlag?"

Jetzt wäre es hilfreich, Ihre Vorstellungen zu diesem Thema zu hören.

Kettenfragen verwirren Ihren Gesprächspartner

„Welche Vorstellung haben Sie von unserer Kooperation und wann soll sie starten beziehungsweise wären Sie der Hauptverantwortliche oder kann ich auch mit Ihren Kollegen Kontakt aufnehmen, falls ich noch Informationen bräuchte?" Kommt Ihnen so etwas bekannt vor? Leider ist diese Fragetechnik sehr weit verbreitet. Ich entgegne dann immer:

Welche Frage soll ich Ihnen zuerst beantworten?

Achten Sie darauf, dass Ihre Fragen präzise sind und *eine* Antwort zu *einem* Themenbereich zulassen. Wenn Sie mehr wissen möchten, fragen Sie nach. Die obige Fragenwurst kann in folgende zwei offene Fragen aufgeteilt werden: Die erste Frage vermittelt ein zusätzliches Bild des Interesses, die zweite Frage dient der Klärung der Verantwortung:

Wie soll unsere Kooperation idealerweise aussehen?
Wo liegen die Verantwortungsbereiche?

Zuhören, der Königsweg zur Information

Information ist das Wichtigste in Verhandlungen, und an Information gelangen Sie vor allem durch aufmerksames Zuhören.

Tipp

Achtung: Solange Sie selbst sprechen, bekommen Sie keine Information!

Aufmerksames und echtes Zuhören, nicht nur vordergründiges Hinhören – während Sie sich bereits Antworten überlegen –, bewahrt Sie vor allem auch davor, dass Sie nur das hören, was Sie hören möchten (Achtung, Bestätigungsfalle!). Wenn Sie nämlich wirklich zuhören, hören Sie auch Dinge, die Ihnen nicht gefallen werden, die unangenehm sind, die Sie auf Risiken aufmerksam machen oder die Sie schlicht und einfach nicht gewusst haben und die zu einer Änderung Ihrer Verhandlungsführung führen können.

Viele glauben, dass es bei Kommunikation nur darum geht, dem anderen zu erzählen, was wir denken, was wir glauben und was wir wollen. Das bedeutet, dass der Fokus vor allem auf *uns* liegt, auf *unseren* Anliegen, auf *unseren* Wünschen, und viel weniger auf den anderen. Wir vergessen völlig, den anderen in die Kommunikation zu integrieren.

Mir ist das früher auch nicht unbedingt leichtgefallen. Doch in den ersten Jobs, vor allem als Verkäufer, als ich noch klassisch in einem Stadtteil von Tür zu Tür gegangen bin, um Büromaschinen zu verkaufen, ist mir rasch klar geworden, dass ich die Menschen, die ich dort anspreche, nicht zum Kauf bewegen kann, indem ich reinkomme und ihnen sofort erzähle, wie toll unsere Maschinen sind. Der Weg zum Verkauf funktionierte nur, indem ich mir anhörte, welche Bedürfnisse sie hatten, welche Maschinen sie jetzt hatten, welche Probleme es gab oder wann sie an Neuanschaffungen dachten. Nur mit diesen Informationen war es mir möglich, Geschäftsabschlüsse zu machen. Und nicht nur, dass es die Erfolgschance erhöht, es ist auch wesentlich einfacher, als jemanden mit Hochdruck von etwas zu überzeugen, der noch gar nicht weiß, ob er es braucht. Heute ist mir klar, dass erfolgreiche Verhandler diese Fähigkeiten haben *müssen* und auch ständig daran arbeiten, diese Fähigkeit weiter zu verbessern.

Geben Sie der anderen Person die Möglichkeit, Ihnen alles zu erzählen, was Sie wissen müssen. Und Sie werden feststellen, dass sie es nicht nur macht, sie wird es auch gern machen. Denn jeder vertraut Menschen, die ihm aufmerksam und mit Interesse zuhören. Geht es Ihnen nicht genauso?

Ein Drittel Reden, zwei Drittel Zuhören

Wenn Sie sich zu einem guten Zuhörer entwickeln möchten, halten Sie sich an diese Grundregel. Nutzen Sie Ihr Drittel vor allem dazu, präzise und klare Information zu geben, und versuchen Sie, den anderen dazu zu bewegen, möglichst viel zu erzählen.

Hören Sie aktiv zu

Aktiv zuhören bedeutet, dass Sie den anderen merken lassen, dass Sie zuhören. Abschreckende Beispiele sind manche Verhandler in gehobenen Positionen (die natürlich alle anderen spüren lassen müssen, wie wichtig sie sind), die während Verhandlungen auf ihrem Blackberry herumtippen, ihre E-Mails lesen oder mit ihrem Verhandlungsassistenten sprechen. Hören Sie wirklich zu und geben Sie Zeichen, an denen der andere ablesen kann, dass Sie zuhören. Nicken Sie, sprechen Sie mit Ihren Augen, halten Sie Augenkontakt, machen Sie zu interessanten Aussagen kurze Notizen und nehmen Sie den Blickkontakt dann wieder auf. Geben Sie kurze, verbale Bestätigungen, wie „Ich verstehe", „Aha, interessant", „Erzählen Sie mehr", „Tatsächlich?" oder „Mhm". Das sollte natürlich nicht in ein automatisches „Aha, verstehe" alle zehn Sekunden ausarten, denn Ihr Gegenüber soll sich ja nicht vorkommen wie beim Psychiater.

Übrigens: Augenkontakt bedeutet nicht, dass Sie den anderen anstarren sollen, sondern den Augenkontakt halten Sie ganz einfach so, wie Sie ihn auch in einem normalen Gespräch halten. Wenn Sie anderen Personen nicht direkt in die Augen schauen möchten, dann blicken Sie ihnen, während diese sprechen, auf den Mund oder zwischen die Augen.

Die vier Stufen des aktiven Zuhörens

Haben Sie sich schon einmal selbst dabei ertappt, wie Sie im Geiste die Aussagen Ihres Gegenübers vervollständigen? Das ist ein Alarmsignal und zeigt, dass Ihre Aufmerksamkeit nicht mehr voll bei Ihrem Gesprächspartner ist. Lassen Sie Ihren Partner sprechen und hören Sie einfach nur zu, machen Sie sich Notizen und signalisieren Sie Verständnis und Interesse. Aber glauben Sie nicht, schon im Vorhinein zu wissen, was er sagt, denn das lenkt ab.

Der Engarde-Verhandlungsspezialist und Offizier der Kriminalpolizei (Experte für Verhöre) Peter Ilko unterscheidet bei seiner aufreibenden Arbeit in der Praxis vier Stufen des aktiven Zuhörens:

Stufe 1: Downloaden

Dabei wird Information relativ teilnahmslos angehört, sie wird quasi nur oberflächlich gescannt und nicht ausgewertet.

Stufe 2: Faktisch

Bei dieser Art des Zuhörens wird bestehendes Wissen verglichen. Das bedeutet, der Zuhörer betreibt einen ständigen Abgleich der Information mit seinem eigenen Erfahrungsschatz und mit Referenzerlebnissen, wodurch er natürlich an Konzentration auf sein Gegenüber verliert.

Stufe 3: Empathisch zuhören

Eine besonders intensive Stufe des Zuhörens. Hier erspüren Sie auch den emotionalen Zustand Ihres Gesprächspartners und sind in der Lage, darauf zu reagieren, um die Beziehung zu stärken und dadurch noch mehr Information zu erhalten.

Stufe 4: Schöpferisch zuhören

Dies ist die reinste Form des Zuhörens überhaupt, es geht hier um die konzentrierte Präsenz zweier Gesprächspartner, die völlig ohne Vorurteile und ohne eigene Gedanken aufeinander eingehen und sich zuhören. Sicherlich die schwierigste Stufe, aber diejenige, die zur wertvollsten und tiefsten Information führt.

Und wenn Ihnen Ihr Verhandlungspartner keine Informationen geben will?

Nicht jeder wird von Beginn an freiwillig sämtliche Informationen auf den Tisch legen – das wäre auch äußerst unklug. Sie werden aber auch Personen treffen, die keine oder kaum Informationen preisgeben. Ziel dieser Taktik ist normalerweise, den Verhandlungspartner zuerst auszuhorchen und dann erst die eigene (gefilterte) Information zu bringen. Das macht es natürlich sehr schwierig, irgendwann in die Phase des Vorschlagens zu kommen.

Neben dem geschickten und durchaus auch hartnäckigen Fragen mit offenen Fragen und dem Verstärken mit der Präzisierungsfrage zeige ich Ihnen hier einige Strategien, die Sie nutzen können, um in dieser Phase an wichtige Information zu gelangen. Denn wie ich nicht oft genug wiederholen kann: Information ist der Schlüssel zu exzellenten Verhandlungsergebnissen.

Strategie 1: Bauen Sie Vertrauen auf, teilen Sie Information!

Der häufigste Hinderungsgrund für den Austausch von Information ist schlicht und einfach Angst. Angst, dass der andere mehr über mich wissen könnte als ich über ihn und er dieses Wissen dann gegen mich benutzt. Daher ist eine gute Beziehung zum Verhandlungspartner dem Austausch von Information förderlich. Und wenn Verhandlungspartner sich gegenseitig vertrauen, werden sie auch ihre Interessen und Prioritäten auf den Tisch legen.

Oft gehen Verhandler allerdings davon aus, dass gegenseitiges Vertrauen Zufall ist. Daher machen sich viele auch nicht die Mühe, in den Aufbau einer Vertrauensbasis zu investieren. Mit Investition meine ich in diesem Zusammenhang nicht unbedingt Geld, sondern viel eher Respekt, Achtsamkeit, Anerkennung und natürlich auch die eigene Bereitschaft, Information an den anderen zu geben.

Dazu gehört auch, dass Sie dieselbe Sprache sprechen sollten, und zwar nicht im Sinne einer Fremdsprache, sondern im Sinne des Verhandlungsgegenstands. Für Verhandlungen mit Technikern ist es beispielsweise von Vorteil, mit den technischen Termini Ihrer Verhandlungspartner vertraut zu sein oder einen Experten dabeizuhaben, der mit diesen in deren Sprache sprechen kann.

Zeigen Sie dem anderen, dass auch die Zeit nach der Verhandlung für Sie bedeutsam ist. Signalisieren Sie, dass Sie an langfristigen Projekten, lang laufenden Verträgen oder Optionen auf Verlängerung oder weitere Zusammenarbeit interessiert sind.

Bauen Sie auch außerhalb der Verhandlung Vertrauen auf. Bleiben Sie in Kontakt, halten Sie Ihre Verhandlungspartner auf dem Laufenden, kümmern Sie sich um deren Anliegen immer auch dann, wenn Sie nicht gemeinsam am Tisch sitzen.

Strategie 2: Indirekte Fragen – der sanfte Weg zur Information

Bei manchen Fragen kann man ganz einfach davon ausgehen, dass der andere sie nicht direkt beantworten will. Zum Beispiel würde kaum jemand den anderen fragen: „Was ist Ihr Must-have?" Es gibt aber sehr wohl Möglichkeiten, das Must-have des Verhandlungspartners herauszufinden, ohne ihn direkt danach zu fragen. So können Sie zum Beispiel fragen:

Was ist für Sie besonders wichtig?

Erzählen Sie mir mehr über Ihre Kundenbeziehungen.

Was sind Ihre wichtigsten Geschäftsprinzipien?

Was genau machen Sie mit den Produkten, die Sie von uns kaufen möchten?

Was schätzen Ihre Kunden an Ihnen?

Fragen wie diese können extrem aufschlussreich sein und Ihnen wichtige Informationen über Ihren Verhandlungspartner und dessen Interessen und Ziele liefern. Ich frage zum Beispiel gern nach dem Plan B meiner Verhandlungspartner – selbstverständlich ohne diesen Begriff direkt anzusprechen. Passende Fragen dazu könnten beispielsweise sein:

Angenommen, wir kommen nicht zusammen, was würden Sie dann tun?

Oder, noch sanfter:

Ich habe mir überlegt, was ich machen könnte, wenn wir nicht zusammenkommen. Wie sieht es da bei Ihnen aus?

Strategie 3: Geben Sie selbst vorsichtig Information weg

Wenn Ihr Verhandlungspartner in der Phase „Klären" sehr zurückhaltend ist, ergreifen Sie selbst die Initiative:

Ich weiß, dass wir eine ganze Menge zu besprechen haben. Wenn Sie möchten, kann ich gern mit einigen Anliegen auf unserer Seite beginnen. Im Anschluss daran können Sie das Gleiche tun.

Wenn Sie es so formulieren, reduzieren Sie Nervosität und Zurückhaltung auf der anderen Seite und Ihr Verhandlungspartner hat nicht das Gefühl, dass Sie ihn aushorchen möchten. Wichtig bei dieser Vorgangsweise ist, dass Sie natürlich nicht alles auf den Tisch legen, was Sie haben, sondern dies Zug um Zug und vorsichtig machen. Wenn Sie merken, Ihr Verhandlungspartner gibt wichtige Informationen trotzdem nicht preis, werden Sie Ihre eigenen Informationen natürlich auch eher zurückhalten. Geben Sie zum Beispiel Informationen zu Ihrem Anliegen bekannt, allerdings ohne exakte Zahlen zu nennen und vor allem ohne die genaue Priorität dieser Punkte zu verraten. Sagen Sie zum Beispiel nicht: „Von den fünf angesprochenen Punkten sind mir Punkt 1 und 4 am wichtigsten. Die anderen sind mir relativ gleichgültig." Sagen Sie stattdessen:

Alle fünf angesprochenen Punkte sind entscheidend, weil jeder eine gewisse Auswirkung auf den Deal hat. Es fällt mir daher auch schwer, zu sagen, welcher Punkt am wenigsten wichtig ist. Aber wenn ich wählen könnte, würde ich durchaus den Punkten 1 und 4 den Vorzug geben, weil ich dort die geringste Flexibilität habe.

So formuliert wird der andere verstehen, welche Punkte für Sie wichtiger sind, ohne die genauen Prioritäten geschweige denn Must-haves zu kennen.

Zusätzlich dazu fördern Sie die Bereitschaft zur Reziprozität, und die Wahrscheinlichkeit, dass Ihr Verhandlungspartner nun ähnlich vorgeht, steigt.

Strategie 4: Verhandeln Sie mehrere Punkte gleichzeitig

Wenn Sie einen Punkt nach dem anderen verhandeln und dies bei einer langen Liste von zu verhandelnden Punkten, wird jedes Detail quasi als Hauptpunkt behandelt und auch durch alle Phasen des Verhandlungs-Chronos laufen. Was nicht nur zeitraubend, sondern auch höchst ineffizient ist. Stattdessen können Sie eine Liste von Punkten anbieten, um aus den Reaktionen Ihres Verhandlungspartners zu schließen, welche Punkte für ihn am wichtigsten sind. So werden Sie erfahren, welche Punkte für ihn leichter verhandelbar sind als andere, bei welchen Punkten er eher emotional reagiert, welche Punkte er hintanstellen will oder welche er aufgrund der Einfachheit gleich abhandeln möchte.

Strategie 5: Machen Sie mehrere Vorschläge gleichzeitig

Wenn Sie mehrere Vorschläge gleichzeitig machen, verleiten Sie Ihren Verhandlungspartner dazu, sich einen oder zwei auszusuchen. Natürlich werden das diese sein, die für ihn am wichtigsten sind, was Ihnen wiederum Aufschluss über seine Prioritäten und Interessen gibt.

Zusätzlich bietet diese Vorgehensweise den Vorteil, dass Sie mehrere Referenzpunkte setzen, gleichzeitig aber flexibel bleiben. Ihr Verhandlungspartner wird sich nunmehr zwischen Ihren Vorschlägen entscheiden und sich einpendeln müssen und trotzdem den Eindruck haben, dass Sie höchst flexibel sind.

Einzeln oder im Team verhandeln?

Jeder Verhandler hat seine blinden Flecken und übersieht gern Informationen oder vergisst, bestimmte Informationen einzuholen. Erinnern Sie sich an eigene Verhandlungen in der Vergangenheit: Gab es Information, auf die Sie selbst vergessen haben? Welche Art von Information fällt Ihnen besonders schwer zu beschaffen? Ist es für Sie eher einfach oder eher mühsam, Informationen im Vorfeld von Verhandlungen zu erarbeiten? Vor dem Hintergrund dieser Fragen ist es kein Zufall, dass gerade bei besonders aufwendigen, komplexen und wichtigen Verhandlungen immer in Teams miteinander verhandelt wird statt von Einzelperson zu Einzelperson. Das Verhandeln als Team bietet Ihnen als Verhandler entscheidende Vorteile. Daher empfehle ich auch generell: Wenn möglich, verhandeln Sie im Team.

Vorteil 1: Unterstützung durch Fachexperten

Es kann sehr hilfreich sein, einen Experten im Verhandlungsteam zu haben, der Fachfragen beantworten kann, nebenbei kalkuliert und rechnet oder in Unterlagen nachschlägt.

Vorteil 2: Psychische Entspannung durch anwesende Teammitglieder

Sie können zwischendurch den anderen reden lassen, während Sie zuhören und nachdenken. Das entlastet Sie und nimmt Druck von Ihnen. Wenn Sie gar als Gruppe verhandeln, vergeben Sie Verantwortlichkeiten für einzelne Teilbereiche an einzelne Personen, die sich somit voll auf die ihnen zugewiesenen Punkte konzentrieren können.

Vorteil 3: Teams schützen vor überstürzten Entscheidungen

Wenn in einem Verhandlungsteam einer dazu tendiert, zu rasch zu entscheiden oder zu rasch Zugeständnisse zu machen, können andere Teammitglieder ihn zurückhalten oder gar stoppen. Im Team kann man also den Vorteil der Geduld besser nutzen und sich gegenseitig vor vorschnellen Aussagen bewahren.

Vorteil 4: Vier Ohren hören mehr als zwei, vier Augen sehen mehr als zwei

Das erlaubt Ihnen unterschiedliche Sichtweisen und Interpretation von Gehörtem. Und es gibt Ihnen damit die Möglichkeit einer klareren und logischeren Entscheidungsfindung.

Vorteil 5: Sie demonstrieren Stärke

Verhandlungsteams können stärker, konzentrierter und sicherer verhandeln als Einzelpersonen. Durch das Auftreten als (gut abgestimmtes!) Team demonstrieren Sie Einheit und Stärke, was einen psychologischen Effekt auf Ihre Verhandlungspartner haben wird. Mehr noch: Je klarer die Aufgabenverteilung in Ihrem Team ist, umso weniger Angriffspunkte bieten Sie den anderen Verhandlern. Natürlich stärkt das auch wieder Ihr Selbstvertrauen und damit Ihre Verhandlungsführung.

Übrigens ist die Rollenverteilung unabhängig von der Hierarchie im Unternehmen. Manche Chefs lassen sogar ganz bewusst ihre Mitarbeiter die Verhandlung führen und halten sich zurück. Das verschafft ihnen einen klaren Blick auf die Fakten und den Verhandlungsablauf.

Sprechen Sie vorher einige Signale zur nonverbalen Koordination ab, das erleichtert taktische Manöver und signalisiert an die Gegenseite Harmonie.

Tipp

Nur der Verhandlungsführer führt die Verhandlung. Die restlichen Teammitglieder unterstützen ihn dabei.

Wo findet die Verhandlung statt?

Jeder Sportler weiß, die Stätte des Wettkampfs hat einen Einfluss auf den Ausgang des Spiels. Wenn wir Verhandlungen nun auch nicht als Sport oder als Wettkampf betrachten, so ist es dennoch so, dass Sie in Ihrem eigenen Büro möglicherweise anders verhandeln werden als im Büro Ihres Verhandlungspartners oder in einem Restaurant bei einem gemütlichen Abendessen.

Verhandlungen, die Sie in Ihren eigenen Räumlichkeiten durchführen, haben den Vorteil, dass Sie unlimitierten Zugang zu Informationen und Personen haben, die Sie während der Verhandlung brauchen könnten. Außerdem können Sie die Räumlichkeiten so gestalten, dass sie Ihren Bedürfnissen entgegenkommen, und Ihre Mitarbeiter oder Kollegen können Sie bei der Organisation oder der Versorgung der Verhandler mit Erfrischungen entlasten.

Denken Sie aber auch an den psychologischen Vorteil: Sie werden sich auf Ihrem Heim-Territorium sicherer fühlen, vor allem dann, wenn Sie wissen, dass die Räumlichkeiten Ihres Verhandlungspartners möglicherweise sehr imposant oder machtbewusst gestaltet sind, wie es zum Beispiel Banken in ihren Vorstandsräumlichkeiten gern machen.

Aber auch die Verhandlung in Räumlichkeiten des Verhandlungspartners bietet ein paar Vorteile, die Sie für sich nutzen können. Der limitierte Zugang zu Information kann von einem Nachteil zu einem Vorteil werden, weil Sie jederzeit die Verhandlung unterbrechen können, um zum Beispiel zu telefonieren oder sich mit Ihrem Team kurz außerhalb zu besprechen. Es kann auch eine gute Entschuldigung für die Vertagung einer Verhandlung sein, wenn Sie weitere Informationen prüfen müssen.

Von Vorteil kann auch die Anwesenheit mehrerer Personen aus der Organisation Ihres Verhandlungspartners sein, weil Sie diese vielleicht zur Verhandlung einladen oder Einfluss auf sie ausüben können. In netten Gesprächen zwischendurch versuche ich auch immer etwas Information zum Beispiel von Sekretariat oder Empfang zu bekommen. Und den Vorteil, den Sie in Ihren Räumlichkeiten haben, nämlich dass Sie sich gelassener und möglicherweise ruhiger fühlen, können Sie hier selbst nutzen: Da Ihr Verhandlungspartner sich in seinen eigenen Räumen vielleicht wohler fühlt, ist er möglicherweise eher zu Zugeständnissen bereit. Ich unterstütze das manchmal auf sehr freundschaftliche Art und Weise mit den Worten:

Sehen Sie, nun bin ich extra zu Ihnen gekommen, um ein gutes Ergebnis zu erzielen.

Aber auch die neutrale Zone hat durchaus ihre Vorteile – weg von den Büros, weg von den Besprechungsräumen in einem Restaurant oder zum Frühstück in einem schönen Café. Beide sind entspannt, es gibt keine Unterbrechungen durch Mitarbeiter, und in einem schönen Ambiente bei guter Bewirtung lassen sich oft ganz hervorragende, kooperative Deals abwickeln.

Die richtige Sitzordnung bei Verhandlungen

Haben Sie mit nur einem Verhandlungspartner zu tun, setzen Sie sich idealerweise in einem Winkel von 90 bis 130 Grad, sodass Sie sich nicht direkt gegenübersitzen. Dies könnte nämlich möglicherweise auch als Konfrontation verstanden werden. Wenn zwei und zwei, also Teams oder mehrere Personen verhandeln, platzieren sich die Verhandlungsparteien der beiden Seiten am besten an einem runden Tisch. Wichtig ist, dass Sie in der Verhandlung genau neben Ihrem engsten Vertrauten, also neben Ihrem Assistenten, sitzen, damit Sie Notizen, Berechnungen und Unterlagen bei Bedarf gut hin und her schieben können. Auch abgesprochene Signale wie Glas verschieben oder Stift hinlegen können so rasch erfasst werden.

Bei Verhandlungen in Ihrem eigenen Büro oder Besprechungsraum setzen Sie sich am besten dorthin, wo Sie sich am wohlsten fühlen. Achten Sie bei Verhandlungen in Büros oder Besprechungsräumen Ihrer Verhandlungspartner darauf, sich nicht an Stellen platzieren lassen, die Sie in eine Position der Schwäche manövrieren. Das wäre zum Beispiel gegeben, wenn Ihr Verhandlungspartner ein großes Fenster im Rücken hat, also Licht von hinten bekommt, denn er wirkt dadurch stärker. Idealerweise sitzen Sie zu Fenstern immer parallel.

Vermeiden Sie des Weiteren unbedingt, in eine Art Chef–Mitarbeiter-Rolle gedrängt zu werden, das bedeutet, der Verhandlungspartner sitzt hinter seinem großen Schreibtisch und Sie sitzen auf einem Stuhl davor. Nicht nur, dass das an die Schule aus unserer Vergangenheit erinnert, Sie sind damit ganz klar in der schwächeren Position. Dasselbe gilt auch für die Sitzhöhe: Achten Sie darauf, dass Sie unbedingt auf der gleichen Sitzhöhe sitzen und keinesfalls niedriger. Das gilt übrigens auch für Mitarbeiter, die über Gehaltserhöhungen verhandeln. Vermeiden Sie bei der Besprechung der Gehaltserhöhung die klassische Chef–Mitarbeiter-Anordnung. Setzen Sie sich gemeinsam an einen Tisch, zum Beispiel im Besprechungsraum, wo Sie gleiche Stühle in gleicher Höhe vorfinden.

Beginnen Sie eine Verhandlung außerdem nie im Stehen, egal in welchem Zimmer, ob Besprechungsraum oder Chefbüro, sondern immer erst, wenn Sie beide sitzen und sich am Tisch eingerichtet haben.

Zusätzliche Taktiken in Phase 2, Klären

Wenn Sie sich an die in dieser Phase beschriebenen Vorgangsweisen halten, werden Sie die Beziehung zu Ihrem Verhandlungspartner stärken und eine Fülle von Informationen erhalten. Darüber hinaus werden Sie in der Lage sein, seine Interessen und Bedürfnisse zu erfahren und somit in der nächsten Phase fundierte und sinnvolle Vorschläge zu machen. Zur Erweiterung Ihres Repertoires hier noch einige zusätzliche Taktiken für die Phase „Klären".

Abwarten

Geben Sie keine oder wenige Informationen, stellen Sie viele Fragen und lassen Sie den anderen kommen. Diese Haltung ist empfehlenswert, wenn Sie über wenige Informationen verfügen und die Karten nicht gleich auf den Tisch legen wollen.

Risiko: Dies kann als Arroganz oder Desinteresse verstanden werden.

Auspacken

Legen Sie alle Fakten sofort auf den Tisch, sprechen Sie alle Probleme offen an, schildern Sie die Situation ausführlich. Erwähnen Sie, dass Sie an Spielchen nicht interessiert sind, sondern ein rasches, offenes und ehrliches Ergebnis anstreben. Das kann auf den anderen entwaffnend wirken und funktioniert gut, wenn Sie mit dem Verhandlungspartner auf einer Wellenlänge sind.

Risiko: Der Verhandlungspartner erfährt mehr, als er wissen soll, und nutzt die Offenheit aus.

Versachlichen

Schieben Sie alle Emotionen zur Seite: Was sind die einzelnen Fakten? Was genau ist eigentlich das Problem? Was lässt sich messen, wiegen, zählen?

Gehen wir nochmals die Zahlen durch.

Risiko: Diese Taktik kann „eiskalt" wirken und Kooperationen verhindern.

Hinterfragen

Hinterfragen Sie jegliche Information und hören Sie aktiv zu. Gehen Sie weg von Positionen, hin zu Interessen. Welches Motiv steckt dahinter?

Was wollen Sie damit bezwecken?
Warum erzählen Sie mir das?
Was ist Ihr Ziel?
Was wollen Sie eigentlich?

Risiko: Es kann als „Verhör" verstanden werden und die Atmosphäre schädigen.

Desinteresse zeigen

Der andere will etwas von Ihnen, aber Sie wollen nichts von ihm. Sie zeigen, dass Sie Alternativen zu ihm und seinem Angebot/ Produkt haben und ihn eigentlich gar nicht brauchen.

Risiko: Gepokert und verloren, der Verhandlungspartner bricht vorschnell ab.

Einlullen

Kommunizieren Sie nur auf emotionaler Ebene:

Wir beide machen das schon.
Sie bekommen das sicher hin, ich vertraue Ihnen zu 100 Prozent.

Risiko: Es wird wahrscheinlich durchschaut und der andere wechselt auf die Faktenebene.

Ihr 10-Punkte-Check für die Phase 2 – Klären	
1	Starten Sie mit einer Agenda
2	Stellen Sie viele offene Fragen zur Informationsgewinnung
3	Sprechen Sie nur ein Drittel, hören Sie zwei Drittel zu
4	Unterscheiden Sie klar Positionen von Interessen
5	Achtung mit Vorurteilen und Interpretationen
6	Hören Sie aktiv zu, stellen Sie Checkfragen
7	Sichern Sie Information mit Zusammenfassungen ab
8	Lösen Sie positive Emotionen aus
9	Halten Sie Ihre Prioritäten anfangs zurück
10	Setzen Sie die Präzisierungsfrage zum Identifizieren der Interessen ein

Phase 3 Vorschlagen

Als die Beatles ihren ersten Spielfilm „A Hard Day's Night" drehten, verhandelte deren Manager Brian Epstein mit den Produzenten über den finanziellen Anteil, der für die Beatles bei diesem Projekt abfallen sollte. Epstein als Musikmanager hatte wenig Ahnung vom Filmbusiness und wollte vielleicht auch aus diesem Grund mit einem besonders aggressiven Erstvorschlag die Verhandlung eröffnen. Selbstbewusst trug er also seine Forderung vor: 7,5 Prozent des Profits. Die Produzenten schlugen sofort ein. Was Epstein nicht wusste: Die Filmproduzenten hatten mit bis zu 25 Prozent Profitbeteiligung kalkuliert und waren daher hocherfreut über Epsteins Forderung von 7,5 Prozent. Die Beatles verdienten viel Geld mit dem hervorragend laufenden Film, aber bei Weitem nicht so viel, wie sie verdienen hätten können.

Diese Anekdote zeigt, wie riskant die Phase des Vorschlagens für jemanden ist, der über zu wenig Information verfügt. Aus diesem Grund sind auch die beiden vorhergehenden Phasen „Vorbereiten" und „Klären" von solch immenser Bedeutung, und wenn Sie zielführende Vorschläge abgeben wollen, können Sie nicht darauf verzichten.

Tipp

Denken Sie immer daran: Die Basis für einen guten Vorschlag liegt in den Phasen 1 und 2 des VerhandlungsChronos.

Jede Verhandlung basiert auf Vorschlägen und nur Vorschläge bringen eine Verhandlung voran. Wer den ersten Vorschlag macht oder einfordert, führt die Verhandlung.

Zu welchem Zeitpunkt soll der erste Vorschlag erfolgen?

Gehen Sie davon aus, dass die Phase 2, „Klären", und die Phase 4, „Optimieren", die zeitaufwendigsten Phasen einer Verhandlung sind. Diesen räumen wir daher jeweils 30 Prozent der Verhandlungszeit ein. Das bedeutet, spätestens am Anfang des zweiten Drittels der Verhandlung sollte der erste Vorschlag entweder kommen oder von Ihnen eingefordert werden.

Wer soll den ersten Vorschlag machen?

Das Risiko, das in einem schlechten Erstvorschlag liegt, bringt viele Verhandlungsexperten zur Conclusio: Eröffne niemals mit einem Vorschlag, lass immer den anderen eröffnen! Das klingt einfach und mag für manche Situationen auch richtig sein, aber es ist keinesfalls eine Regel, die Sie generell akzeptieren sollten. Es hängt nämlich schlicht und einfach davon ab, wie gut oder wie schlecht Ihr Informationsstand ist.

- Verfügen Sie über gute und ausreichende Informationen und wollen Sie zudem mit Ihrem Erstvorschlag einen Ankerpunkt in die Verhandlung setzen, dann machen Sie den ersten Vorschlag.
- Wenn Sie meinen, nicht über genügend Information zu verfügen, oder aus taktischen Gründen keinen Vorschlag machen möchten, dann fordern Sie diesen aktiv zum genannten Zeitpunkt ein.

Fordern Sie den Erstvorschlag ein, wenn Sie zu wenig Information haben

Auch die *Vermutung*, nicht ausreichend Information über das Thema oder den Verhandlungsgegenstand zu haben, ist ausreichend dafür, den Erstvorschlag einzufordern. Dadurch werden Sie mehr Information erhalten, vor allem über die Verhandlungszone Ihres Verhandlungspartners.

Wenn Sie über zu wenig Information verfügen, ist das Abgeben eines ersten Vorschlags riskant. Ist Ihr Erstvorschlag nämlich zu niedrig, verringern Sie Ihren Anteil am Verhandlungsergebnis maßgeblich. Ist Ihr Vorschlag allerdings zu hoch, verringert das die Chance, überhaupt zu einer Einigung in der Verhandlung zu kommen. Die große Herausforderung ist also, zwischen diesen beiden Strategien zu entscheiden: Geben Sie den ersten Vorschlag ab oder holen Sie den ersten Vorschlag ein? Engarde-erfahrene Verhandler wissen aufgrund der intensiven Vorbereitung mit dem ESP und dem Verlauf der Phase „Klären", welche der beiden Möglichkeiten sie wählen.

Es kann sich manchmal auch auszahlen, trotz eines hohen Informationsstands dem anderen den Erstvorschlag zu überlassen, denn es passiert immer wieder, dass man durch einen unerwartet niedrigen Erstvorschlag überrascht wird. Möglicherweise offeriert Ihr Verhandlungspartner viel mehr, als Sie erwartet haben, oder der Preis eines Gutes ist wesentlich niedriger, als Sie dachten. In beiden Fällen kommen Sie unvermutet zu einem exzellenten Verhandlungsergebnis. Machen Sie selbst den Erstvorschlag, riskieren Sie, dass dieser höher ist als die Erwartung des Verhandlungspartners, und somit würden Sie Geld auf dem Tisch liegen lassen.

Wenn Sie also die Vermutung haben, Ihr Verhandlungspartner könnte einen niedrigeren Erstvorschlag anbringen, als es vielleicht vernünftig wäre, versuchen Sie es und lassen Sie ihn eröffnen. Sie haben ja dann immer noch die Möglichkeit, mit einem aggressiven Gegenvorschlag zu kontern.

Diese Praktik können Sie zum Beispiel in der nächsten Gehaltsverhandlung anwenden. Ist Ihr Informationsstand zu niedrig und wissen Sie zum Beispiel nicht, wie die Gehaltspolitik der Firma insgesamt aussieht oder was Kollegen mit vergleichbarer Qualifikation bekommen, fordern Sie von Ihrem Chef einen Erstvorschlag ein. Statt „Ich möchte pro Jahr 10.000 Euro mehr" könnten Sie sagen:

Was können Sie mir anbieten?

Möglicherweise kommt er Ihnen entgegen und nennt gleich zu Beginn 13.000 Euro, dann können Sie immer noch mit 15.000 kontern. Wenn Sie aber zum Beispiel mit 10.000 eröffnen, handelt er sie wahrscheinlich auf 5.000 herunter.

Wie soll der erste Vorschlag lauten?

Das hat mit Ihrem Verhandlungsstil zu tun, über den wir bereits diskutiert haben. Sind Sie eher kooperativ oder sind Sie eher kompetitiv? Entsprechend wird auch Ihr Erstvorschlag aussehen. Entscheidend ist aber vor allem die Art der Verhandlung: Geht es um eine Transaktion, einen Konflikt, eine Beziehung?

Auch taktische Überlegungen spielen hier eine Rolle. Sie können zum Beispiel mit einem aggressiven Erstvorschlag eröffnen und Ihre Position dann mit der Zeit aufweichen, um Kooperationsbereitschaft zu zeigen, oder umgekehrt mit einem eher niedrigen Vorschlag starten, aber kaum von Ihrer Position abrücken.

Klar ist: Der Erstvorschlag hat enormen Einfluss auf den weiteren Verlauf der Verhandlung. Wir beschäftigen uns im Anschluss mit den drei empfehlenswertesten Arten des Erstvorschlags: dem aggressiven, dem optimistischen und dem moderaten Vorschlag. Vorher kommen wir aber noch zum Thema „Verhandlungszone". Diese entsteht aus den Erstvorschlägen und ist die Voraussetzung für eine spätere Vereinbarung.

Die Verhandlungszone

Die Verhandlungszone definiert die Bandbreite einer möglichen, beidseitigen Übereinstimmung zwischen zwei Parteien in einer Verhandlung. Innerhalb dieser Zone ist ein positiver Verhandlungsabschluss möglich, außerhalb dieser Zone werden auch die härtesten Verhandlungen zu keinem positiven Ergebnis führen. Die Verhandlungszone schafft die Grundlage für die weitere Verhandlung.

Beispiel

A will eine Vertriebskooperation mit B bilden.

A will maximal 10 Prozent Provision zahlen, B will aber mindestens 20 Prozent Provision erhalten. Hier gibt es noch keine Verhandlungszone, es wird keine Übereinstimmung erzielt werden.

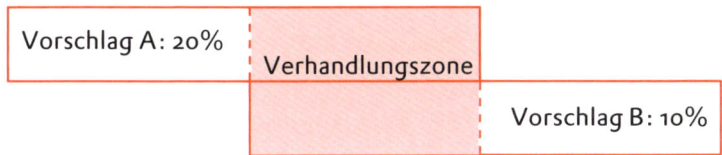

Wenn A maximal 20 Prozent zahlen würde und B minimal 10 Prozent haben möchte, gäbe es bereits eine Verhandlungszone. Je nach Verhandlungsgeschick wird die vereinbarte Provision zwischen 10 und 20 Prozent liegen.

Es kann durchaus eine Weile dauern, bis eine Verhandlungszone gefunden wird. Je besser Sie in den Phasen „Vorbereiten" und „Klären" agieren, umso wahrscheinlicher wird eine Verhandlungszone geschaffen beziehungsweise gefunden. In der Praxis definieren die jeweiligen Must-haves und Nice-to-haves die äußeren Grenzen der Verhandlungszone. Ein positives Ergebnis wird daher nur dann erzielt, wenn jede der beiden Parteien innerhalb des Must-haves bleibt. Es kommt jedoch auch oft vor, dass eine Einigung erzielt wird, die schlechter ist als das Must-have. Das ist ein klares Indiz dafür, dass das Must-have kein Must-have war, sondern eher ein Want-to-have, oder der Plan B nicht attraktiv genug war. Genau jetzt zeigt sich, wie wichtig die klare Definition der Zielkategorien ist.

Je kleiner die Verhandlungszone ist, umso schwieriger wird es für die Beteiligten, diese zu finden. Wenn Sie Probleme haben, die Verhandlungszone zu identifizieren, gehen Sie einen Schritt zurück in die Phase „Klären" und versuchen Sie mit Fragen die Eckpunkte der Zone Ihres Verhandlungspartners herauszufinden. Hier ein paar Beispiele, die nicht direkt nach den Fakten fragen (Sie würden wahrscheinlich keine Antwort bekommen), die Ihnen aber helfen werden, ein besseres Bild zu bekommen:

Was wäre für Sie absolut nicht akzeptabel?
Können Sie mir einen Anhaltspunkt für Ihre Bandbreite geben?
Was wäre nötig, um in Richtung einer Einigung zu kommen?
Wie können wir vermeiden, dass der Deal scheitert?

Der Erstvorschlag als Ankerpunkt

Der erste Vorschlag in einer Verhandlung ist extrem wichtig, weil er die eine Seite der Verhandlungszone markiert und absteckt. Dieser Anker oder Eckpunkt der Verhandlungszone beeinflusst das Verhandlungsergebnis stark. Denn in den meisten Verhandlungen bewegen Sie sich mit den weiteren Vorschlägen um diesen Anker herum. Der Erstvorschlag ist ein Richtwert, von dem der weitere Verlauf der Verhandlung abhängt.

Das Phänomen des Ankers war und ist Gegenstand vieler Untersuchungen und Studien, die eines zeigen: Es besteht ein signifikanter Zusammenhang zwischen dem Erstvorschlag und dem Verhandlungsergebnis.

Beispiel

In einem Versuch mit Seminarteilnehmern müssen diese ein Bürogebäude an Investoren verkaufen. Vier Teams erhalten jeweils eine völlig idente Objektbeschreibung, aber einen um jeweils 10 Prozent höheren Ausgangspreis des Objekts, beginnend mit

2 Millionen Euro, steigend auf 2,2 Millionen, 2,4 Millionen und so weiter. Daraufhin müssen die Seminarteilnehmer folgende Fragen beantworten:

Frage 1: Für welchen Preis werden Sie das Objekt Ihren Interessenten zuerst anbieten? (Der Preis von 2 Millionen etc. ist eine Empfehlung)

Frage 2: Was ist der niedrigste Preis, den Sie akzeptieren würden?

Frage 3: Wären Sie der Käufer, was würden Sie für das Haus bezahlen?

Die Auswertung der Antworten zeigt bei diesem Versuch jedes Mal ganz klar, dass die Seminarteilnehmer durch die Preisempfehlung extrem beeinflusst werden. Diejenigen mit dem höheren Ausgangspreis bieten so gut wie immer einen höheren Preis an und akzeptieren auch weniger niedrige Angebote als die in Frage 2 definierte Untergrenze.

Ein besonders interessanter Aspekt dieses Versuchs: Die Teilnehmer werden danach gefragt, ob die Preisempfehlung im Verkaufsprospekt, das sämtliche Daten zu dem Projekt beinhaltet, auch Vergleichspreise aus der Umgebung zu Vergleichsprojekten, sie in ihren Antworten beeinflusst hätte. Dies beantwortet mehr als die Hälfte mit einem klaren Nein. Der interessante Schluss, der daraus zu ziehen ist: Dieser Vorschlag – in diesem Fall als Preisempfehlung ausgeführt – beeinflusst sehr wohl klar die Verhandlungspartei, obwohl diese der Meinung ist, sie wird nicht beeinflusst.

	Erstvorschlag machen?
Transaktion	Im Zweifelsfall eher nein. Ja, wenn ausreichend Information zur Verfügung steht.
Beziehung	Ja, denn es zeigt Bereitschaft zur Kooperation.
Konflikt	Ja, er muss aber konstruktiv und konfliktlösend sein.

Abbildung 7: Ob Sie selbst eröffnen, hängt von der Verhandlungssituation ab

Wer setzt den ersten Anker?

Betrachten wir dieses Ergebnis näher, dann ist es klar, dass Sie sich mit dem Abgeben eines ersten Vorschlags einen großen Vorteil verschaffen können. Sie setzen den so wichtigen Anker in der Verhandlung, markieren die Verhandlungszone an einer Seite und schaffen einen wichtigen Referenzpunkt für Ihren Verhandlungspartner. Wenn Sie den Erstvorschlag in einer Verhandlung setzen, empfehle ich Ihnen folgende drei Möglichkeiten:

- einen aggressiven Erstvorschlag
- einen optimistischen Erstvorschlag
- einen moderaten Erstvorschlag

Sehen wir uns die Vorschläge im Detail an.

Der aggressive Erstvorschlag: riskant, aber profitabel

Eine Grundregel für das Erzielen exzellenter Verhandlungsergebnisse:

Tipp

Streben Sie ein noch besseres Ergebnis an als jenes, mit welchem Sie zufrieden wären.

Denken Sie an die Zielkategorien im ESP: Must-have, Want-to-have, Nice-to-have. Der aggressive Erstvorschlag wird sich an Ihrem Nice-to-have orientieren. Dieser Zugang lässt Ihnen genug Raum zum Optimieren, also für Zugeständnisse an Ihren Verhandlungspartner oder zum Einsetzen von Assen. Zusätzlich verschaffen Sie Ihrem Verhandlungspartner ein positives Grundgefühl, wenn auch er Ihnen gewisse Konzessionen abluchsen kann.

Der aggressive Erstvorschlag bietet folgende Vorteile:

- Es kann zu einer positiven Überraschung kommen, wenn Ihr aggressiver Erstvorschlag akzeptiert wird. Dies kann zum Beispiel dann sein, wenn Ihr Verhandlungspartner unter Zeit- und Gelddruck steht.
- Sie bilden eine ausreichende Verhandlungszone, die Raum für Optimierungen im Laufe der Verhandlung bietet.
- Der wahrscheinlich wichtigste Vorteil: Der aggressive Erstvorschlag kann die Erwartungen Ihres Gegenübers sofort senken. Angenommen, Ihr Vorgesetzter möchte ein Projekt in zwei Wochen abwickeln und Sie als Projektmanager eröffnen die Verhandlung mit dem Vorschlag „ zwei Monate ". Es wird Ihrem Chef somit sehr rasch klar werden, dass zwei Wochen nicht realistisch sind, und er wird den Zeitraum sofort ausdehnen.

Gehen wir den aggressiven Erstvorschlag in einem Beispiel durch:

Sie sind selbstständiger IT-Consultant und nennen einem potenziellen Kunden Ihren Preis für ein bestimmtes Projekt: 30.000 Euro. Er bietet Ihnen im Gegenzug dafür 29.000 Euro. Sie werden sicher sofort denken, dass Sie zu niedrig begonnen haben und er wahrscheinlich wesentlich mehr für Ihren Service zahlen könnte. Er hat also mit seinem Gegenvorschlag Ihre Erwartungen erhöht, und Sie werden sich fürchterlich ärgern, weil Sie nicht mit 35.000 oder 40.000 in die Verhandlung gegangen sind.

Nehmen wir nun an, sein Gegenvorschlag wäre 24.000 Euro – was schon ein ordentliches Stück von Ihren ursprünglich veranschlagten 30.000 entfernt wäre. Dieser Vorschlag hätte nun die Folge, dass Sie die Hoffnung, tatsächlich 30.000 zu bekommen, sofort nach unten schrauben und sich denken würden: „Naja, wenn ich 26.000 erreiche, werde ich wahrscheinlich schon froh sein müssen, denn dann muss ich ihn ohnehin erst noch um 2.000 nach oben verhandeln. "

Die Ironie an dieser Situation: Sie werden wahrscheinlich mit 26.000 Euro glücklicher sein als im ersten Szenario mit 29.000. Weshalb? Weil der Erstvorschlag Ihre Erwartungen gesenkt oder erhöht hat.

Betrachten Sie dieses Beispiel nun von der Seite des Kunden:

Angenommen, Ihr Kunde hatte von Beginn an auf einen Projektpreis von 25.000 Euro spekuliert. Da Ihr Erstvorschlag aber 30.000 betrug, hat er zwar immer noch mehr als seine gedachten 25.000 bezahlt, nämlich 26.000, es liegt aber nicht weit über seinen Erwartungen, und er kann damit zufrieden sein.

Wenn Sie als ursprüngliches Ziel 30.000 im Auge hatten, hätte Ihr Erstvorschlag bei jedenfalls 33.000, besser sogar 35.000 liegen müssen. Hier ist natürlich Fingerspitzengefühl gefragt, denn wenn Sie mit der Hoffnung auf einen noch besseren Deal mit 40.000 in die Verhandlung gehen, kann es sein, dass Ihr potenzieller Kunde die Verhandlung überhaupt nicht aufnimmt, sondern diese aufgrund des zu hohen Preisunterschieds und der daraus nicht zu etablierenden Verhandlungszone sofort abbricht.

Die Frage daher: Wie aggressiv darf ein Erstvorschlag sein?

Antwort: So lange Sie ihn vernünftig begründen können, ist er nicht zu hoch.

Welchen Vorschlag, welche Zahl oder welche Idee Sie auch immer als Ihren Erstvorschlag lancieren, eines ist gewiss:

Tipp

Der Erstvorschlag wird als Ankerpunkt im Raum stehen bleiben. Der Erstvorschlag markiert somit einen Eckpunkt der Verhandlung.

Erstvorschläge sind dann realistisch, wenn sie eine Chance auf Umsetzung beinhalten. Das muss bei aggressiven Erstvorschlägen nicht unbedingt der Fall sein, diese können auch nur dazu dienen, als Ankerpunkt den Verhandlungspartner zu beeinflussen. Der optimistische Erstvorschlag hingegen ist durchaus argumentierbar und aus der Sicht des Vorschlagenden realistisch nachvollziehbar. Dabei kann er immer noch hoch sein, jedoch: realistisch hoch.

Für uns Europäer oder auch für Nordamerikaner ist das Thema des aggressiven Erstvorschlags nicht ganz einfach, weil dieser von vornherein einen gewissen Verhandlungsspielraum beinhaltet. Das ist etwas, was wir nicht unbedingt gewöhnt sind. In Afrika, Asien oder im Mittleren Osten ist dies allerdings Teil der Verhandlung. Hier *muss* der Erstvorschlag aggressiv sein, weil es sonst zum Leidwesen der Einheimischen nicht zum allseits beliebten Feilschen kommen würde.

Die Relevanz eines aggressiven Erstvorschlags können Sie übrigens bei sich selbst gut testen: Bringen Sie diesen vor, ohne innerlich zu lachen, zu zweifeln oder ohnehin mit sofortiger Ablehnung zu rechnen, dann ist er in Ordnung.

Der optimistische Erstvorschlag birgt die größte Chance

Der optimistische Erstvorschlag liegt spürbar unter dem aggressiven Erstvorschlag, ist aber immer noch auf ein Verhandlungsergebnis weit über Ihrem Must-have ausgerichtet. Er beinhaltet immer noch einen komfortablen Verhandlungsspielraum, birgt aber nicht von vornherein das Risiko der Ablehnung durch Ihren Verhandlungspartner aufgrund der extremen Positionierung. Der optimistische Erstvorschlag ist für kooperative Verhandler dennoch eine Herausforderung. Denn diese würden von Natur aus eher zum moderaten Erstvorschlag tendieren, den wir uns als Nächstes ansehen.

In Studien, in denen die Profitabilität von Deals auf dem Immobilienmarkt untersucht wurde, zeigte sich, dass die Geschäfte, die mit optimistischen Erstvorschlägen eröffnet und dann reduziert wurden, die höchste Profitabilität brachten. Wohingegen niedrigere Erstvorschläge ohne Verhandlungsspielraum wesentlich schwieriger abzuschließen waren, genauso wie aggressive Erstvorschläge.

Das Besondere am optimistischen Erstvorschlag ist, dass Sie selbst bei Reduktion des Vorschlags immer noch größere Chancen auf eine Einigung haben als bei einem niedrigeren Vorschlag mit nur weniger Reduktion. Der Grund dafür ist die Zufriedenheit über die Höhe des Nachlasses, die schwerer wiegt als die absolute Summe, selbst wenn es um eine Transaktion geht. Wenn ich zum Beispiel 100 Euro für einen Gegenstand verlange und diesen dann für 70 Euro an Sie verkaufe, ist es für Sie wesentlich befriedigender, als wenn ich zuerst 75 Euro möchte und den Gegenstand dann für 70 Euro an Sie verkaufe.

Außerdem eröffnet der optimistische Erstvorschlag noch eine weitere sehr beliebte Möglichkeit in Verhandlungen, nämlich den Verkauf von Zusatzleistungen. Angenommen, Sie buchen eine Reise für 3.000 Euro und bekommen diese für 2.500. Jetzt wird Ihre Bereitschaft sehr hoch sein, zusätzlich eine Reisekostenversicherung, ein All-inclusive-Paket oder ein Wellness-Paket zu kaufen. Denn immerhin haben Sie ja bereits 500 Euro vom Originalpreis gespart.

Wäre der Originalpreis 2.500 Euro gewesen und nicht weiter verhandelbar, dann hätten Sie wohl kaum so viele Zusatzservices in Anspruch genommen. Dasselbe passiert beim Einkauf von Möbeln, Autos, Haushaltsgegenständen und Ähnlichem. Das bedeutet für Sie: So gut Sie den optimistischen Erstvorschlag selbst verwenden können, so oft fallen Sie auch selbst darauf herein, wenn Sie Dinge anschaffen, bei denen Sie sich gar nicht so sehr dessen bewusst sind, dass der Vorgang des Kaufens eine Verhandlungssituation ist.

Wann der optimistische Erstvorschlag nicht funktioniert

Es gibt aber auch Situationen, in denen der optimistische Erstvorschlag nicht funktioniert. Nämlich dann, wenn Sie keinen oder kaum einen Hebel (s. Phase 4, Optimieren) haben und Ihr Verhandlungspartner das weiß. Dann hätte er nämlich überhaupt keinen Grund, Ihrem Vorschlag zu folgen. Mehr noch, Sie würden sich damit sogar lächerlich machen.

Der optimistische Erstvorschlag ist außerdem kritisch, wenn Sie selbst über eine Premiumleistung oder über einen Premiumgegenstand verhandeln. So wird es Ihnen zum Beispiel nicht gelingen, in einem der zahlreichen Louis-Vuitton-Shops weltweit mit optimistischen Erstvorschlägen auch nur ein Prozent Rabatt zu bekommen. Es gibt schlicht und einfach keinen Rabatt – und genau das trägt zum Image des Premiumherstellers bei.

Der moderate Erstvorschlag

Ich empfehle Ihnen, eher moderate Vorschläge zu machen, wenn Sie mit jemandem verhandeln, mit dem Sie in einer sehr guten Beziehung stehen und eine sehr enge Partnerschaft pflegen. Der optimistische Erstvorschlag oder, noch schlimmer, ein aggressiver Erstvorschlag könnte eine solche Beziehung durchaus gefährden, wenn er unerwartet kommt und darüber hinaus vielleicht als Beleidigung aufgefasst wird.

Der moderate Erstvorschlag orientiert sich nicht allzu weit über Ihrem Must-have, was natürlich insofern problematisch ist, als Sie kaum mehr Verhandlungsspielraum zur Verfügung haben. Trotzdem kann der moderate Erstvorschlag gut geeignet sein, vor allem wenn die Verhandlung in einem besonders kooperativen Umfeld stattfindet, in dem es um Beziehung geht, oder in Ihrem Privatleben und Freundeskreis, wo die Zufriedenheit und nicht der Profit an erster Stelle steht.

Der moderate Erstvorschlag lässt sich übrigens taktisch gut verwenden, indem Sie ihn beim ersten Abschluss in einer Reihe von Verhandlungen mit demselben Verhandlungspartner einsetzen. Damit zeigen Sie starke Kooperation und partnerschaftliches Verhalten, auch wenn sich Ihr Verhandlungsverhalten in den späteren Verhandlungen ändern wird.

Vier Tipps für den idealen Erstvorschlag

Überprüfen Sie folgende Punkte, bevor Sie Ihren Erstvorschlag lancieren:

1. Beachten Sie die Verhandlungszone

Setzen Sie Ihren Anker so, dass Sie weiterhin genug Spielraum haben, um ein gutes Agreement zu finden, das genug Wert für beide Seiten schafft.

- Ist Ihr Erstvorschlag zu niedrig, haben Sie nach oben hin zu wenig Spielraum.
- Ist Ihr Erstvorschlag zu hoch, lassen Sie Ihrem Verhandlungspartner zu wenig Spielraum.

Solche Verhandlungen enden oft in einem Feilschen in kleinen Schritten, anstatt sich darauf zu besinnen, wie der Wert für jede der beiden Seiten beispielsweise durch den Einsatz von Assen erhöht werden könnte.

2. Formulieren Sie ambitionierte Nice-to-have-Ziele

Je höher die von Ihnen anvisierten Ziele sind, umso ambitionierter werden Sie diese verfolgen. Auch hier zeigen unsere Erfahrungen, dass Verhandlungspartner mit relativ aggressiv ausgefüllten ESPs, also hohen Zielkategorien, wesentlich höhere Verhandlungsergebnisse erzielen als solche mit durchschnittlichen oder niedrigeren Zielen. Das funktioniert ein wenig wie die berühmte selbsterfüllende Prophezeiung. Wenn Sie glauben, Sie können kein besonders gutes Ergebnis erzielen, werden Sie mit Sicherheit auch kein besonders gutes Ergebnis erzielen. Erfolgreiche Geschäftsleute werden Ihnen das bestätigen können: Umso höher Sie sich Ihre Ziele setzen, umso besser werden Ihre Ergebnisse sein. Dies äußert sich sowohl in der systematischen Herangehensweise der Verhandlung als auch in Ihrem Auftreten, Ihrem Selbstvertrauen und Ihrem Kommunikationsstil dem Verhandlungspartner gegenüber, der rasch erkennen wird, dass er es mit einem ambitionierten und zielbewussten Verhandler zu tun hat.

3. Behalten Sie die Beziehung im Auge

Beachten Sie bei sämtlichen Vorschlägen und beim Umgang mit Vorschlägen: Wie ist die bestehende Beziehung zu Ihrem Verhandlungspartner und wie soll die Beziehung nach der Verhandlung sein?

Wenn Sie eine längerfristige Partnerschaft anstreben, werden Sie vermutlich etwas weniger aggressiv an die Sache herangehen, als wenn es sich um eine Einmal-Transaktion handelt, bei der es nur darum geht, eine möglichst hohe Rendite einzufahren.

Es kann auch Fälle geben – so hart das auch klingt –, wo man, um ein wirklich brillantes Verhandlungsergebnis zu erreichen, die Beziehung zum Verhandlungspartner ruiniert, den eigenen Ruf beschädigt und den der Firma ebenfalls. Grundsätzlich sollten Sie aber danach streben, den bestmöglichen Deal zu bekommen *und* dabei die Beziehung zu Ihrem Verhandlungspartner und Ihren eigenen Ruf als Verhandler zu stärken. Das bedeutet möglicherweise, dass Sie durchaus das eine oder andere Zugeständnis machen müssen. Aber im Sinne eines übergeordneten Ziels sind diese kleinen Opfer oft das Risiko oder den Einsatz wert.

4. Nutzen Sie die 4er-Kette oder die ABB-Methode

Die 4er-Kette (s. S. 152) und die ABB-Methode (s. S. 154) sind hervorragende Werkzeuge, um Ihren Vorschlägen entsprechend Gewicht zu verleihen und diese inhaltlich zu argumentieren und abzusichern.

Erstvorschlag	Konflikt	Beziehung	Transaktion
aggressiv	nicht empfehlenswert, Gefahr der Provokation, Verärgerung, signalisiert keine Bereitschaft zur Klärung	gefährlich, kann als Vertrauensbruch empfunden werden, Partnerschaft könnte beschädigt werden	empfehlenswert, erhöht Profitabilität durch Ankereffekt, verschiebt Verhandlungszone zu Ihren Gunsten, Risiko des Scheiterns bei kompetitivem Partner
optimistisch	kann funktionieren, mit 4er-Kette oder ABB absichern, vorsichtig formulieren, gemeinsamen Nutzen herausstellen	empfehlenswert, Achtung auf Nutzen für Partner, muss dessen Interessen befriedigen, positiven Bezugsrahmen schaffen	empfehlenswert, geringes Risiko, akzeptabler Profit, weniger Raum für Zugeständnisse
moderat	empfehlenswert, trägt konstruktiv zur Schlichtung bei, lässt allerdings weniger Spielraum, schafft positives Klima	empfehlenswert, aber nur bei eindeutig fairem Partner anwenden, kann sonst eigene Position schwächen	nicht empfehlenswert, zu kleine Verhandlungszone, hat hier eher distributiven Charakter

Abbildung 8:   Richtig gewählte Erstvorschläge minimieren das Risiko der Ablehnung und führen zu besseren Verhandlungsergebnissen

Ideal: ein zufriedener Verhandlungspartner und ein gutes Verhandlungsergebnis

Sie verhandeln nicht nur zum Thema, Sie verhandeln auch die Beziehung und die Zusammenarbeit oder Partnerschaft. Davon hängt sehr viel ab, nämlich wie zufrieden beide Seiten mit dem Verlauf der Verhandlung und deren Abschluss sind. Die Zufriedenheit kommt also nicht ausschließlich durch das Ergebnis selbst, sondern zum Gutteil auch daher, welches Gefühl Sie haben, wie gut oder schlecht der Abschluss ist. Mit anderen Worten:

Tipp

Je mehr Sie Ihrem Verhandlungspartner das Gefühl geben, einen guten Abschluss gemacht zu haben, umso besser die Beziehung zu ihm.

Die Zufriedenheit Ihres Verhandlungspartners hängt im Wesentlichen von zwei Faktoren ab:

- vom Ausgang der Verhandlung auf das Thema bezogen, also inwiefern Ihr Partner glaubt, er hätte eine vorteilhafte Vereinbarung getroffen;
- davon, wie Sie ihn behandelt haben, wie Sie mit ihm umgegangen sind, ob Sie ihn respektiert haben und er seinen Beitrag leisten konnte.

Das klingt vielleicht einfacher, als es ist, denn es gibt durchaus Verhandler, die durch schlechte Planung, wenig Strategie und keine Rücksicht auf den anderen sowohl ein schlechtes Ergebnis einfahren als auch die Beziehung zum Verhandlungspartner zerstören. Das ist natürlich der denkbar schlechteste Fall, doch leider ist er keineswegs selten. Streben Sie das Gegenteil an, nämlich ein gutes Verhandlungsergebnis und eine gestärkte Partnerschaft.

Wenn Vorschläge zu schnell akzeptiert werden – der Fluch des Gewinners

Beispiel 1

Stellen Sie sich vor, Sie gehen über einen Markt in einem Urlaubsland und finden einen lokalen Kunstgegenstand, der Ihnen sehr gut gefällt. Sie nehmen diesen Kunstgegenstand in die

Hand, betrachten ihn, fragen den Verkäufer, ob er zuständig ist, er sagt ja und fordert Sie auf, einen Vorschlag machen. Sie sagen: „30 Euro." Der Verkäufer streckt Ihnen die Hand entgegen: „Deal, der Gegenstand gehört Ihnen."

Welches Gefühl haben Sie?

Beispiel 2

Sie selbst stehen auf dem Markt und bieten verschiedene Gegenstände aus Ihrem Haushalt an, darunter auch eine Schnitzerei aus den fünfziger Jahren. Ein Mann kommt auf Sie zu, nimmt diesen Gegenstand, betrachtet ihn von allen Seiten und fragt Sie, was Sie dafür möchten. Sie sagen, Sie hätten dafür gern 20 Euro. Er lächelt Sie an, streckt Ihnen die Hand entgegen, sagt: „Deal!", und kauft Ihnen den Gegenstand für 20 Euro ab.

Welches Gefühl haben Sie?

Die meisten Menschen fühlen sich mit dem Ergebnis dieser Verhandlungen äußerst unwohl. Aber warum? Sie haben doch bekommen, was sie wollten, oder? Das Paradoxe an diesen Situationen ist, dass ein zu schnelles Akzeptieren eines offensichtlich guten Angebots negative Gefühle erzeugen kann. Sie unterliegen dem Fluch des Gewinners.

Mit anderen Worten: Immer wenn Sie einen Vorschlag machen, den der andere ohne Verhandeln unmittelbar akzeptiert, werden Sie wahrscheinlich das Gefühl bekommen, Sie hätten schlecht verhandelt und ein viel zu niedriges Angebot gemacht. Ihr Stück vom Kuchen ist kleiner, als es hätte sein können; Sie haben somit keinen Wert geschaffen und damit versagt.

Der Fluch des Gewinners schlägt oft dann zu, wenn ein Verhandlungspartner über vollständigere Informationen verfügt als der andere. Dadurch wird die Wahrscheinlichkeit für ein gutes Verhandlungsergebnis entsprechend geringer.

Wie können Sie den Fluch des Gewinners vermeiden?

Zögern führt zu zufriedenen Verhandlungspartnern

Stellen Sie sich vor, Sie haben ein Angebot erhalten und würden vor Freude darüber am liebsten in die Luft springen. Stopp! Zögern Sie, warten Sie und geben Sie sich unentschlossen. Sie erhöhen damit die Zufriedenheit Ihres Verhandlungspartners und geben ihm nicht das Gefühl, er hätte ein schlechtes Geschäft mit Ihnen gemacht. Das kann sogar so weit gehen, dass Sie hervorragende Angebote überhaupt nicht am Tag der Verhandlung akzeptieren, sondern sich Bedenkzeit erbeten und erst einige Tage später zusagen. Vielleicht sogar noch mit einer entsprechenden Gegenforderung („Give & Take", s. Phase 4, Optimieren), um dem anderen noch mehr das Gefühl zu geben, das Angebot sei kein Geschenk, sondern durchaus angebracht und für Sie nicht ganz leicht zu akzeptieren.

Dieser Rat ist natürlich nicht ungefährlich, weil er gewissermaßen manipulativ sind. Allerdings lässt sich in der Praxis sehr wohl feststellen, dass durch diese Vorgangsweise die Beziehung zwischen zwei Verhandlungsparteien gestärkt werden kann.

Tipp

Die Zufriedenheit Ihres Verhandlungspartners mit dem Verhandlungsergebnis hängt nicht davon ab, wie gut es ist, sondern was er *glaubt*, wie gut es ist.

Und genau das kann zu der beinahe komischen Situation führen, dass der andere umso glücklicher ist, umso mehr Geld Sie von ihm verlangen. Oder umso mehr Zugeständnisse er machen muss.

Mittel gegen den Fluch des Gewinners

Garantien

Gerade hochwertige Waren und Dienstleistung bieten oft Garantien aller Art. Diese sind nicht nur eine monetäre, sondern auch eine gute psychologische Rückversicherung.

Rückgaberecht

Räumen Sie ein Rückgaberecht nicht nur entsprechend den gesetzlichen Richtlinien ein, sondern bieten Sie dieses zusätzlich oder besonders unkompliziert. Das schafft Vertrauen.

Referenzen

Wenn jemand viele und bekannte Geschäftspartner hat, suggeriert das Sicherheit: „Wenn sogar BMW hier bestellt ..."

Empfehlung

Sehr wertvoll, weil hier der Eindruck eines „Tipps unter Freunden" entsteht oder man jemanden hat, auf den man sich berufen kann.

Kauf im bekannten Umkreis oder von bekannten Verkäufern

Die besten Gebrauchsgegenstände kommen nicht auf den Markt, sondern wechseln innerhalb des Freundes- oder Bekanntenkreises den Besitzer. Oft sogar zu einem besseren Preis als vergleichbare Gegenstände in schlechterem Zustand am Markt, weil der niedrige Aufwand für den Verkauf schlagend wird.

Gutachten und Expertenmeinungen

Ob Anwalt, Steuerberater, Sachverständiger oder „nur" der Freund mit dem Spezial-Know-how: Was der Experte sagt, hat Gewicht.

Tipp

Fordern oder bieten Sie entsprechende Sicherheiten. Diese funktionieren nicht nur als zusätzliches Ass, sondern helfen auch, dem Fluch des Gewinners zu entkommen.

So machen Sie Ihren Verhandlungspartner richtig glücklich

Anfang der dreißiger Jahre holte das Institute for Advanced Study in Princeton, New Jersey, Albert Einstein als Professor und fragte ihn im Zuge dessen nach seinen Gehaltsvorstellungen. Einstein schrieb zurück: „3.000 Dollar im Jahr, außer Sie meinen, ich komme mit weniger durch."

Das ist eine sehr interessante Antwort von einem Genie wie Einstein und entweder besonders naiv oder besonders klug. Sehen wir uns die Antwort aus Princeton an. Diese lautete: „Wir zahlen Ihnen 15.000 pro Jahr." Worauf Einstein akzeptierte und nach Amerika kam.

Die Vorgangsweise von Princeton widerspricht allem, was Sie bisher gehört haben. Aber nur auf den ersten Blick. Sehen wir uns die Vorgangsweise und den Vorschlag einmal genauer an.

Wir können davon ausgehen, dass Einstein, der zu dieser Zeit in Österreich lebte, sich nicht genau darüber im Klaren war, wie sein Marktwert an einer renommierten Universität wie Princeton aussehen würde. Es hätte also durchaus sein können, dass Einstein, wenn er nach Amerika gekommen wäre und die 3.000 akzeptiert hätte, nach wenigen Wochen draufgekommen wäre, dass er völlig unterbezahlt ist. Was sich natürlich auf die Beziehung negativ auswirken hätte können, nämlich genau jene Beziehung, die wir vorher beschrieben haben, die so wichtig ist, um zur Zufriedenheit beider Verhandlungsparteien beizutragen. Die klugen Köpfe in Princeton dürften sich dessen bewusst gewesen sein und machten ihm daher ein wesentlich höheres und damit marktgerechtes Angebot. Was für Einstein viel mehr war, als er erwartet hatte, und er somit voller Motivation und Freude seine Reise antrat. Natürlich sah er sich nun auch selbst in der Verpflichtung, sein Allerbestes zu geben, was zweifelloses einen höheren Wert geschaffen und den Kuchen für beide Parteien vergrößert hat.

Ein unwiderstehliches Angebot? – Achtung, Falle!

Das Einstein-Beispiel zeigt, wie Sie mit zu niedrigen Erstvorschlägen umgehen können, um die Beziehung zu stärken. Vorsicht, wenn alles zu glatt läuft: Seien Sie skeptisch und nehmen Sie sich die Situation noch einmal genauer vor. Wenn die Gegenseite ein Angebot macht, das eigentlich zu gut ist, um wahr zu sein, fragen Sie sich:

Wissen die etwas, was ich nicht weiß?

Stellen Sie sich vor, Sie haben ein altes Schmuckstück geerbt, das Sie auf einen Wert von 200 bis 300 Euro schätzen. Sie gehen damit zum Juwelier. Dieser bietet Ihnen 1.000 Euro. Bitte schlagen Sie nun keinesfalls freudestrahlend ein, sondern bedanken Sie sich höflich, ziehen Sie sich zurück und fragen Sie sich: Was weiß der Juwelier, was ich nicht weiß? Warum würde er ein Vielfaches des von mir erwarteten Preises zahlen?

Die Gründe dafür können vielfältig sein. Wahrscheinlich gibt es etwas, das Sie nicht wissen und auch in Ihrer Vorbereitungs- und Klärungsphase nicht herausfinden konnten. Zum Beispiel die Zugehörigkeit des Schmucks zu einer bestimmten Epoche oder die Herkunft oder den prominenten Vorbesitz in der Vergangenheit.

Oft liegt es daran, dass die Verhandlungszone und der Exit-Punkt Ihres Verhandlungspartners viel höher liegen, als Sie dachten. Daher:

> **Tipp**
>
> Wenn etwas zu gut klingt, um wahr zu sein, nehmen Sie niemals das erste Angebot an.

Machen Sie auch nicht sofort einen Gegenvorschlag, sondern ziehen Sie sich zurück, prüfen Sie sämtliche Fakten, bis Sie genau wissen, wie der Stand der Dinge ist, und formulieren Sie erst dann Ihren Gegenvorschlag, der die neue Situation berücksichtigt.

Wann ist ein Vorschlag fair?

Für den Begriff „Fairness" gibt es weder eine Norm noch einen allgemeinen Standard. Nicht nur persönliche Vorlieben und gelerntes Verhalten, sondern vor allem auch die jeweilige Situation haben Einfluss auf den Umgang mit Fairness. So kann zum Beispiel ein Gangsterboss, der mit Drogen handelt und Menschen töten lässt, ein extrem fairer Mensch im Umgang mit seinen Freunden und der Familie sein. Eine Sichtweise, die wohl so manchem Unbehagen bereitet, aber aufgrund der Differenziertheit des Themas nachvollziehbar ist.

Das Problem liegt darin verborgen, dass Sie nie wissen können, was für einen anderen Menschen fair ist. Ein fairer Zugang zu einer Verhandlung könnte sein, dass alles im gleichen Verhältnis geteilt wird, jede Partei profitiert also im Ausmaß von 50 Prozent des Verhandlungsergebnisses. Fair könnte aber auch sein, dass jede Partei im Ausmaß der eingesetzten Ressourcen profitiert oder im Ausmaß der Notwendigkeit, in dem ein Teil des Ergebnisses benötigt wird. So ist es etwa bei unterschiedlichen Gehaltssystemen: Fixgehalt oder Bonus beziehungsweise Provisionssystem – je nach System werden Sie bei gleicher Leistung einmal mehr und einmal weniger verdienen. Ein unfairer Deal also mit Ihrem Arbeitgeber?

Kahnemann, Knetsch und Thaler zeigen in einer Studie, dass Fairness oft nichts anderes ist als ökonomisches Verhalten: Ein Geschäft verkauft Schneeschaufeln für 15 Euro. Am Morgen nach einem schweren Schneesturm kosten dieselben Schaufeln im selben Geschäft plötzlich 20 Euro. Ist das fair oder unfair, was meinen Sie?

Rein ökonomisch betrachtet muss der Preis natürlich nach oben gehen, das bestimmt das Gesetz von Angebot und Nachfrage. Trotzdem: 82 Prozent der befragten Studienteilnehmer halten die Preiserhöhung für unfair. Und von jenen, die den Preisanstieg für fair hielten, antworteten viele auf die Kontrollfrage, ob es fair sei, nach einem Hurrikan Stromgeneratoren teurer zu verkaufen, mit Nein. Obwohl die Logik dahinter dieselbe ist.

Drehen wir die Situation wieder um: Sie sind nun der Eigentümer des Geschäfts und haben noch 25 Stück Schneeschaufeln auf Lager. Sollen Sie Ihren Profit erhöhen oder hätten Sie vielleicht Bedenken, dass diese Preiserhöhung Sie in Zukunft Geld kosten könnte, weil Ihre Kunden sauer sind? Eine rationale Entscheidung kann in diesem Fall also negative Auswirkungen haben, wenn zum Beispiel Mitbewerber die Komponente Fairness berücksichtigen und die Preise stabil lassen.

Fairness ist also ein recht dehnbarer Begriff, und durch unterschiedliche Auffassungen können Verhandlungen sehr leicht zum Platzen gebracht werden.

Der Bezugsrahmen beeinflusst den Fairness-Faktor

Der Faktor Fairness beeinflusst also nicht nur das aktuelle Verhalten, sondern vor allem auch das zu erwartende Verhalten. Und dieses hängt, wie die Studie zeigt, immer auch vom Rahmen ab, in dem es stattfindet. Folgendes Beispiel illustriert deutlich, wie Fairness vom Bezugsrahmen abhängt:

Fall 1

Firma Klein macht Jahr für Jahr kleine Gewinne. Sie ist in einem von der Rezession betroffenen Umfeld mit hoher Arbeitslosigkeit, aber keiner Inflation angesiedelt. Viele Menschen würden sehr gern in der Firma Klein arbeiten. Firma Klein beschließt für das laufende Jahr eine Gehaltssenkung von 7 Prozent.

Unfair? 62 Prozent der Befragten in diesem Fall antworten mit Ja.

Fall 2

Firma Klein macht Jahr für Jahr kleine Gewinne. Sie ist in einem von der Rezession betroffenen Umfeld mit hoher Arbeitslosigkeit und 12 Prozent Inflation angesiedelt. Viele Menschen würden sehr gern in der Firma Klein arbeiten. Firma Klein beschließt für das laufende Jahr eine Gehaltserhöhung von 5 Prozent. Unfair? Nur 22 Prozent der Befragten antworten mit Ja.

Das Besondere daran: Das Resultat ist in beiden Fällen ident: eine Gehaltseinbuße von 7 Prozent für die Mitarbeiter von Firma Klein. Der Unterschied liegt – wieder einmal – im Bezugsrahmen, und dieser beeinflusst das Fairness-Empfinden. Während eine Gehaltssenkung als unfair erlebt wird, ist eine Erhöhung, obwohl weit unter der Inflationsrate, weniger dramatisch. Menschen denken in diesem Beispiel nicht in Kaufkraft, sondern in fixen Einheiten, also Euro.

Berücksichtigen Sie den Fairness-Faktor immer von beiden Seiten

Wenn Sie Ihre Vorschläge entsprechend „fair" verpacken und argumentieren, können Sie damit Ihren Verhandlungspartnern Entscheidungen „erleichtern". Umgekehrt lohnt es sich, alles kritisch zu beleuchten, was von Ihrem Verhandlungspartner zu plakativ als „fair" argumentiert wird. Oft versteckt sich gerade dahinter ein Ungleichgewicht zu Ihren Lasten. Faire Vorschläge werden mit höherer Wahrscheinlichkeit akzeptiert, aber die Fairness muss nachvollziehbar sein. Die Veränderung des Bezugsrahmens hilft Ihnen dabei:

A: „Da meine Investition höher war, halte ich es für fair, wenn auch mein Anteil am Gewinn höher ist."

B: „Nein, denn das von mir eingebrachte Know-how stellt den größten Wert des Projekts dar, daher halte ich es für fair, wenn ich einen höheren Anteil erhalte."

Tja, beides ist aus der jeweiligen Perspektive nachvollziehbar und fair, trotzdem wird über diesen Punkt wohl noch länger verhandelt werden müssen. In so einem Fall empfehle ich ein rein rationales Abwägen der Argumente. Damit blenden Sie den subjektiven Fairness-Faktor aus und können objektiv entscheiden:

Stellen wir den Wert der Investition dem von einem Spezialisten zu errechnenden Wert des Know-hows gegenüber und teilen wir den Gewinn im Ausmaß der errechneten Werte-Verteilung.

So nehmen Sie Vorschläge richtig entgegen

Sobald Ihr Verhandlungspartner seinen Erstvorschlag anbringt, laufen Sie Gefahr, durch den Effekt des Ankerns von diesem Vorschlag abhängig zu werden und auf diesen zu reagieren, anstelle Ihre möglicherweise völlig anders geplante Strategie zu verfolgen.

Wie können Sie also selbst auf Erstvorschläge Ihrer Verhandlungspartner reagieren?

Strategie 1: Verschieben

Sobald der Erstvorschlag kommt, gleich, ob er zu hoch, zu niedrig oder auch in erwarteter Höhe ist, verschieben Sie ihn. Verschieben bedeutet, dass Sie in dieser Situation nicht darauf eingehen, sondern zum Beispiel sagen:

Danke für Ihren Vorschlag. Anscheinend haben wir etwas unterschiedliche Auffassungen über das anzustrebende Ergebnis. Ich schlage vor, wir versuchen, diesen Abstand zu verringern, indem wir uns darauf konzentrieren, wie wir beide den bestmöglichen Nutzen daraus ziehen können.

Durch diese Methode schaffen Sie es, die Diskussion beziehungsweise die Verhandlung auf ein anderes Thema zu lenken. Damit kommen Sie weg von der Vorschlag-gegen-Vorschlag-Ebene, zu der es zu diesem Zeitpunkt der Verhandlung vielleicht noch zu früh ist, und damit auch weg von einem für Sie zu aggressiven Vorschlag.

Strategie 2: Information überprüfen und klären

Wann immer Sie Information von Ihrem Verhandlungspartner bekommen, werden Sie durch diese Information beeinflusst. Sie müssen daher in der Lage sein, diese Beeinflussung aufzuheben, indem Sie sich rein auf die Fakten konzentrieren und überprüfen, was Sie gehört haben.

Beispiel

Aussage 1: Ihr Verhandlungspartner sagt: „Wir haben ein besseres Angebot von Firma X, welches weit über Ihrem Angebot liegt. Das bedeutet, Sie müssten auf mindestens 550.000 erhöhen, damit wir im Gespräch bleiben können."

Aussage 2: Ihr Verhandlungspartner sagt: „Es gibt genug Firmen da draußen, die uns bessere Angebote machen könnten. Mit einigen von denen sind wir auch im Gespräch, und darum glauben wir, dass Ihr Angebot zu niedrig ist. Wir brauchen mindestens 550.000, um weiter verhandeln zu können."

Sehen Sie sich diese beiden Aussagen genau an und Sie werden feststellen, dass Aussage 2 eine Pauschalaussage ohne konkrete Information ist und die Aussage 1 konkrete Information enthält. Aussage 1 wäre also theoretisch auch überprüfbar, wird es in der Praxis aber oft nicht sein. Trotzdem lässt sie darauf schließen, dass es tatsächlich ein anderes Angebot gibt. Überlegen Sie sich also, darauf einzugehen. Die Aussage 2 hingegen ignorieren Sie tunlichst, denn es ist nichts anderes als eine Allgemeinposition, also eine typische Verhandlungstaktik (Bluff), um den eigenen Anteil am Kuchen der Verhandlungspartei zu erhöhen.

Strategie 3: Aggressive Vorschläge nicht diskutieren

Kommt Ihr Verhandlungspartner mit einem Erstvorschlag, der Ihnen überdurchschnittlich hoch oder überdurchschnittlich niedrig erscheint, fragen Sie keinesfalls: „Wie kommen Sie auf diese Zahl?" oder „Was steckt hinter diesem Vorschlag?" oder „Weshalb verlangen Sie das?" Wenn Sie das nämlich tun, wird nur noch dieser Vorschlag diskutiert. Und je mehr der Vorschlag diskutiert wird, umso breiter macht er sich in Ihren Gedanken und wird dadurch mit Sicherheit auch Einfluss auf die Verhandlungsstrategie gewinnen. Der Anker entfaltet also seine Wirkung.

Und zusätzlich wird natürlich Ihr Verhandlungspartner, wenn Sie ihn nach dem Hintergrund für seinen Vorschlag fragen, sicherlich irgendeine sinnvolle Argumentation bringen, die diesen Vorschlag, auch wenn er unrealistisch erscheint, in einem aus seiner Sicht durchaus sinnvollen Licht erscheinen lässt. Was das Ablehnen oder den Umgang damit wesentlich erschwert.

Natürlich steckt in solchen Vorschlägen trotzdem viel Interessantes oder Erfahrenswertes. Es macht also durchaus Sinn, einen kleinen Versuch zu starten, zu erfahren, weshalb dieser Vorschlag auf den Tisch kommt, ohne diesen vordergründig zu diskutieren. Dazu können Sie eine Frage zu seinem Vorschlag stellen, und wenn interessante, substanzielle Information mit verwertbaren Fakten kommt, eventuell eine zweite Frage. Ansonsten lassen Sie das Thema liegen und verfahren wie bei Strategie 1, indem Sie das Thema wechseln. Eine Möglichkeit, diesen aggressiven Vorschlag zu hinterfragen, ohne konkret darauf einzugehen, könnte sein:

Aha, interessanter Vorschlag, den Sie mir hier machen. Würden Sie mir ein bisschen mehr dazu erzählen?

Strategie 4: Gegenvorschlag bringen

Funktionieren die ersten drei Strategien nicht und müssen Sie mit einem aggressiven Vorschlag umgehen, können Sie einen Gegenanker setzen, also einen Gegenvorschlag, der das Ende der Verhandlungszone von Ihrer Seite markiert. Sinnvoll ist das natürlich dann, wenn auch Ihr Gegenvorschlag relativ aggressiv ist. In diesem Fall hat er vor allem den Zweck, zu zeigen, dass Ihre Position durchaus eine Herausforderung für die andere Seite darstellt. Geben Sie aber im nächsten Satz bereits zu erkennen, dass Sie bereit sind, zu verhandeln, das allerdings auch von Ihrem Verhandlungspartner erwarten. Diese Erwartung können Sie folgendermaßen formulieren:

Danke für Ihren Vorschlag; dieser ist doch sehr ambitioniert. Unser Erstangebot liegt eher in die Richtung von X Euro (Ihr aggressiver Gegenanker). Das heißt, wir sind also doch einiges auseinander. Ich möchte Ihnen aber nun erklären, weshalb wir zu diesem Angebot kommen. Eines ist jedoch klar: Wenn wir beide an einer Einigung interessiert sind, haben wir doch noch einige Arbeit vor uns.

Mit dieser Aussage stecken Sie Ihre Position ebenfalls ab, zeigen aber Verhandlungsbereitschaft und leiten eine konstruktive Diskussion ein.

Strategie 5: Erstvorschlag überdenken lassen

Ist der erste Vorschlag des Verhandlungspartners sehr aggressiv, also weit außerhalb Ihrer Verhandlungszone, geben Sie klar zu erkennen, dass dieser keine Basis für eine sinnvolle Verhandlung darstellt. Bringen Sie Ihren Verhandlungspartner also dazu, seinen Erstvorschlag zu überdenken, aber – und das ist das Wichtige dabei – ohne dass er sein Gesicht verliert. Die Herausforderung liegt darin, nicht beleidigt, emotional oder aggressiv auf diesen für Sie völlig unakzeptablen Vorschlag zu reagieren, sondern gelassen und ruhig, zum Beispiel mit einer Aussage wie dieser:

Danke für den Vorschlag, ich glaube, dass wir beide darüber nachdenken sollten. Was halten Sie davon, wenn wir uns einen neuen Termin für nächste Woche ausmachen, und ich wie auch Sie überdenken, wie wir uns grundsätzlich besser annähern können?

Oder sagen Sie:

Ich würde mir gern eine Woche Zeit nehmen, um das zu kalkulieren, und ersuche auch Sie, noch einmal durch die Zahlen zu gehen und vielleicht ein modifiziertes Erstangebot mitzubringen.

Damit könnten Sie diese Verhandlungsrunde beenden und der anderen Seite Zeit geben, ihren Vorschlag zu überdenken, ohne gleich zugeben zu müssen, dass dieser unrealistisch war.

Strategie 6: Nutzen hinterfragen

Werden Sie mit Vorschlägen und Forderungen konfrontiert, die Ihnen nicht gefallen, fragen Sie Ihren Verhandlungspartner nach Ihrem Nutzen: Und was habe ich davon? Das führt zu zwei wichtigen Aspekten:

- Vielleicht gibt es tatsächlich einen für Sie interessanten Punkt, den Sie vergessen haben.
- Ihr Verhandlungspartner merkt sofort, dass Sie ein Profi sind und ergebnisorientiert im Sinne Ihres eigenen Nutzens denken. Das wird ihn dazu ermahnen, nur noch Vorschläge zu bringen, die auch für Sie einen Nutzen haben.

Die 4er-Kette erleichtert die Akzeptanz Ihrer Vorschläge

Stellen Sie sich vor, Sie machen Ihrem Verhandlungspartner einen Vorschlag und dieser geht überhaupt nicht darauf ein. Schlimmer noch, er überhört ihn einfach. Das ist in Verhandlungen leider an der Tagesordnung. Viele Vorschläge kommen auf den Tisch, werden aber nicht behandelt, geschweige denn überhaupt wahrgenommen. Der Grund dafür liegt in einer zu schwachen Formulierung, die es dem Verhandlungspartner nicht ermöglicht, seinen Vorteil aus dem Vorschlag zu erkennen.

Mit der 4er-Kette führen Sie Ihren Verhandlungspartner an den Vorschlag heran, skizzieren seinen Nutzen und überprüfen zusätzlich auch noch, ob er ihn verstanden hat. Das führt zu drei entscheidenden Vorteilen:

- Ihr Vorschlag findet Gehör.
- Der Vorschlag muss behandelt werden, weil er mit einer Frage endet.

- Der Vorschlag ist dadurch stark argumentiert, und es ist für Ihren Verhandlungspartner wesentlich schwieriger, ihn abzulehnen.

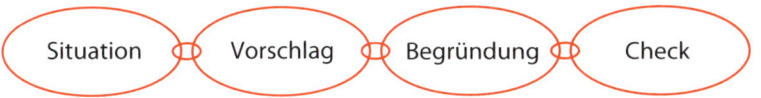

Abbildung 9: Die 4er-Kette verstärkt die Wirkung Ihrer Vorschläge

Die 4er-Kette im Detail

1. Situation: Beschreiben Sie kurz die aktuelle Situation, in der Sie *und* Ihr Verhandlungspartner sich befinden.

2. Vorschlag: Formulieren Sie Ihren Vorschlag.

3. Konsequenz:

Positiv: Die Folgen Ihres Vorschlags für den Verhandlungspartner als Nutzen formuliert, dieser muss seine Interessen unterstützen.

Negativ: Die Folgen Ihres Vorschlags als Nachteil, Schaden, Gefahr für den Verhandlungspartner formuliert. Bitte Vorsicht: Es handelt sich hierbei um keine Drohung, sondern eine Darstellung, maximal eine Warnung.

4. Check: Damit muss der Verhandlungspartner auf Ihren Vorschlag reagieren.

Beispiel

4er-Kette positiv

Wir sind also grundsätzlich beide an einer Kooperation interessiert und müssen uns nur noch über die Konditionen einigen.

Daher mein Vorschlag an Sie: Wir behalten die Rechte und Sie bekommen einen jährlichen Bonus in der Höhe von 20 Prozent des Vermittlungsvolumens.

Wenn Sie zustimmen, verdienen Sie mehr als ursprünglich und können damit Ihre Marktpräsenz weiter ausbauen.

Was sagen Sie dazu?

Folgende Formulierungen unterstützen Ihre positiven Konsequenzen:

Sie bekommen, erhalten, profitieren, sind abgesichert, sparen, gewinnen ...

4er-Kette negativ

Wir sind also grundsätzlich beide an einer Kooperation interessiert und müssen uns nur noch über die Konditionen einigen.

Daher mein Vorschlag an Sie: Wir behalten die Rechte und Sie bekommen einen jährlichen Bonus in der Höhe von 20 Prozent des Vermittlungsvolumens.

Wenn Sie nicht zustimmen, verlieren Sie wichtige Erträge und schwächen damit langfristig Ihre Marktpräsenz.

Was sagen Sie dazu?

Folgende Formulierungen unterstützen Ihre negativen Konsequenzen:

Sie verlieren, riskieren, verzichten, müssen abgeben, haben den Nachteil ...

Die Engarde-ABB-Methode: Vorschläge mit Nachdruck präsentieren

In einer interessanten Studie der Harvard-Psychologin Ellen Langer stieg die Zustimmungsrate für Forderungen zwischen 50 und 100 Prozent, nur weil eine Begründung für die Forderung gemacht wurde, auch wenn diese Begründung fadenscheinig oder vorgeschoben war. Das berühmte Experiment wurde an einer Kopiermaschine in der Bibliothek durchgeführt. Während sich eine Schlange von Menschen vor dem Kopiergerät bildete, mussten die Testpersonen versuchen, an der Schlange vorbeizukommen, um rasch einige Kopien machen zu können. Wenn die Person, die sich vordrängen wollte, nur fünf Blatt zu kopieren hatte, sagten an die 60 Prozent der Wartenden in der Schlange auf die Frage „Entschuldigung, ich habe fünf Blatt zu kopieren, darf ich den Kopierer benutzen?" Ja. Wenn die Person 20 Seiten zu kopieren hatte, fiel die Zustimmungsrate der Menschen in der Schlange auf 24 Prozent. Dann fügte die Person die Aussage „… weil ich es eilig habe" an das Ende der vorher genannten Forderung, die nun so klang: „Entschuldigung, ich habe fünf (oder zwanzig) Blatt zu kopieren, darf ich den Kopierer benutzen? Weil ich habe es eilig." Die Erfolgsquote schoss auf 94 Prozent bei der Fünf-Seiten-Frage und bemerkenswerte 42 Prozent bei der Zwanzig-Seiten-Frage.

Ich bin davon überzeugt, dass eine Schlange von ausschließlich kompetitiven Menschen völlig andere Ergebnisse zutage fördern würde als eine Schlange von rein kooperativen Menschen. Hören Sie also genau hin, wenn Ihr Verhandlungspartner Forderungen stellt und diese begründet. Sind die Begründungen nachvollziehbar, ergeben sie Sinn? Wenn nicht, lehnen Sie diese ab.

Um Ihre eigene Überzeugungskraft zu trainieren, können Sie die Methode Aussage–Begründung selbst anwenden, wo auch immer Sie Anliegen haben, im beruflichen Bereich oder auch privat, im Restaurant, in der Warteschlange im Supermarkt oder bei Ihren Kollegen im Büro. Umso besser der Grund, umso leichter wird es Ihnen fallen, die Forderung zu stellen, und umso höher wird die Zustimmungsrate Ihrer Testpersonen sein.

Das Begründen von Forderungen und Vorschlägen ist also essenziell, um diesen entsprechende Wirkung zu verleihen. Gerade bei extremen Forderungen oder optimistischen Vorschlägen geht es nicht ohne Begründung.

Da die Begründung so hervorragend funktioniert, gibt es eine Steigerung davon, die noch stärker und überzeugender ist: die Doppelbegründung in Form von Aussage–Begründung–Beweis. Angenommen Sie hätten gern eine Gehaltserhöhung. Sie haben drei Möglichkeiten, Ihr Anliegen zu formulieren:

Abbildung 10: Maximale Überzeugungskraft durch Begründung und Beweis Ihrer Aussage

Aussage

Herr Chef, wie jedes Jahr beim Mitarbeitergespräch reden wir ja auch übers Gehalt, und ich habe mir überlegt, dass eine 5-prozentige Erhöhung heuer fair für mich wäre.

Aussage–Begründung

Herr Chef, wie jedes Jahr ... ich habe mir überlegt, dass eine 5-prozentige Erhöhung fair für mich wäre, weil meine Leistungen im letzten Jahr gerade mit den zwei Sonderprojekten wirklich außergewöhnlich war.

Aussage–Begründung–Beweis

... Deshalb habe ich hier ein Liste aufgestellt mit den Ersparnissen, die ich durch die Restrukturierungen in meinem Bereich erzielt habe und die zusätzlich zeigen, dass meine Forderung absolut gerechtfertigt ist.

Wenn wir uns nun anschauen, welche der drei Möglichkeiten die beste ist, dann können wir sehr rasch feststellen, dass Möglichkeit 2 natürlich schon besser ist als Möglichkeit 1, weil eine Begründung enthalten ist. Möglichkeit 3 jedoch ist den beiden anderen weit überlegen, weil zur Begründung auch noch eine Beweisführung kommt.

Durch die Methode Aussage–Begründung–Beweis lassen Sie Ihren Vorschlag nicht mehr allein, sondern Sie sichern ihn doppelt ab. Das maximiert Ihre Überzeugungskraft und erhöht damit die Chance auf eine Zusage durch Ihren Verhandlungspartner, in diesem Fall Ihren Chef.

Vorschläge durch Pausen entkräften

Viele Menschen fühlen sich unwohl, wenn die Kommunikation stoppt und es plötzlich ein paar Sekunden ruhig ist. Dieses Phänomen lässt sich besonders gut in Präsentationen oder Vorträgen feststellen, wenn Vortragende ihre Redepausen mit Füllwörtern oder Urlauten wie „Ah" und „Äh" überbrücken, um nur ja keine Sekunde Ruhe aufkommen zu lassen.

In Verhandlungen ist das Thema Ruhe gerade nach dem Anbringen eines Vorschlags signifikant. Ich erzähle in Seminaren gern das Beispiel, wie es, ohne ein Wort zu sagen, gelingt, einen möglichst raschen Rabatt herauszuschlagen.

Stellen Sie sich vor, Sie möchten einen neuen Geschirrspüler kaufen. Sie fragen den Verkäufer, was das von Ihnen anvisierte Modell kostet. Auf seine Antwort „500 Euro" reagieren Sie mit einem leichten Hochziehen Ihrer Augenbrauen und einem fragenden Blick, ohne ein einziges Wort zu sagen. Dann zählen Sie innerlich die Sekunden … Es wird nicht länger als fünf Sekunden dauern, bis der Verkäufer zu erkennen geben wird, dass da für Sie ein Sonderpreis drin ist: „Darüber werden wir uns schon noch einig" oder „Machen Sie sich darüber keine Gedanken" oder „Ich mache Ihnen sicherlich ein tolles Angebot" oder „Wir kommen sicherlich zusammen".

Machen Sie bei Ihren Verhandlungen nicht denselben Fehler wie dieser Verkäufer, sondern stehen Sie die Ruhe durch. Warten Sie. Schwächen Sie nicht Ihr eigenes Angebot, indem Sie es sofort relativieren. Unterbrechen Sie nicht die Gedanken des anderen, warten Sie auf seine Antwort, auch wenn es einmal ein bisschen länger dauert. Möglicherweise ist es ein erfahrener Verhandler, der nur darauf wartet, dass Sie sich Ihr eigenes Angebot mit einer nachgeschossenen Relativierung kaputt machen.

Der Bluff – viel Lärm um nichts

Ein paar Menschen kann man immer zum Narren halten
und alle Menschen lassen sich ab und zu zum Narren halten.
Sie können aber nicht alle Menschen
die ganze Zeit zum Narren halten.

Abraham Lincoln

Den häufigsten (und banalsten) aller Bluffs kennen Sie ganz bestimmt: „Das ist mein letztes Angebot." Professionelle Verhandler hören diese Aussage ständig – und glauben sie gerade deshalb nicht.

Es gibt zwei Arten zu bluffen:

1. Sie sind in einer starken Position und geben vor, in einer schwachen zu sein

Setzen Sie die Verhandlungstaktik „Mitleid" ein und spielen Sie die eigene Stärke herunter:

Sie sind natürlich im Vorteil, weil ...

Ich habe keinen Spielraum mehr ...

Sie sind mir überlegen ...

Nutzen: Der Verhandlungspartner wird eventuell leichtsinnig und gibt Zugeständnisse oder verzichtet auf harte Forderungen; Sie selbst sind flexibler und können jederzeit nachlegen.

Risiko: Der Verhandlungspartner steigt nicht ein; er glaubt Ihnen nicht.

2. Sie sind in einer schwachen Position und geben vor, in einer starken zu sein

Warnen und drohen Sie:

Wenn Sie nicht ..., dann ...

Setzen Sie ein Ultimatum und deuten Sie Ihren Plan B an:

Kein Problem, dann mache ich das Geschäft mit Firma X.

Ich habe genug Interessenten.

Sie haben keine Alternative.

Nutzen: Der Verhandlungspartner lenkt eventuell ein, nimmt den Vorschlag an, schließt schneller ab.

Risiko: Der Verhandlungspartner glaubt Ihnen nicht und lässt es darauf ankommen; er ist beleidigt und zieht sich zurück; er bricht ab.

Wie merken Sie, dass jemand blufft?

Gleich vorab: Einfache Tricks zum Enttarnen von Bluffs gibt es leider nicht. Wenn Sie nicht aufgrund Ihnen bekannter Fakten (wovon Ihr Verhandlungspartner nichts weiß) erkennen, dass jemand blufft, können Sie dies nur vermuten. Gewiss kann die Vermutung auf seltsamem Verhalten Ihres Verhandlungspartners begründet sein, aber Sie können sich nic nic sicher sein, ob er tatsächlich blufft.

Wenn Sie einen Bluff vermuten, enttarnen Sie diesen, indem Sie ihn „callen", ein Begriff, der aus dem Pokern stammt. Einen Call können Sie wie folgt formulieren:

Darf ich um nähere Erklärung ersuchen?

Was bedeutet das nun konkret?

Könnten Sie das genauer beschreiben?

Welche Auswirkungen hat das?

Wie meinen Sie das?

Danach achten Sie genau auf das Verhalten Ihres Verhandlungspartners. Bleibt es konsistent? Wenn Ihr Gegenüber sagt: „Das ist mein letztes Wort, mehr geht nicht" und dann bei der Frage „Was bedeutet das nun für Sie?" oder „Was heißt das nun im Detail?" zögert oder herumdruckst, haben Sie möglicherweise einen Bluff enttarnt. Indem Sie den (vermuteten) Bluff präzise hinterfragen, werden Sie in der Lage sein festzustellen oder abzuschätzen, ob es sich tatsächlich um einen handelt. Nun gibt es drei Möglichkeiten:

1. Es ist kein Bluff, Ihr Gesprächspartner meint es ernst

Prima, verhandeln Sie einfach weiter wie bisher.

2. Es ist ein Bluff

Hier empfehle ich die sanfte Enttarnung, die Ihren Verhandlungspartner sein Gesicht wahren lässt:

Schön zu sehen, dass es doch noch einen anderen Weg gibt. Ich schlage Folgendes vor …

Oder:

Gut, dass wir nochmal kurz die Alternativen geprüft haben. Was halten Sie davon, wenn wir …

3. Es ist ein aggressiver Bluff mit der Absicht, Ihnen zu schaden

Sprechen Sie das direkt an:

Herr Kollege, ich verstehe, dass Sie versuchen, an dieser Stelle zu bluffen, ich ziehe es allerdings vor, kooperativ weiterzuverhandeln. Ist das okay für Sie?

Die Hitliste der Bluffs in Verhandlungen
1. Das ist mein letztes Angebot.
2. Ich habe ein besseres Angebot von jemand anderem.
3. Ich muss das Geschäft ja nicht machen.
4. Das kann ich nicht allein entscheiden.
5. Mein Vorschlag gilt bis (kurzes Ultimatum einsetzen).

Übrigens verhalten sich Bluffer nach enttarnten Bluffs höchst irrational: Statt auf einen weiteren Bluff zu verzichten, versuchen sie oft einen neuen, weil sie unbewusst glauben, denselben Fehler sicher nicht zweimal zu machen und daher beim zweiten Bluff besser zu sein. Kompetitive Verhandler sind für dieses Verhalten – wenig überraschend – noch anfälliger als kooperative Verhandler.

Lassen Sie sich nicht unter Druck setzen

Sie werden in der Praxis immer auch auf Verhandler treffen, die es verstehen, mit extremer Überzeugungskraft, selbstsicherem Auftreten und geschickten taktischen Manövern Druck auf Sie auszuüben. Das hat unter anderem vor allem den Zweck, dass Sie Vorschlägen der anderen Verhandlungspartei rasch zustimmen und möglichst wenig Zugeständnisse von dieser fordern. Falls Sie merken, es wird hoher Druck auf Sie ausgeübt, treten Sie einen Schritt zurück, analysieren Sie die Situation und wenden Sie eine dieser Strategien an:

Strategie 1: Akzeptieren Sie keinen Zeitdruck

Kaum etwas löst höheren Druck auf einen Verhandler aus als ein Ultimatum oder klar kommunizierter Zeitdruck. Wenn es irgendwie möglich ist, lassen Sie sich nicht unter Zeitdruck setzen. Und wenn Sie merken, dass

Ihr Verhandlungspartner das versucht, begegnen Sie dem mit Gegenvorschlägen, die das Ultimatum entweder verlängern und Ihnen damit Zeit zum Nachdenken geben, oder verlangen Sie Verhandlungspausen oder brechen Sie die Verhandlung ab und setzen Sie diese an einem anderen Tag fort. Akzeptieren Sie Zeitdruck oder Ultimaten keinesfalls ohne Weiteres, schon gar nicht dann, wenn Sie wichtige Entscheidungen treffen müssen. Trauen Sie sich, Ihren Verhandlungspartner nach mehr Zeit zu fragen, und sichern Sie diese Frage mit einer nachvollziehbaren Begründung ab. Sagen Sie zum Beispiel:

Lieber Verhandlungspartner, sind Sie daran interessiert, ein möglichst positives Ergebnis für uns beide zu erlangen?

Auf diese Frage wird er Ja sagen müssen, worauf Sie fortsetzen können mit:

Sehen Sie, gerade deshalb ist es wichtig, mich mit meinem Team noch einmal zu beraten. Daher schlage ich vor, wir treffen uns Freitag Vormittag und verhandeln dann weiter.

Strategie 2: Befreien Sie Information von Druck

Wenn Sie merken, dass Ihr Verhandlungspartner Vorschläge und Forderungen mit Nachdruck bringt und diese besonders ausführlich argumentiert und begründet, halten Sie einen Moment inne und fragen Sie sich: „Weshalb werden diese Punkte so nachhaltig argumentiert? Würde ich dem Vorschlag auch ohne diese ausführliche Argumentation zustimmen, nur auf Basis der Fakten, oder hätte ich diesem Vorschlag auch gestern schon zugestimmt, ohne die Argumentation des Verhandlungspartners?"

Mithilfe dieser Fragen können Sie die Fakten von ausgeübtem Druck befreien und somit freier entscheiden. Denken Sie daran: Wenn Ihr Verhandlungspartner besonders nachdrücklich argumentiert, gibt es wahrscheinlich einen Grund dafür.

Strategie 3: Vertrauen Sie auf Ihren ESP

Sicher eine der besten Abwehrmaßnahmen gegen zu hohen Druck: ein vollständig ausgefüllter ESP mit Ihrem Verhandlungsziel, Ihrem Plan B und Ihrem Exit-Punkt. Auch wenn Ihr Verhandlungspartner mit besonders hohem Druck argumentiert, wird ein Blick auf Ihren ESP reichen, um festzustellen, ob Sie sich zu weit von Ihrer geplanten Strategie entfernen oder ob Sie noch auf Plan sind. Bei nicht-schriftlicher Festlegung Ihrer Ziele ist die Gefahr sehr groß, dass jemand mit hoher Überzeugungskraft Ihre Ziele nach und nach verschiebt, ohne dass Sie dies bewusst wahrnehmen.

Strategie 4: Advocatus Diaboli

Stellen Sie sicher, dass es jemanden gibt, mit dem Sie den Fortgang der Verhandlung besprechen können. Diese Person muss nicht unbedingt bei der Verhandlung selbst anwesend sein, sollte aber für Sie erreichbar sein, entweder während oder auch nach der Verhandlung, wenn diese an einem anderen Tag fortgesetzt wird. Präsentieren Sie die Vorschläge Ihres Verhandlungspartners an Ihren Advocatus Diaboli, und zwar ohne die Argumente und ausführlichen Begründungen Ihres Verhandlungspartners mit anzuführen, rein aufgrund der Fakten. Und fragen Sie, wie Ihre Vertrauensperson nun entscheiden würde. Dies kann Ihnen vor Augen führen, dass Sie dem Druck bereits zu sehr nachgegeben haben, und hilft Ihnen, sich wieder auf Ihre Verhandlungsziele zu konzentrieren.

Strategie 5: Achten Sie auf Verlustszenarien

Wenn Ihr Verhandlungspartner über psychologische Verhaltensmuster in Verhandlungen Bescheid weiß, wird er seine Vorschläge möglicherweise so formulieren, dass sie bei Nichtannahme durch Sie als potenzieller Verlust erscheinen. Zum Beispiel: „Wenn Sie nicht bereit sind, Ihren Preis zu erhöhen, werde ich Gegenstand X an jemand anderen verkaufen, und Sie werden diese einzigartige Chance verlieren." Sehen Sie sich diese Aussage genau an, es handelt sich hier um ein klares Verlustszenario, welches Sie dazu animieren soll, rasch ein höheres Angebot abzugeben. Blenden Sie dieses aus und wiederholen Sie das Statement ohne das Negativ-Szenario. Zum Beispiel:

Wenn ich Gegenstand X haben möchte, werde ich mein Angebot erhöhen müssen.

Diese Aussage ist inhaltlich gleich, klingt aber weniger bedrohlich. Wenn Sie nun bereit sind, Ihr Angebot zu erhöhen, dann geschieht dies aus freien Stücken und nicht aufgrund des Verlustszenarios Ihres Verhandlungspartners.

Mit der 4er-Kette sind Sie selbst in der Lage, mittels eines Verlustszenarios den Druck auf Ihren Verhandlungspartner zu erhöhen.

Strategie 6: Schreiben Sie Vorschläge und Forderungen auf

Immer dann, wenn Ihr Verhandlungspartner einen Vorschlag macht und ihn besonders überzeugend argumentiert, schreiben Sie diesen auf. Und zwar ohne die emotionalen Begründungen. Konzentrieren Sie sich auf die Fakten. Schreiben Sie die Aussage rein inhaltlich nieder und sehen Sie diese an. Damit schaffen Sie sich eine rationale Entscheidungsbasis ohne den ausgeübten Druck durch besonders wohlüberlegte Rhetorik oder überzeugendes Auftreten Ihres Verhandlungspartners. So richtig die Luft aus Vorschlägen auslassen können Sie dann, wenn Sie diese schlicht und einfach niederschreiben, sich bedanken, die Vorschläge mit nach Hause nehmen und Sie sich dann in aller Ruhe überlegen.

Freche und provokante Vorschläge mit einem Smash abwehren

Ein Tennisspieler sieht einen hohen und langsamen, gut erreichbaren Ball auf sich zukommen. Diese Chance wird er für einen Smash nutzen und den Ball scharf und unerreichbar für den Gegner retournieren.

Dieses Prinzip des „Abschmetterns" können Sie auch in Verhandlungen anwenden: Es gibt Vorschläge, die derart frech und oft auch provokant sind, dass jedes ernsthafte Eingehen darauf müßig wäre. Solche Gelegenheiten eignen sich unter Umständen ganz gut dazu, Ihrem Verhandlungspartner zu zeigen, dass er den Bogen überspannt hat und mit Ihnen nicht machen kann, was er will. Wenn Sie in eine solche Situation gelangen, erwidern Sie freche Vorschläge mit einer zweistufigen Antwort – dem Smash:

Stufe 1: ein mindestens ebenso frecher – aber höflich formulierter – Gegenvorschlag

Stufe 2: eine konstruktive Aufforderung zur Rückkehr zu einer seriösen Verhandlung

Angenommen, Ihr Verhandlungspartner sagt zu Ihnen: „Was? Dafür zahle ich maximal ein Drittel Ihres Preises!" Antworten Sie darauf:

Kein Problem, dann liefern wir einfach nur 20 Prozent der angebotenen Menge. Aber lassen Sie uns nun konstruktiv weiterarbeiten: An welche Mengen denken Sie konkret?

Auf „Nur wenn Sie alle meine Forderungen akzeptieren, können wir weiterreden" entgegnen Sie:

Gern. Ich gehe davon aus, dass auch Sie dann alle meine ursprünglichen Forderungen akzeptieren und uns darüber hinaus die Exklusivität geben. Bleiben wir aber bitte realistisch und prüfen wir nun, wie die weiteren Schritte aussehen können.

Vorsicht vor Normen und Standards

Stellen Sie sich vor, Sie gehen zu Ihrer Bank, um über einen Kredit zu verhandeln. Irgendwann wird Ihr Bankberater sagen: „Der Euribor beträgt zur Zeit 1,5 Prozent, wir brauchen 3 Prozent Aufschlag, das bedeutet 4,5 Prozent für Sie." Diese 4,5 Prozent erscheinen laut der Argumentation des Bankberaters logisch und werden von so gut wie keinem Kreditnehmer hinterfragt geschweige denn verhandelt. Warum auch? Es scheint sich doch um etwas Offizielles wie eine Norm zu handeln, oder? Ein anderes Beispiel: Wenn Sie Ihren Gebrauchtwagen an Ihren Händler zurückgeben möchten, wird dieser in seiner Eurotax-Liste nachsehen und sagen: „Händlereinkauf laut Eurotax ist 5.000, das ist das, was ich Ihnen geben kann, in Anbetracht der Kilometerleistung und des Zustands." Gut, werden die meisten denken, wenn es in der Liste steht, kann ich ohnehin nichts machen. Aber ist das wirklich so? Oder kann man auch Normen und Standards verhandeln?

Selbstverständlich geht das. Viele dieser Regeln und Normen werden nämlich ganz einfach vorgeschoben, um eine Diskussion darüber im Keim zu ersticken. Je nachdem, in welcher Situation Sie sich in der Verhandlung befinden, rate ich Ihnen zu folgender Vorgangsweise:

Sie werden mit einer Regel oder einer Norm konfrontiert

Wenn Sie Ihre Hausaufgaben vor der Verhandlung gemacht und in der Phase „Vorbereiten" intensiv gearbeitet haben, dann müssten Sie ohnehin auf jede mögliche Regel oder Norm gestoßen sein, die zu diesem Verhandlungsthema relevant ist. Seien es die aktuellen Zinssätze, die Standardprovision für Makler oder die handelsüblichen Aufschläge. Aber Vorsicht: Alles, was hier als Standard oder handelsüblich erscheint, ist natürlich zu verhandeln. Man muss sich nur trauen, es anzusprechen. Diese Standards erfüllen vor allem die Funktion der Orientierung für Käufer und Verkäufer und sind nichts anderes als ein Referenzpunkt, der in die eine oder andere Richtung verschoben werden kann.

Das Einbringen von Regeln in Verhandlungen beherrschen bereits Kinder, wenn sie darauf bestehen, als Erster mit der neuen Playstation spielen zu dürfen, weil sie der Ältere sind, zuerst gefragt haben oder am Wochenende geholfen haben, die Küche aufzuräumen. Im Geschäftsleben heißen diese Regeln dann „Return on Invest", „Benchmark", „Profitabilität", „Effizienzkoeffizient" oder „branchenübliche Kennzahlen". Identifizieren Sie diese Regeln und Normen, hinterfragen Sie sie und machen Sie Gegenvorschläge. Wenn Ihr Bankbetreuer Sie mit 3 Prozent Aufschlag konfrontiert, dann sagen Sie ihm, das sei zu hoch, Sie hätten gern 1 Prozent Aufschlag. Natürlich werden Sie Ihre Argumentation mit einer Recherche in Fachzeitschriften oder im Internet untermauern, welche besagt, dass es Banken gibt, die geringere Aufschläge bieten. So machen Sie aus meist kommentarlos akzeptierten Fakten Variable in Ihrer Verhandlung.

Sie bringen Regeln und Standards in die Verhandlung ein

Überlegen Sie sich in Ihrer Vorbereitungsphase: Welche Regeln, Normen und Standards unterstützen Ihre Argumentation und Position? Verwenden Sie diese zum richtigen Zeitpunkt und ganz selbstverständlich, das sichert Ihre Argumentation ab und nutzt den oben beschriebenen Effekt. Schließlich ist es ja nicht Ihre Idee, 5 Prozent Aufschlag zu verlangen, es ist eben branchenüblich. Und auch, wenn Ihr Verhandlungspartner perfekt über die greifenden Standards und Regeln informiert ist, werden Sie immer noch in der Lage sein, nun kompetent und sachlich darüber zu diskutieren. Daher: Suchen Sie nach supportiven Regeln, Standards und Normen, die möglichst überzeugend und unterstützend zu Ihrer Verhandlungsposition sind.

Tipp

Nutzen Sie dieselben Normen wie Ihr Verhandlungspartner – aber aus Ihrer Sicht!

Beispiel: „Herr Meier, ich verstehe, dass Sie Ihre Berechnung auf den Dreijahresindex stützen. Ich bevorzuge allerdings den Fünfjahresindex, weil er eine verlässlichere Vergleichszahl liefert."

Wenn Sie selbst Regeln, Normen und Standards ins Spiel bringen, und Sie merken, dass Ihr Gesprächspartner diese nicht gleich akzeptiert oder sogar ablehnt, dann versuchen Sie, eine Person aus seinem Verhandlungsteam zur Zustimmung zu bewegen. Haben Sie das Gefühl, der Verhandlungs- assistent oder ein Spezialist des anderen Verhandlungsteams stimmt mit Ihren Normen und Regeln überein, sprechen Sie diesen damit an und holen Sie sich von ihm Zustimmung. Das wird es dem Verhandlungsführer schwerer machen, Ihre Regeln abzulehnen beziehungsweise zu bezweifeln.

Die Kraft der Beweisführung

Erinnern Sie sich an die ABB-Methode? Die angehängte Beweisführung verstärkt die Argumentation. Beweise in Verhandlungen haben einen großen Vorteil: Sie werden rasch akzeptiert und kaum angezweifelt. Die Frage ist: Was gilt als Beweis und was wird als Beweis akzeptiert? Grund- sätzlich gilt: Nicht alles, was als Beweis angeführt wird, ist auch ein Beweis.

Spitzen Sie Ihre Ohren, machen Sie Ihre Augen auf. Gerade gute Ver- handler nutzen die Kraft der Beweisführung, weil sie wissen, dass sie damit Widerspruch im Keim ersticken können – auch wenn es sich um selbstge- strickte oder gar nicht zulässige Beweise handelt. (Zum Glück müssen wir kaum oder selten mit Richtern verhandeln; diese sind wesentlich strikter, was den Umgang mit Beweisen angeht, und würden die wenigsten Beweise, die in Businessverhandlungen auf dem Tisch liegen, akzeptieren.)

Schriftliche Dokumente

Dazu gehören Verträge, Geschäftsbedingungen, Standardabläufe (oft als Flussdiagramm) und vieles mehr, was niedergeschrieben ist und offiziell oder halboffiziell aussieht. Und mal ehrlich, wie oft haben Sie schon bei Abschluss eines Vertrags einige Punkte des Vertrags durchgestrichen oder neu formuliert? Die wenigsten Menschen machen das und geben damit viel Verhandlungskraft aus der Hand.

Machen Sie es in Zukunft so wie Rechtsanwälte. Wenn Sie ein Do- kument oder einen Vertrag, der zu Ihrer Verhandlung gehört, durchlesen, und Sie sind mit irgendeinem Satz, einer Formulierung, einem Wort nicht einverstanden, streichen Sie es rot durch und schreiben Sie auf dem Rand der Seite das hin, was Ihrer Meinung nach dort stehen sollte. Genau so geben Sie das Dokument zu Ihrem Verhandlungspartner zurück. Sie bedienen sich nun einer anderen Macht, nämlich der der Korrektur (in roter Schrift besonders wirksam). Ihr Verhandlungspartner hat nun die Möglichkeit, Ihre Formulierung aufzunehmen, die Formulierung mit Ihnen zu besprechen oder sie abzulehnen. Was auch immer er macht, es wird über diesen Punkt verhandelt, und das ist genau das, was Sie erreichen wollen.

Eingefahrene Verhaltensweisen oder Normen

Nur weil Ihr Verhandlungspartner Sie darauf verweist, dass eine 3-prozentige Provision bei Vermittlungen in seiner Branche der Standard ist, bedeutet das noch lange nicht, dass Sie die 3 Prozent auch akzeptieren müssen. Schlagen Sie ihm ruhig 1 Prozent vor und sehen Sie, was er macht.

Mit dem Zusatz „Branchenstandard", „Industriestandard" und Ähnlichem wollen Verhandlungspartner Diskussionen über gewisse Punkte von vornherein ausschließen. Fallen Sie nicht darauf herein und sehen Sie sich gerade diese Punkte gut an. Solange es sich nicht um Gesetze handelt, können Sie damit tun, was Sie wollen.

Geschäftsbedingungen

Geschäftsbedingungen üben eine besondere Faszination auf Verhandler aus, weil sie diese oft als unumstößlich ansehen. Dabei sind sogar die meisten Firmenjuristen dazu bereit, einzelne Formulierungen zu ändern, wenn es sich zugunsten eines Geschäfts oder einer Kooperation auswirkt. Die Standardantwort, die Sie immer hören werden, wenn Sie nach einer Änderung fragen, ist: „Tut mir leid, das sind unsere Geschäftsbedingungen." Ich empfehle Ihnen, darauf zu antworten:

> *Das ist schön. Meine Geschäftsbedingungen verlangen allerdings Folgendes …*

Gewohnheitsrecht

Das ist der Trick sämtlicher Anbieter von Zeitschriftenabonnements, von Telefonfirmen, Kreditkartenfirmen und so weiter: Sie alle versuchen Ihnen Mehrjahresverträge zu verkaufen. Warum? Weil sich nach einiger Zeit die Gewohnheit breitmacht und der Drang zum Wechseln sinkt. Genau das machen erfahrene Verhandler auch in Verhandlungen. Sie sagen zu Ihnen: „Wissen Sie, das haben wir auch mit Ihren Vorgängern immer so gehandhabt" oder „Die letzten zwei Verträge haben die gleiche Klausel beinhaltet". Stopp! Was bedeutet das für Sie? Gar nichts. Nur weil es in der Vergangenheit so war, bedeutet nicht, dass es in der Zukunft auch so sein muss. Achten Sie auf Gewohnheitsrecht und vor allem darauf, ob es gegen Sie verwendet wird. Denken Sie daran: Jede Verhandlung ist neu und bildet die Grundlage für die zukünftige Zusammenarbeit.

Die Expertenmeinung

Ist es nicht schön, dass wir zu allen Bereichen des Lebens Experten haben, auf die wir uns verlassen können? Und ist es nicht genauso schön, dass wir diese Experten genau dann zitieren können, wenn ihre Aussagen zu unserer Argumentation passen und wir damit rechnen können, dass unser Verhandlungspartner deren Meinung nicht anzweifelt? Mit anderen Worten: Wann immer Sie Ihre Sicht der Dinge mit einer Expertenmeinung untermauern können, wird das Ihre Argumentation stärken und den Widerspruch Ihres Verhandlungspartners in Grenzen halten. Achten Sie auch hier wiederum besonders darauf, dass diese Taktik nicht gegen Sie verwendet wird und Sie nicht mit Gutachten, Expertenmeinungen und Zitaten zu Zusagen gebracht werden, die Sie sonst nicht machen würden.

Die Autorität

Wir haben es in sämtlichen Lebensbereichen mit Autorität zu tun, und, wie Psychologen herausfanden, tendieren wir Menschen grundsätzlich dazu, uns Autoritäten unterzuordnen. Dies ist sicherlich ein kulturabhängiges Phänomen und wird in manchen Ländern weniger, in manchen Ländern eher mehr zutreffen. Gerade in den alten europäischen Staaten wie Österreich oder Deutschland ist diese Autoritätshörigkeit aber sehr stark ausgeprägt. Bis zu einem gewissen Punkt ist das natürlich auch wichtig und gut so, denn ansonsten würden wir ständig alles hinterfragen, was uns Regierungen und Vorgesetzte vorgeben, was das soziale Zusammenleben unmöglich machen würde. Autoritäten sind natürlich auch gefragt, denn wer hört nicht gern auf die Autorität im Gesundheitswesen, in der Medizin, im Finanzwesen oder in ähnlichen komplexen Bereichen, in denen wir selbst oft wenig oder kein Wissen haben.

In Verhandlungen allerdings kann diese Neigung problematisch werden. Probleme für uns ergeben sich dann, wenn uns Verhandlungspartner mit unerwarteter Autorität gegenübertreten oder konfrontieren und uns eine mögliche Unterwürfigkeit dazu bringt, von eigenen Standpunkten abzurücken, nur um keinen Konflikt mit der Autorität zu riskieren. Das sind oft Menschen, die Ihnen entweder direkt vorgesetzt sind oder die auf der Seite Ihrer Verhandlungspartner einen außergewöhnlich hohen Rang in der Hierarchie bekleiden, also zum Beispiel Vorstandsdirektoren, oder Personen, die auf ihrem Gebiet als Experten bekannt und allgemein akzeptiert sind. Vergessen Sie beim Verhandeln mit solchen Menschen nie, dass es eben auch nur Menschen sind, die sich genauso irren wie andere und die ihre Meinung oft nur deshalb mit Nachdruck vertreten können, weil sie das Mäntelchen der Autorität umgehängt haben. Übrigens dürfen Sie gern auch mich dazu zählen, denn nur weil ich der Autor dieses Buchs bin, heißt das nicht, dass ich erstens alles weiß und mich zweitens nie irre. Hinterfragen Sie kritisch, was Sie lesen, adaptieren Sie es für Ihre Bedürfnisse oder lehnen Sie es ab, wenn es nicht zu Ihrem persönlichen Stil passt. Aber machen Sie bitte eines nicht, nämlich alles kommentarlos hinzunehmen.

In vielen Berufszweigen ist diese natürliche Unterwerfung unter die Autorität aber nicht unkritisch zu sehen. Nur weil jemand einen weißen

Mantel trägt, bedeutet das nicht, dass er automatisch mit jeder Diagnose recht hat und weiß, was für Sie das Beste ist. Eine ähnliche Wirkung auf uns haben Menschen, die Uniformen tragen. Uniformen werden automatisch mit dem Gesetz in Verbindung gebracht, und kaum jemand hinterfragt, was uniformierte Menschen sagen, geschweige denn argumentiert dagegen.

Wenn Sie selbst über hohe Autorität verfügen, müssen Sie sich dieser Wirkung Ihrer Person auf andere aber ebenfalls bewusst sein, denn es nimmt Ihnen vielleicht auch die Chance, andere Meinungen und Gegenstandpunkte zu hören, die für Ihre eigene Entscheidung hilfreich sein könnten.

Tipp

Ist die Autorität wirklich eine?

Prüfen Sie immer die Relevanz einer Autoritätsperson für Sie selbst und lassen Sie sich nicht einschüchtern.

Zusätzliche Taktiken in Phase 3, Vorschlagen

Verhandlungszone ausdehnen

Bringen Sie einen aggressiven Vorschlag an, um die Verhandlungszone Ihres Gegenübers auszuloten.

Risiko: Gleiche Reaktion auf der Gegenseite, Beleidigung.

Druck

Machen Sie beim Anbringen eines Vorschlags unmissverständlich klar, dass darüber gar nicht diskutiert werden muss.

Risiko: Der Druck ist zu hoch, das Gegenüber wehrt ab oder bricht die Verhandlung ab.

Seriosität bezweifeln

Reagieren Sie auf einen Vorschlag mit:

Ist das wirklich Ihr Ernst?

Das ist doch nicht Ihr Ernst, oder?

Risiko: Ihr Gegenüber bleibt stur in einer „Jetzt erst recht"-Haltung.

„Angenommen"-Frage

Angenommen, ich stimme Ihrem Vorschlag zu, was würde ich dann dafür bekommen?

Oder:

Angenommen, ich lasse mich darauf ein, würden Sie dann XY für mich tun?

Wichtig: Bleiben Sie hier immer im Konjunktiv, um nicht verbindlich zu sein.

Risiko: Das Gegenüber steigt nicht darauf ein oder wendet die Taktik selbst an.

Ultima Ratio

Zögern Sie Ihren eigenen Vorschlag ewig hinaus, lassen Sie den Verhandlungspartner mit seinen Vorschlägen auflaufen. Kurz vor Zeitablauf oder Scheitern der Verhandlung bringen Sie den eigenen „Super-Lösungsvorschlag".

Risiko: Ihre Taktik wird durchschaut, was die Atmosphäre schädigen und sogar zum Abbruch führen kann.

Ihr 10-Punkte-Check für die Phase 3 – Vorschlagen	
1	Prüfen Sie genau, wer den Erstvorschlag machen soll (Stand der Information)
2	Setzen Sie hoch an und nutzen Sie den Ankereffekt
3	Versuchen Sie, integrativ zu verhandeln
4	Gegenvorschläge nicht sofort akzeptieren oder ablehnen
5	Sichern Sie Ihre Vorschläge durch Argumente ab
6	Feilschen Sie nicht zu schnell, achten Sie aufs Ganze
7	Sichern Sie sich gegen den „Fluch des Gewinners" ab
8	Berücksichtigen Sie den Fairness-Faktor und den Bezugsrahmen
9	„Callen" Sie vermutete Bluffs
10	Nutzen Sie die Kraft der Beweisführung

Phase 4 Optimieren

Die Interessen und Positionen sind geklärt und besprochen, Sie wissen über Ihren Verhandlungspartner Bescheid und erste Vorschläge liegen auf dem Tisch. Die Verhandlungszone ist also abgesteckt, und nun geht es darum, die Vorschläge zu optimieren und so den Weg zu einem positiven Ausgang der Verhandlung zu ebnen.

Jetzt macht es sich natürlich bezahlt, wenn Ihre Erstvorschläge nicht so niedrig waren, dass sie bereits Ihr Must-have darstellen, sondern wenn Sie noch Verhandlungsspielraum gelassen haben. Denn so gut wie in jeder Verhandlung wird es notwendig sein, gewisse Zugeständnisse zu machen. Und wenn Sie dies nicht von vornherein einkalkulieren, wird es schwierig, ein gutes Ergebnis – für Sie und Ihren Verhandlungspartner – zu erreichen.

Kuchen verteilen vs. Werte schaffen

In einer rein distributiven Verhandlung (Fixed-Pie-Situation) kann es natürlich in Feilschen ausarten, wenn nur eine Position verhandelt wird, zum Beispiel der Preis beziehungsweise das größere Stück vom Kuchen. Gerade im privaten Umfeld geht es oft weniger um Geld als um andere Dinge, die Voraussetzung ist aber immer gleich: Einer will mehr haben – der andere will weniger geben. Und schon wird gefeilscht. Typischerweise kennen beide Verhandler in solchen Situationen die jeweiligen Must-haves nicht und tasten sich solange aneinander heran, bis sich eine Verhandlungszone und später oft ein Kompromiss herauskristallisiert. Übrigens: Im Englischen gibt es den Begriff des Bargaining. Dieser beschreibt den Prozess des Optimierens wesentlich besser als das deutsche Wort „Feilschen", da dieses zum einen in der Bedeutung etwas anders ist und zweitens einen etwas negativen Beigeschmack hat.

Freilich ist eine integrative Verhandlung (Werte schaffen) schöner, doch in der Praxis gibt es eben auch oft das reine Aufteilen der Kuchenstücke untereinander. Das muss nicht immer Geld sein, genausogut kann es um Zeit (wer verbringt mehr Zeit mit den Kindern?), um Platz (die Armlehne im Flugzeug) oder um Tätigkeiten (wer mäht den Rasen?) oder um andere Güter gehen, die aufgeteilt werden müssen. In einer integrativen Verhandlung allerdings ergeben sich nun hervorragende Möglichkeiten, den Kuchen zu vergrößern, neue Möglichkeiten, Variable und Asse kommen ins Spiel.

Die Optimierungsstrategie hängt vom Erstvorschlag ab

In der Praxis werden die meisten Verhandlungen sowohl klassisches Feilschen über Einzelpositionen als auch Strategien zur Vergrößerung des Kuchens beinhalten.

Grundsätzlich stellt sich die Frage: Warum machen nicht beide Parteien ihre Erstvorschläge gleich so, dass nicht lange verhandelt werden muss, sondern eine rasche Einigung möglich ist? Solche Glücksfälle gibt es natürlich, diese erfordern aber auch kaum spezielles Verhandlungswissen, weshalb wir uns mit solchen einfachen Fällen hier auch nicht beschäftigen.

Eine Verhandlung wird dann herausfordernd, wenn in dieser Phase Positionen ausgetauscht werden müssen, wenn beide Seiten unterschiedliche Forderungen eingebracht haben und eine Einigung nicht ohne weiteres Verhandeln möglich ist.

Welche Rolle spielt aber nun die Höhe des Erstvorschlags für die Vorgehensweise in der Phase „Optimieren"? In einem Experiment wurden drei verschiedene Strategien für Zugeständnisse verglichen:

- Strategie 1: Hoher Erstvorschlag und dann keine Bewegung mehr
- Strategie 2: Moderater Erstvorschlag und dann keine Bewegung mehr
- Strategie 3: Hoher Erstvorschlag und dann leichtes Nachgeben bis zu jenem Punkt, der unter Strategie 2 genannt wurde

Die Untersuchung zeigte: Die dritte Strategie war die mit Abstand erfolgreichste, hier kamen die meisten Vereinbarungen zustande. Außerdem erwirtschafteten die Verhandlungsparteien, die Strategie 3 anwendeten, höhere Erträge pro Transaktion. Und weiters war der Grad der Zufriedenheit über die Verhandlung ebenfalls wesentlich höher als mit Strategie 1 und 2. Sie sehen, der Erstvorschlag ist, wie im letzten Kapitel beschrieben, immens wichtig und Voraussetzung für eine erfolgreiche Fortführung des Verhandlungsprozesses.

Jede Forderung birgt eine Chance

Kurz vor Abschluss eines bereits lange verhandelten Bauprojekts überraschte der Investor den Generalunternehmer mit einer letzten Forderung: „Bei Terminüberschreitung wird für jeden Tag, der nach dem Termin liegt, eine Pönale in Höhe von X Euro fällig."

Der Generalunternehmer, der solche Forderungen natürlich auch von anderen Projekten kannte, war deshalb besonders überrascht, weil Pönalen in diesen Verhandlungen bis zu diesem Tag noch nie ein Thema waren. Er hatte nun folgende Möglichkeiten:

- die Forderung zu akzeptieren und zu hoffen, dass alles rechtzeitig fertig wird (was bei Bauprojekten natürlich ein gewisses Risiko darstellt);
- abzulehnen und zu hoffen, dass der Deal trotzdem durchgeht;
- zu versuchen, die Forderung zu senken, zu halbieren, auf jeden Fall aber zu verhandeln.

Der Generalunternehmer entschloss sich, mehr über die Hintergründe dieser Forderung herauszufinden. Er fragte den Investor also nach seinen Gründen. Dieser erwiderte, das Risiko einer Verzögerung sei für ihn extrem groß. Eine solche würde ihn ein Vermögen kosten, denn er hätte bereits Mietverträge abgeschlossen mit Mietern, die ebenfalls auf Pönalen bestünden.

Nun verstand der Auftragnehmer das Interesse hinter der Forderung des Investors. Er schlug vor, die Forderung zu erfüllen, im Gegenzug aber bei früherer Fertigstellung seinerseits einen Honoraraufschlag in einer bestimmten Höhe zu erhalten.

Der Investor war einverstanden, der Vertrag wurde adaptiert, und somit waren beide Seiten abgesichert. Der Auftragnehmer hatte dazu noch die Möglichkeit erhalten, mehr bei diesem Geschäft zu verdienen.

Eine Lösung wie diese kann nur zustande kommen, wenn Sie sich auf die Interessen der Verhandlungspartner konzentrieren, wie auch bereits zur Phase 2, „Klären", ausführlich beschrieben. Die Frage, die Sie sich bei Forderungen Ihrer Verhandlungspartner also stellen sollten, ist nicht: „Wie kann ich diese Forderung aus dem Weg räumen oder umgehen?", sondern:

- Weshalb stellt er mir diese Forderung?
- Welche Interessen könnten hier dahinterliegen?
- Wie kann ich diese Information nützen, um selbst ein besseres Ergebnis zu erzielen?

Tipp

Geben Sie Ihrem Verhandlungspartner, was er will – aber zu Ihren Konditionen.

Give & Take – keine Forderung ohne Gegenforderung

„Give & Take " – Geben und Nehmen – folgt der gesellschaftlichen Norm der Reziprozität: Sobald man etwas von jemandem erhält, will man diesem auch etwas zurückgeben. Psychologisch basiert dies auf der Austauschtheorie, die in so gut wie jedem Gesellschaftssystem der Welt zu finden ist.

In der Verhandlung beruht die Reziprozität darauf, dass Menschen eine Verpflichtung zur Gegenleistung fühlen, wenn ihnen jemand etwas zur Verfügung gestellt hat, was einen gewissen Wert hat. Diese moralische Verpflichtung hat eine enorme Kraft (und sie wird natürlich auch häufig ausgenutzt, indem jemand sich das Gefühl der Schuldigkeit anderer zunutze macht).

Ich persönlich halte Give & Take für eines der wichtigsten Prinzipien im Verhandeln überhaupt, und ich konnte bei vielen Menschen, die dieses Prinzip in der Praxis erstmals angewendet haben, beobachten, dass es sie sofort zu wesentlich besseren Verhandlungserfolgen geführt hat.

Geben Sie nie etwas, ohne etwas dafür zu verlangen

Achten Sie darauf, dass Sie um des Gebens und Nehmens willen nicht große Dinge weggeben und nur kleine Dinge dafür bekommen. Das Give & Take sollte immer ausgewogen sein.

Von der Art der Beziehung in der Verhandlung und Ihres eigenen Verhandlungsstils hängt auch die Formulierung Ihres Give & Take ab: Je kompetitiver die Verhandlung ist, umso härter können die Forderungen sein:

Nur wenn Sie mir A geben, bekommen Sie auch B.

Spielt aber die Beziehung eine große Rolle, formulieren Sie es entsprechend weicher:

Ich verstehe den Wunsch nach A, und es ist mir auch sehr wichtig, Ihre Interessen zu erfüllen. Daher schlage ich vor, Sie kommen mir beim Punkt B entgegen, dann wäre ich bereit, den Punkt A zu Ihren Gunsten zu entscheiden.

So stellen Sie sicher, dass Sie ohne Konfrontation dennoch bekommen, was Sie wollen, und die Beziehung intakt bleibt.

Werten Sie jedes Zugeständnis auf

In Verhandlungen kann es aufgrund der Reziprozitätsregel geschehen, dass eine Verhandlungspartei sich geradezu unwohl fühlt, wenn sie ein zu hohes Zugeständnis oder, wie sie selbst vielleicht meint, Geschenk der anderen Verhandlungspartei erhält. Sofort meint sie, dem Verhandlungspartner etwas schuldig zu sein.

Versuche haben gezeigt, dass diese Reziprozität nicht auftritt, wenn die Zugeständnisse einer Partei so niedrig sind, dass die andere sie als keinen besonderen Wert empfindet. Werten Sie Ihre Zugeständnisse an Ihre Verhandlungspartner daher stets auf, indem Sie ganz klar sagen, was das nun bedeutet, zum Beispiel:

Okay, ich bin unter diesen Umständen bereit, Ihnen für das Gesamtpaket folgende Konditionen zu bieten. Ich sage aber gleich dazu, dass das für mich einen relativ hohen Aufwand und zusätzliche Kosten bedeutet und dass ich das heute als absolute Ausnahme für Sie mache.

Wenn Sie Ihr Zugeständnis auf diese Weise beschreiben und es damit verstärken, wird Ihr Verhandlungspartner dem Gefühl der Reziprozität kaum entkommen können. Das heißt, er wird bei Ihrer nächsten Forderung kaum Nein sagen können oder Ihnen möglicherweise von sich aus bereits etwas für Sie Hilfreiches anbieten.

Formulieren Sie Ihre Erwartungen klar und deutlich

Mit der Formulierung „Wenn …, dann …" wenden Sie Give & Take wirkungsvoll in der Praxis an:

Wenn Sie mir A geben, bekommen Sie B …

Wenn ich mich darauf einlasse, müssen Sie mir garantieren, …

Wenn Sie zustimmen, dann bekommen Sie dafür …

Wenn ich Ihnen X gebe, erwarte ich dafür Y …

Haben Sie Ihr Zugeständnis aufgewertet, gehen Sie sicher, dass es bei Ihrem Verhandlungspartner auch entsprechend ankommt und Sie auch etwas dafür erhalten. Beschreiben Sie daher präzise, was Sie erwarten, zum Beispiel:

Wie es aussieht, sind wir noch nicht ganz auf der Zielgeraden. Ich bin durchaus bereit, meine Forderungen geringfügig zu reduzieren, auch wenn das für mich sehr schwierig und kostenintensiv wird. Ich werde Ihnen hier ein Zugeständnis machen, welches selbstverständlich an der Erwartung hängt, dass Sie mir ein ebenso großes Zugeständnis auf Ihre Forderungen geben werden. Denn nur so werden wir in der Lage sein, ein Ergebnis zu erzielen, das für uns beide akzeptabel ist. Ist das für Sie in Ordnung?

So haben Sie Ihre Erwartungen ganz klar definiert und mit einer Checkfrage abgesichert. Ihr Verhandlungspartner hat nun kaum noch eine andere Wahl, als Ihnen entsprechend entgegenzukommen.

Die beste Möglichkeit für Give & Take ist allerdings die Benennung Ihres Give mit der Erwartung des Take in einem als Quid pro quo, um ganz klar zu signalisieren: Du kannst haben, was du willst, aber nur, wenn ich dafür bekomme, was ich mir erwarte. Mit dieser Art des Give & Take sind Sie meistens auf der sicheren Seite, auch wenn es durchaus sein kann, dass das, was Sie zurückerhalten, von geringerem Wert ist als das, was Sie geben. Sollte das der Fall sein, müssen Sie selbstverständlich darauf aufmerksam machen und auf das Quid pro quo pochen. Ansonsten wäre ein Ungleichgewicht in der Verhandlung gegeben, das für Sie nicht akzeptabel ist. Ein Beispiel:

Okay, wir übernehmen die Ausführung der restlichen drei Punkte des Projekts. Aber nur, wenn Sie die Punkte neun und zehn übernehmen, und das nicht in der bisher geplanten Zeit von sechs Wochen, sondern in vier Wochen. Ist das okay für Sie?

Übrigens: Der beste Zeitpunkt, um Zugeständnisse in Verhandlungen zu verlangen, ist psychologisch gesehen jener, nachdem Sie selbst gerade eines gemacht haben. Warum? Weil die Reziprozitätsregel Ihren Verhandlungspartner dazu bewegen wird, Ihr Zugeständnis zu erwidern.

Machen Sie niemals unilaterale Zugeständnisse

Wenn Sie einseitige Zugeständnisse machen, also im Gegenzug nichts von Ihrem Verhandlungspartner verlangen, agieren Sie gegen Ihre eigenen Interessen. Ihr Gegenüber wird unweigerlich glauben, Sie seien erstens dazu ermächtigt und zweitens sehr freigiebig mit Zugeständnissen. Was die Gier nur noch erhöhen wird und ihn immer mehr fordern lässt.

Machen Sie Zugeständnisse, aber richtig

Beim *Geben* von Zugeständnissen müssen wir gleich zu Beginn grundsätzlich unterscheiden, um welche Art der Verhandlung es sich handelt. Geht es zum Beispiel um eine einmalige geschäftliche Transaktion oder ist es eine von vielen Verhandlungen in einer langfristigen Partnerschaft oder Beziehung? In Partnerschaften und Beziehungen geht es beim Optimieren oft in erster Linie darum, dem anderen zu zeigen, dass Sie seine Forderungen respektieren und ihn als Partner ernstnehmen, wohingegen es bei der geschäftlichen Transaktion mehr um den Austausch von Geld und Leistungen geht.

Eine weitere Rolle spielt Ihr persönlicher Verhandlungsstil, nämlich ob Sie kooperativ oder kompetitiv verhandeln.

- Als kooperativer Verhandler machen Sie möglicherweise leicht und sehr rasch – oft zu rasch – Zugeständnisse.
- Verhandeln Sie sehr kompetitiv, kann es sein, dass Sie zu viel fordern und zu wenig geben und damit ebenfalls den Verhandlungserfolg gefährden.

Falls Sie als kompetitiver Verhandler die Phase des Optimierens als sportliche Herausforderung oder Wettbewerb betrachten, ist es ratsam, zu Verhandlungen mit Menschen, die nicht so kompetitiv sind wie Sie, eine zweite Person mitzunehmen, die über starke interpersonelle Fähigkeiten verfügt. Diese kann sich in der Verhandlung dann darum kümmern, eine gute Beziehung herzustellen und aufrechtzuerhalten, auch wenn Sie teilweise harte oder aggressive Forderungen stellen.

Treffen Sie selbst auf auf einen zu kompetitiven Verhandler, geben Sie ihm in dieser Phase ruhig zu verstehen, dass Sie seine Art zu verhandeln sehr wohl respektieren, sie aber den Verhandlungserfolg gefährden könnte, wenn der Grad an Kooperation nicht ansteigt.

Für Verhandlungen, in denen Beziehungen eine untergeordnete Rolle spielen, zeigen Untersuchungen, dass klassisches Feilschen zu den besten Ergebnissen führt. Und zwar umso härter, umso besser. Das bedeutet: Sie eröffnen mit einem aggressiven Erstvorschlag, zeigen danach eine moderate Bereitschaft zum Verhandeln und gehen dann in wenigen kleinen Schritten, in denen Sie Ihre Zugeständnisse machen, nach unten. Sobald Sie in den Bereich Ihres erwarteten Ergebnisses eintreten, stoppen Sie mit dem Feilschen oder signalisieren klar, dass nun der Boden erreicht ist. Diese Strategie ist für kooperative Verhandler nicht einfach anzuwenden, treffen sie auf kompetitive Verhandler, bleibt ihnen aber keine andere Wahl, als dieses Spiel mitzuspielen – und zwar am besten so wie hier beschrieben, mit einem möglichst hohen Einstieg.

Vorsicht beim Bluffen mit dem Abbruch

Eine in der Praxis gut funktionierende Taktik ist die des Abbruchs der Verhandlung. Sie sagen:

Okay, wir kommen nicht zusammen, tut mir leid.

Dann stehen Sie auf und tun, als würden Sie den Verhandlungstisch verlassen.

Bemerken Sie jetzt keinerlei Signal – ob verbal oder nonverbal – zu weiteren Zugeständnissen, dürften Sie tatsächlich den Boden erreicht haben und können nun selbst die Bereitschaft zum Weiterverhandeln erkennen lassen. Haben Sie aber richtig vermutet, wird nun sehr wohl ein Zeichen Ihres Verhandlungspartners kommen, dass er noch zu weiteren kleinen Schritten bereit ist.

Erwarten Sie allerdings am Ende nicht zu viel, denn es ist tatsächlich auch eine Frage des Stolzes, wie weit ein professioneller Verhandler sich von Ihnen drücken lässt. Betrachten Sie dies also eher als Test denn als eine wirkliche Taktik, die Sie regelmäßig anwenden, denn Sie erhöhen damit natürlich die Gefahr des Scheiterns der Verhandlung wesentlich.

Große Zugeständnisse bei kleinen Dingen, kleine Zugeständnisse bei großen Dingen

Je komplexer ein Thema oder ein Verhandlungsgegenstand ist, umso komplexer ist auch die Phase des Optimierens. Geht es in Ihrer Verhandlung zum Beispiel nur um den Preis des Produkts, die Lieferzeit und die Lieferkosten, haben Sie drei Punkte, die Sie verhandeln. Geht es aber um ein größeres Projekt wie Firmenkooperationen, politische Verhandlungen oder multilaterale Verhandlungen, dann kann diese Liste durchaus hundert oder mehr Punkte umfassen. Die Strategie vieler Verhandler in solchen Fällen ist einfach: Sie nehmen sich Punkt für Punkt vor und verhandeln jeden einzelnen Punkt rein distributiv. Das bedeutet, sie machen einen aggressiven oder zumindest optimistischen Vorschlag, machen leichte Zugeständnisse dazu und schließen den Punkt ab. Und zwar so lange, bis jeder Punkt durch ist.

Das klingt zwar einfach, birgt aber das große Risiko, dass erstens kein Mehrwert geschaffen wird und zweitens Punkte verhandelt werden, die für beide Parteien jeweils völlig unterschiedliche Prioritäten haben. So können zum Beispiel in der Verhandlung über die Teilnahme an einem Projekt für Sie der Bonus und die Beschäftigungsdauer eine große Rolle spielen und für Ihren Verhandlungspartner das Reporting und das Fixhonorar. Wenn nun tatsächlich jeder Punkt einzeln verhandelt wird, ist die Gefahr sehr groß, dass Werte auf dem Verhandlungstisch liegengelassen werden und Einzelinteressen, die leicht zur erfüllen wären, nicht erfüllt werden.

Wie kann man nun aus einer solchen Situation eine integrative Verhandlungssituation schaffen? Indem Sie diejenigen Punkte, Anliegen, Befürchtungen und Risiken identifizieren, die für jede Seite am wichtigsten sind, und dann beginnen, die jeweils größten Interessen und wichtigsten

Anliegen nacheinander abzuarbeiten, und zwar Zug um Zug, das heißt abwechselnd pro Verhandlungspartei.

Halten Sie sich dabei bitte unbedingt an folgende Strategie:

Tipp

Niemals mehrere Zugeständnisse auf einmal machen!

Und tun Sie vor allem eines nie: Geben Sie nie kleine Punkte weg, ohne ausdrücklich festzuhalten, dass auch diese Zugeständnisse groß und wichtig für Sie sind. Sie wissen bereits, warum: weil es ansonsten zu wenig Wert für den anderen hätte und er aufgrund des Gesetzes der Reziprozität sich nicht veranlasst sehen würde, Ihnen ein großes Zugeständnis zu machen.

Bei dieser Vorgangsweise des Abarbeitens entdecken Sie außerdem, wie die Prioritäten Ihres Verhandlungspartners liegen. Wenn Sie bei einzelnen Punkten auf großen Widerstand stoßen, wissen Sie sofort, dass Sie nun bei grundsätzlichen Interessen angelangt sind. Das gibt Ihnen wichtige Orientierung und Aufschluss darüber, wie die Verhandlungsbereitschaft bei einzelnen Punkten aussieht.

Forderungen höflich, aber bestimmt ablehnen

Gerade bei Verhandlungspartnern, die Sie persönlich sehr schätzen oder mit denen Sie eine langfristige Partnerschaft haben, ist es schwierig, Forderungen abzulehnen und Anliegen auszuschlagen. Trotzdem ist dies manchmal nötig, entweder um Grenzen aufzuzeigen oder schlicht und einfach, weil Sie inhaltlich gar nicht anders können. Damit Sie trotz der Ablehnung einer Forderung selbst ein gutes Gefühl habe, Ihren Verhandlungspartner das Gesicht wahren lassen und ein konstruktives Klima aufrechterhalten, rate ich Ihnen, Ihre Ablehnung so zu formulieren, dass der andere sie akzeptieren kann.

Das erste und wichtigste Wort beim Ablehnen von Forderungen ist das Wort „Danke". Es zeigt Respekt und Achtung vor der Beziehung, selbst wenn eine inhaltliche Ablehnung der Forderung folgt. Statt auf eine Forderung zu antworten: „Nein, auf gar keinen Fall", sagen Sie also besser:

Danke für Ihren Vorschlag, den ich aus Ihrer Sicht durchaus nachvollziehen kann, leider sehe ich aber keine Möglichkeit, Ihren Wunsch zu erfüllen.

Sollte Ihr Verhandlungspartner insistieren und nicht locker lassen, können Sie Ihren Ton auch verschärfen, allerdings immer noch, ohne das Danke wegzulassen. Sagen Sie zum Beispiel:

Ich sagte nein, es ist mir nicht möglich, danke.

Diese immer noch freundliche, aber bestimmtere Antwort wird ausreichen, damit er seine Forderung zurückzieht.

Eine weitere wirkungsvolle Möglichkeit, Forderungen abzulehnen, ist der Verweis auf Standards und Grundsätze Ihres Unternehmen oder Ihrer Person. Der Forderung nach mehr Rabatt könnten Sie zum Beispiel begegnen, indem Sie sagen:

Nein, Rabatte über 5 Prozent sind bei uns grundsätzlich nicht möglich, danke fürs Nachfragen.

Oder:

Unsere Geschäftsprinzipien erlauben keine Nachlässe über 5 Prozent.

Oder Sie verweisen auf die nächste Instanz und signalisieren gleichzeitig, dass diese niemals zustimmen wird. Dazu können Sie sagen:

Nein, ich weiß, dass unser Management Rabatten in der Höhe von 5 Prozent generell nicht zustimmt, danke für die Nachfrage.

Damit schieben Sie das Problem auf die nächste Ebene und entmutigen den Verhandlungspartner gleichzeitig, weil es offenbar keinen Sinn hat, diesen Punkt weiter zu diskutieren.

Insgesamt ist beim Ablehnen von Forderungen also wichtig, dass Sie die Ablehnung auch begründen und den Verhandlungspartner erkennen lassen: ein weiteres Beharren auf der Forderung ist zwecklos. Indem Sie Verständnis für seine Frage signalisieren und sich dafür bedanken, vermeiden Sie es, ihn zu brüskieren, und erhalten die Beziehung aufrecht.

Tipp

Üben Sie, Nein zu sagen!

Wenn Sie zu den Menschen gehören, die sich beim Nein sagen oder dem Ablehnen von Forderungen schwertun, empfehle ich Ihnen, dies Schritt für Schritt zu üben und auch im Alltag zu den vielen kleinen Vorschlägen, Forderungen und Anfragen aus Ihrem Umfeld einmal höflich, aber bestimmt Nein zu sagen. Sie werden sehen, das kann sehr befreiend sein.

„Und" statt „Aber"

Das Thema „Interessen versus Positionen" haben wir bereits besprochen. Nehmen wir an, Ihr Verhandlungspartner nimmt seine Position ein und Sie greifen diese Position an oder stellen sie infrage. Das wird unweigerlich zu einem Konflikt führen und einem guten Verhandlungsergebnis zuerst einmal abträglich sein. Einen wesentlich besseren Weg in der Kommunikation bietet das Ersetzen des Wortes „aber" durch das Wort „und". Damit akzeptieren Sie die Position Ihres Verhandlungspartners und fügen Ihre Position oder Meinung als Ergänzung an seine Position an, statt diese zu korrigieren.

Beispiel

Ein Kunde sagt: „Ihr Honorar ist viel zu hoch." Statt sich nun zu rechtfertigen und zu sagen: „… aber dafür bekommen Sie dieses und jenes", ist es wesentlich wirksamer, zu sagen:

Ich verstehe, dass Ihnen das hoch vorkommt.

Das wird die erste Überraschung für den Verhandlungspartner sein, denn damit hat er wahrscheinlich nicht gerechnet. Dann fügen Sie an:

Wenn ich Sie wäre, wäre ich genauso besorgt über mein Budget und wie ich es möglichst effektiv ausgeben könnte.

Auch nach dieser Äußerung können Sie sicher sein, dass Ihr Verhandlungspartner überrascht und interessiert weiter zuhören wird. Nun können Sie die Gelegenheit ergreifen, ihm zu erklären, wie Sie die Sachlage sehen, und Ihre Nutzen für ihn darlegen. In einer Kurzversion dieser Situation könnten Sie also auch sagen:

Ich verstehe, dass Sie besorgt über Ihr Budget sind, und gerade deshalb ist es wichtig, dass Sie versuchen, die für Sie optimale Lösung zu bekommen. Lassen Sie mich kurz erklären, welchen Nutzen Sie davon haben.

Mit der Formulierung „… und gerade deshalb" oder „… und das ist der Grund" habe ich immer die besten Erfahrungen gemacht. Sie gibt Ihnen die Möglichkeit, die Position Ihres Verhandlungspartners stehen zu lassen und dieser etwas anzufügen, sie also zu komplettieren oder zu ergänzen statt zu attackieren.

Selbst wenn Ihr Verhandlungspartner sich Ihrer Meinung nicht hundertprozentig anschließen wird, wird es ihm doch helfen, auch Ihre Aspekte zu verstehen, und ihn somit weiterhin zur Kooperation bewegen.

Der Rhythmus der Zugeständnisse verrät das Must-have

Ihre Verhandlungspartner werden von Ihnen Zugeständnisse oder Konzessionen verlangen. Wenn jedes Zugeständnis, das Sie machen, in derselben Höhe ist, also zum Beispiel Preisreduktionen in 500-Euro-Schritten, werden Sie Ihren Verhandlungspartner nicht zufriedenstellen, sondern ihn ganz im Gegenteil dazu ermuntern, immer mehr von Ihnen zu verlangen.

Nehmen wir an, Sie haben ein antikes Klavier zu verkaufen, für welches Sie gern 2.000 Euro haben möchten. Diesem Erstvorschlag von 2.000 Euro begegnet der potenzielle Interessent mit einem Gegenvorschlag von 1.000 Euro. Welchen Sie natürlich ablehnen, im Gegenzug den Preis aber auf 1.900 senken. Da dem Käufer auch das zu teuer ist, erhöht er auf 1.100, was Sie ebenfalls ablehnen und auf 1.800 gehen. Ihr nächster Schritt ist 1.700, gefolgt von 1.600 Euro. Spätestens jetzt erkennt der Interessent Ihr Verkaufsmuster und erwartet von Ihnen natürlich weitere 100-Euro-Schritte nach unten, weil Sie das bisher immer so gemacht haben, wenn Sie ein Angebot von ihm abgelehnt haben. Ein gefährlicher Weg nach unten! Um zu vermeiden, dass der Käufer hungrig wird, gehen Sie folgendermaßen vor:

Nach einer ersten Senkung um 100 Euro reduzieren Sie die nächste Senkung auf zum Beispiel 80 Euro, und der nächste Schritt wären dann nur noch 50 Euro. Das wird Ihrem Gegenüber die unmissverständliche Botschaft senden, dass Sie näher an Ihr Limit kommen. Und das wiederum wird ihn dazu motivieren, seine Schritte zu erhöhen und sich Ihnen rascher anzunähern.

Mit dieser Taktik des Reduzierens von Zugeständnissen werden Sie möglicherweise den Verkauf bei 1.700 oder 1.800 tätigen und Ihren Käufer ebenso zufrieden zurücklassen, weil er in diesem Fall auch das Gefühl hat, sehr gut verhandelt zu haben. Das bedeutet:

Wenn Sie mehrere Zugeständnisse machen, dann verkleinern Sie diese mit jedem Schritt, um dem Käufer zu signalisieren, dass Ihr Verhandlungsspielraum schwindet.

Doch Vorsicht! Engarde-geschulte Verhandler könnten diese Taktik als Trick verwenden. Was bedeutet, dass die Verringerung der Schritte bereits wesentlich früher einsetzt als notwendig und somit immer noch genügend Spielraum bis zum Exit-Punkt bleibt. Damit vergrößert der erfahrene Verhandler seine Anteil am Kuchen ganz erheblich. Um dies zu überprüfen, können Sie einen Testballon starten und die Schritte Ihrer Forderung gleich lassen, auch wenn Ihr Verhandlungspartner beginnt, diese zu reduzieren.

Pakete als Ganzes verhandeln

Stellen Sie sich vor, Sie verhandeln einen komplexen Fall mit vielen einzelnen Forderungen, Gegenforderungen und einer Vielzahl an Variablen.

Welche Punkte würden Sie zuerst verhandeln: die einfachsten oder die schwierigsten, die teuersten oder die billigsten?

Die meisten Verhandler antworten auf diese Frage damit, dass sie zuerst die leichteren Punkte verhandeln könnten. So ließe sich Zeit sparen, und sie könnten sich am Schluss auf die schwierigeren Punkte konzentrieren. Sie argumentieren, dass beim Start mit einem schwierigen Thema zu viel Zeit verbraucht werden könnte und es somit am Ende zu keiner Einigung kommt. Andere wiederum beharren darauf, dass es viel besser sei, zuerst mit dem schwierigsten Punkt zu beginnen. Es könnte sich dabei ja erstens um einen „Dealbreaker" handeln, was bedeutet: Ist dieser zu einem positiven Ende gebracht, wären die anderen Punkte wesentlich einfacher zu verhandeln. Und zweitens würde auf diese Weise zu Beginn keine Zeit auf einfache Punkte verschwendet, die dann gegen Ende hin bei schwierigeren Punkten fehle und es daher doch noch zu einem Abbruch kommen könnte. Beide Ansätze verfolgen eine logische Argumentation: Es sollte jedenfalls ein Punkt nach dem anderen verhandelt werden, unabhängig davon, mit welchem man beginnt.

In der Realität führt leider keine der beiden Vorgangsweisen zu zufriedenstellenden Ergebnissen.

Es bewährt sich gerade bei komplexen Verhandlungssituationen, mehrere Punkte gleichzeitig zu verhandeln.

Das mag jetzt für Sie möglicherweise ein bisschen seltsam klingen und Sie denken sich vielleicht: Und wie soll man das in der Praxis umsetzen? – Lassen Sie mich kurz ausführen, wie ich zu diesem Ratschlag komme.

Oftmals ist es so, dass einzelne Punkte in einer Abhängigkeit zueinander stehen. So ist es zum Beispiel bei Lizenzverhandlungen in Franchise-Unternehmen oder größeren Ketten durchaus üblich, Pakete zu verhandeln, die zum Beispiel eine höhere License Fee zu Beginn der Vertragslaufzeit vorsehen, dafür eine niedrigere Gebühr während der laufenden Zeit oder umgekehrt. Wenn Sie diese beiden Punkte separat verhandeln, sind Sie nicht mehr in der Lage, einen idealen Deal zu machen, denn Sie werden natürlich darauf achten, eine möglichst hohe Einstiegsgebühr herauszuholen, während Ihr Verhandlungspartner eine möglichst niedrige möchte. Mit dieser Strategie können Sie ihm eine möglichst niedrige Fee geben, dafür aber die laufende Gebühr etwas erhöhen und noch zwei, drei andere Bedingungen daran knüpfen.

Damit verhandeln Sie die einzelnen Punkte nicht im Sinne eines Fixed Pie, das heißt, teilen sie auf, sondern Sie versuchen, im Hinblick auf die gesamte Situation Wert zu schaffen, mit dem beide Verhandlungspartner zufrieden sind.

Verpacken Sie die Argumentation in solchen komplexeren Situationen immer in eine Wenn-dann-Kette.

Wenn Sie mir bei der License Fee entgegenkommen, dann kann ich mir vorstellen, dass ich bei der Running Fee gesprächsbereit bin oder einen anderen Prozentsatz ansetzen kann.

Oder:

Wenn Sie den Servicevertrag bereits zum Ersten des folgenden Monats starten können, dann bin ich bereit, diesen auf 24 statt auf 18 Monate zu unterzeichnen.

Es kann sein, dass Sie drei, vier, fünf unterschiedliche Punkte untereinander in Beziehung bringen. Wenn das notwendig ist, dann tun Sie es und verpacken Sie das Ganze in einen Vorschlag, der ein gesamtes Paket beinhaltet.

Ich könnte mir vorstellen, diesen Wagen von Ihnen zu kaufen, wenn ich ihn bereits nächste Woche abholen kann und wenn Sie die Reparatur noch auf Ihre Kosten durchführen können. Dafür würde ich bereits heute den vollen Kaufpreis bezahlen und den Wagen auch selbst abholen, und Sie würden sich die Zustellung ersparen.

In diesem Vorschlag stecken viele Punkte, die untereinander in Abhängigkeit stehen. Wenn Sie den Vorschlag dazu noch in eine 4er-Kette verpacken und mit einer Checkfrage enden, dann ist dies ein absolut reifer Vorschlag, der auch mit einer entsprechenden Wertigkeit vorgebracht wird.

Seien Sie auch vorsichtig, wenn Sie mit Vorschlägen konfrontiert sind, die zum Beispiel so lauten: „Wenn Sie uns bei Punkt 1 und 2 geben, was wir möchten, dann kommen wir Ihnen bei Punkt 5 und 6 entgegen." Hierbei können Sie sicher sein, dass Punkt 1 und 2 von besonders hoher Wichtigkeit sind und Punkt 5 und 6 ohnehin wenig Wert für die andere Partei darstellen. Nehmen Sie die vorgeschlagenen Punkte 1 und 2 in Ihre eigene Argumentation auf und stellen Sie zwei für Sie besonders wichtige Punkte entgegen. Nur so wird sichergestellt, dass nicht Sie derjenige sind, dessen wichtige Punkte gegen weniger wichtige Punkte getauscht werden. So könnten Sie nun zum Beispiel sagen:

Wenn Sie meine Punkte 10 und 11 erfüllen, dann wäre ich bereit, Ihre Punkte 1 und 2 ebenfalls zu erfüllen.

Integratives Verhandeln ist eine wesentlich größere Herausforderung als reines Feilschen oder distributives Verhandeln, kann aber auch extrem kompetitiv sein. Das kann so weit gehen, dass Ihr Verhandlungspartner zum Beispiel darauf besteht, dass Sie zwei Zugeständnisse machen müssen, bevor er eines macht. Sagen Sie in solchen Fällen deutlich, dass Sie Wert auf eine faire und ausgewogene Verhandlung legen und dass diese Art des Interessenausgleiches für Sie daher nicht in Ordnung ist.

Aus verschiedenen Paketen wählen lassen

Eine hervorragende Strategie ist das Vorschlagen mehrerer verschiedener Pakete zum selben Zeitpunkt an Ihren Verhandlungspartner mit der Frage, welches Paket er bevorzugen würde. Das hilft Ihnen enorm dabei, zu sehen, wie seine Interessen gelagert sind und wo seine höchsten Prioritäten stecken. Zudem hat es die Funktion der Entscheidungserleichterung. Das bedeutet, der Verhandlungspartner, der selbst nicht so geübt im integrativen Verhandeln ist wie Sie, wird aus Gründen der Einfachheit leichter zu einem von Ihnen fertig geschnürten Paket greifen, als sich selbst die Mühe zu machen, lange ein Paket mit Ihnen zu verhandeln.

Aus diesem Grund bieten viele Hersteller, zum Beispiel in der Technologie, fertig konfigurierte Maschinen oder Geräte an, zum Beispiel in drei verschiedenen Ausbaustufen. Diese sind zwar oft immer noch adaptierbar, bieten aber eine erste Orientierung für den Käufer und machen ihm die Auswahl leichter.

Wenden Sie diese Methode an, können Sie mit den vorgeschlagenen Paketen Ihren Verhandlungspartner in eine bestimmte Richtung bringen, indem Sie zum Beispiel ein Paket am unteren Ende der Verhandlungszone ansiedeln (welches eher unattraktiv ist) und das andere Paket am obersten Ende (welches etwas übertrieben ist). Damit steigt die Wahrscheinlichkeit, dass er sich für das mittlere Paket entscheidet – welches Sie natürlich so vorbereitet haben, dass es Ihre wichtigsten Punkte zur Gänze beinhaltet.

Wie reagieren Sie auf einen Forderungskatalog?

Stellen Sie sich vor, Ihr Verhandlungspartner überreicht Ihnen mitten in der Verhandlung eine Liste mit zehn Forderungen, die Sie erfüllen müssen, damit Sie mit ihm im Geschäft bleiben. Diese Forderungen sind teilweise derart komplex, dass Sie keine Möglichkeit haben, diese vor Ort zu beantworten. Zudem entdecken Sie auf der Liste Forderungen, denen Sie auf keinen Fall nachkommen können, weil diese deutlich unter Ihrem Musthave liegen würden. Eine schwierige Situation, aber im Handelseinkauf, bei Großindustrieprojekten oder komplexen Dienstleistungen an der Tagesordnung.

Solche Listen, die sich auch über mehrere Seiten erstrecken können, nennen wir einen Forderungskatalog. Forderungskataloge sind unproblematisch, wenn Sie diese bereits vor der Verhandlung erhalten und sich entsprechend darauf vorbereiten können, gegebenenfalls auch mit einem Katalog mit Gegenvorschlägen. Werden Sie aber direkt am Verhandlungstisch ohne Vorwarnung damit konfrontiert, werden Sie unter Umständen nun unter Druck geraten.

Wie gehen Sie mit einem Forderungskatalog um?

- Sehen Sie einen Forderungskatalog als eine freundliche Einladung, über gewisse Punkte gemeinsam zu diskutieren.
- Sie brauchen einen Forderungskatalog nicht sofort zu beantworten.
- Wenn Sie den Forderungskatalog gleich bearbeiten wollen, haben Sie drei Möglichkeiten, mit den Einzelforderungen umzugehen:
  - Streichen
  - Akzeptieren
  - Optimieren

Sie könnten also sagen:

Danke für die Liste, Herr Gruber. Sehen wir uns die einzelnen Punkte kurz an, möglicherweise gibt es einige Punkte, die wir gleich behandeln können. ... Punkt 1 geht in Ordnung, das mache ich gern, Punkt 2 geht auf keinen Fall (demonstrativ durchstreichen), Punkt 3: Darüber können wir später diskutieren, Punkt 4 ist akzeptiert, Punkt 5: auf keinen Fall ...

- Packen Sie den Forderungskatalog ein und vereinbaren Sie einen neuen Termin. Die Zeit nutzen Sie dann, um ausführliche Antworten auf die einzelnen Forderungen zu erarbeiten und gegebenenfalls Gegenforderungen aufzustellen.

Wenn Sie den Forderungskatalog als eine gute Möglichkeit sehen, alle Punkte konzentriert auf einer Liste zu behandeln, hat dieser durchaus auch seine Vorteile. Mit der Variante Akzeptieren – Streichen – Optimieren demonstrieren Sie Ihrem Verhandlungspartner, dass Sie sich auf keinen Fall einschüchtern lassen, sondern durchaus wissen, wie man mit einem Forderungskatalog umgeht.

Möchten Sie selbst aktiv mit einem Forderungskatalog arbeiten, diesen also ausgeben, können Sie zudem Zeit sparen und Ihrem Verhandlungspartner die Möglichkeit geben, sich über jeden Punkt in Ruhe Gedanken zu machen.

Setzen Sie den richtigen Hebel an

Ein oft unterschätzter, ja sogar oft vergessener Faktor in Verhandlungen: die Hebelwirkung. Hebelwirkung bedeutet, dass Sie den Punkt bei Ihrem Verhandlungspartner finden müssen, an dem Sie den Hebel ansetzen können, um ihn mit leichtem Druck auf den Hebel dazu zu bringen, sich zu bewegen – nämlich in Richtung Ihrer Vorschläge und weg von seinen möglicherweise festgefahrenen Standpunkten. Bitte nicht verwechseln mit einer Drohung; auf diese komme ich weiter unten noch kurz zu sprechen.

Das Schöne am Einsatz der Hebelwirkung in Verhandlungen ist: Sie funktioniert völlig unabhängig von Status, Macht oder finanziellen Verhältnissen. Und sogar scheinbar von vornherein unterlegene Verhandler können durch den Einsatz der Hebelwirkung hervorragende Ergebnisse erzielen. Andererseits: Wenn Sie weder Asse noch einen Hebel zur Verfügung haben, ist eine Verhandlung hinfällig. Sie hätte ohnehin keine Wahl und müssten sich die Forderungen des Verhandlungspartners diktieren lassen. Die einzige Chance, die Sie in solchen Fällen haben, bleibt das Plädieren auf Fairness oder das Anwenden der Taktik „Mitleid". Und dann können Sie nur noch hoffen, dass Ihr Verhandlungspartner etwas zu verschenken hat.

Wir haben schon viel über das Berücksichtigen der Interessen und Bedürfnisse Ihrer Verhandlungspartner gesprochen. Aber alles das machen wir natürlich nicht zum Spaß, denn im Wesentlichen geht es immer noch darum, die eigenen Interessen durchzusetzen, und nicht primär darum, die Probleme der anderen zu lösen. Wir verhandeln, um unsere eigenen Ziele zu erreichen. Und der beste Weg dazu ist eben die Berücksichtigung der Interessen des Verhandlungspartners in einem möglichst hohen Ausmaß. Die Hebelwirkung ist ein enorm wichtiger Faktor dabei, denn sie kann die Balance in einer Verhandlung grundsätzlich verändern, und sie ist umso wichtiger, je „schlechter" Ihre Ausgangsposition zu Beginn einer Verhandlung ist.

Die Hebelwirkung hat in den wenigsten Fällen mit Geld zu tun, sondern dabei geht es oft um völlig andere Dinge, wie Zeit, Kontrolle, Status und Image oder das schlichte Nichterfüllen von Grundbedürfnissen der anderen Seite. So zum Beispiel könnten Sie durch Ihre Zurückhaltung den raschen Fortschritt eines Projekts blockieren oder dieses ganz zum Stillstand bringen.

Tipp

Achtung: Oft besitzt gerade jene Partei die größte Hebelwirkung, die am Status quo nichts verändern möchte.

Wenn Sie zum Beispiel ein kleines Grundstück besitzen, welches an ein Industrieareal grenzt, das erweitert werden soll, ist Ihre Hebelwirkung extrem stark. Das Unternehmen braucht Ihr Grundstück, Sie aber müssen es nicht unbedingt verkaufen. Wenn Sie es verkaufen, können Sie einen Preis verlangen, der ein Vielfaches des Marktpreises beträgt und der wahrscheinlich auch noch bezahlt wird, denn möglicherweise kommt eine Alternative das Unternehmen – Umplanung, Kauf anderer Grundstücke –

noch wesentlich teurer, abgesehen von Zeitverzögerungen und anderen Problemen.

Ein wichtiger Faktor, wenn es um die Hebelwirkung geht, ist also der Status quo. Wer besitzt den Status quo und wer möchte den Status quo der anderen Partei verändern? Die Partei, die in der Lage ist, den Status quo der anderen Partei zum Negativen zu verändern, besitzt hier die größere Hebelwirkung.

Der Faktor Zeit ist ebenfalls eine oft benutzte Hebelwirkung. Möglicherweise spielen zwei Wochen in einer Verhandlung für Sie keine, für Ihren Verhandlungspartner aber eine extrem große Rolle. Das gibt Ihnen eine ausgezeichnete Hebelwirkung, mit der Sie die Verhandlung stark zu Ihren Gunsten beeinflussen können.

Positive und negative Hebel

Analysieren Sie Ihre Verhandlungsfälle so exakt wie möglich und finden Sie heraus, an welcher Stelle Sie Hebelwirkung einsetzen können. Hören Sie genau hin, was Ihr Verhandlungspartner sagt. „Ich möchte", „Ich brauche", „Ich will" sind Ansatzpunkte für Hebel.

Der beste Hebel in der Praxis ist natürlich jener, den Sie dort ansetzen, wo Ihr Verhandlungspartner keine Alternative hat. Sind Sie zum Beispiel der einzige Lieferant, der binnen vier Tagen ein Ersatzteil liefern kann, haben Sie einen phantastischen Hebel in der Hand. Ein positiver Hebel ist also die Möglichkeit, Ihrem Verhandlungspartner etwas zu geben, was dieser dringend braucht, und derjenige zu sein, der es in Aussicht stellen kann.

Der negative Hebel funktioniert in die umgekehrte Richtung. Hier sind Sie in der Lage, Ihrem Verhandlungspartner entweder etwas wegzunehmen, was dieser dringend braucht, oder ihm in Aussicht zu stellen, ihm etwas zu verweigern, was ebenfalls negative Folgen für ihn hätte. Unternehmen, die Lizenzen an Vertriebspartner vergeben, welche mit diesen wirtschaftlich erfolgreich oder sogar davon abhängig sind, haben diese Hebel in der Hand. Würden sie ihren Geschäftspartnern die Lizenzen wegnehmen oder zum Beispiel nach deren Ablauf nicht verlängern, stünden diese vor dem wirtschaftlichen Aus. Das ergibt natürlich einen eklatanten Vorteil in Vertragsverhandlungen oder bei Konfliktlösungen.

Psychologisch betrachtet ist der negative Hebel der stärkere, denn Studien haben immer wieder gezeigt, dass ein potenzieller Verlust für uns Menschen wesentlich schwerer wiegt als ein möglicher Gewinn. Mit anderen Worten: das Vermeiden von Schmerz motiviert uns mehr als die Aussicht auf Freude. Das ist natürlich nicht ungefährlich und kann zu einem Spiel mit dem Feuer werden, denn wenn Sie negative Hebel nicht vorsichtig einsetzen, können diese auch eine negative Wirkung auf Sie selbst entwickeln. Fühlt sich ein Verhandlungspartner zum Beispiel von Ihnen massiv bedroht oder unter Druck gesetzt, könnte dies irrationales Verhalten, Rachegefühle oder Ähnliches auslösen und Ihnen damit mehr schaden als nützen.

Drohungen sind keine Hebel und überdies gefährlich

Der Grat zwischen dem Einsatz eines negativen Hebels und einer Drohung ist schmal. Es besteht die Gefahr, dass Ihr Verhandlungspartner Ihren Hebel als Drohung auffasst und unter Druck anders reagiert, als Sie erwartet hatten. Das wird vor allem immer dann der Fall sein, wenn Sie seine gegenwärtige Situation bedrohen und ihm einen möglichen Verlust in Aussicht stellen.

Sehen Sie in einer Verhandlung keinen anderen Ausweg, als eine Drohung einzusetzen, muss diese Drohung auf jeden Fall eines sein: realistisch. Das bedeutet, Sie müssen bereit sein, sie wahrzumachen, und Ihr Verhandlungspartner wiederum muss davon überzeugt sein, dass Sie diese Drohung wahrmachen würden, und seinerseits Angst vor den Folgen haben. Eine Drohung, die auch für Sie selbst Nachteile bringen würde, wäre unglaubwürdig und Ihr Verhandlungspartner würde sich dadurch möglicherweise nicht beeindrucken lassen und diese als Bluff abtun.

In der Kriminalistik spielt die Drohung eine sehr große Rolle, weil Verbrecher, die sich in einer Drucksituation befinden, die Drohung immer als raschesten und einfachsten Ausweg sehen. Dies vor allem auch deshalb, weil sie in ihrer Situation oft nicht in der Lage sind, über Konsequenzen der Drohungen nachzudenken, sonst würden sie diese möglicherweise gar nicht aussprechen. Beispiele dafür sind Entführungen, Morddrohungen, Geiselnahmen oder Überfälle mit Waffengewalt.

Auch in politischen Verhandlungen wird die Drohung häufig eingesetzt, obwohl sie gerade dort sehr leicht zu einem Bumerang wird, weil die drohende Verhandlungspartei oft vergisst, dass die Berichterstattung in den Medien die Situation anders darstellen kann, als sie eigentlich ist.

Der Unterschied zwischen Hebelwirkung und Macht

Nicht jeder, der am längeren Hebel sitzt, besitzt auch Macht über den anderen. Stellen Sie sich vor, Sie haben einen Mitarbeiter, den Sie für ein besonderes Projekt unbedingt brauchen und der als Einziger das Projekt in der benötigten Zeit erledigen kann. Dazu müsste er allerdings an zwei aufeinanderfolgenden Tagen länger im Büro bleiben und Überstunden machen. Sagt dieser Mitarbeiter nun zu Ihnen, das ginge nicht, denn er hätte schon etwas anderes vor, sind Sie zwar als sein Vorgesetzter in der Machtposition, allerdings sitzt er am längeren Hebel, denn Sie werden ihn nicht zwingen können.

Solche Unterschiede zwischen Hebelwirkung und Macht sehen wir sehr häufig bei Konflikten zwischen Interessenvertretern und Unternehmern, bei störrischen Behörden und natürlich bei Kindern. Selbstverständlich sind Eltern größer, stärker, mächtiger als ihre Kinder. Nichtsdestotrotz sitzen oft die Kinder am längeren Hebel, vor allem, wenn sie etwas verweigern und dabei derart auf stur schalten, dass sie mit normalen Argumenten nicht mehr zu bewegen oder umzustimmen sind. In solchen Situationen ist Macht also wertlos.

Zurück zum Mitarbeiter, den Sie für Ihr Projekt brauchen: Was würden Sie an dieser Stelle tun? Ihm mit Entlassung drohen? Seinen Bonus streichen? Oder anderes? Sicher, das wäre sehr einfach. Aber auch sehr riskant. Denn Ihre Chancen auf seine Mitarbeit würden damit noch weiter sinken. Und Sie würden einen sehr hohen Preis für Ihre Drohung bezahlen, denn wer weiß, vielleicht würde er sogar an den beiden Abenden bleiben. Aber würde er wirklich gut und gewissenhaft arbeiten? Würde er das Projekt wirklich in der vorgegebenen Zeit abwickeln? Oder würde er einfach nur anwesend sein?

Um in so einem Fall zu einer Lösung zu kommen, müssen Sie unbedingt herausfinden, was für Ihren Mitarbeiter – oder jeden anderen Verhandlungspartner – attraktiv ist. Sie haben keine andere Wahl, als den Hebel des anderen zu akzeptieren und Ihre Argumentation in eine Richtung zu bringen, die seine Interessen stark berücksichtigt. In unserem Beispielfall könnten Sie dem Mitarbeiter eine Refundierung der Arbeitszeit als Zeitausgleich im Verhältnis 2 : 1, eine einmalige Sonderzahlung oder den Besuch eines Engarde-Verhandlungsseminars, welchen er sich schon lange wünscht, in Aussicht stellen.

Die Hebelwirkung hängt von der Wahrnehmung ab

Glaubt Ihr Verhandlungspartner, Sie sitzen ohnehin am längeren Ast, obwohl das vielleicht gar nicht den Tatsachen entspricht, dann profitieren Sie von seiner Wahrnehmung der Hebelwirkung, die allerdings faktisch nicht korrekt ist. Dasselbe kann natürlich Ihnen passieren. Wenn Sie denken, Ihr Verhandlungspartner sei ohnehin stärker, weil er mehr Geld zur Verfügung hat oder weil er in einer hierarchisch besseren Position ist, geben Sie bereits sehr früh die Chance auf den Einsatz eines Hebels weg.

Prüfen Sie daher immer, ob die von Ihnen vermuteten Machtverhältnisse oder potenziell einsetzbaren Hebel wirklich der Realität entsprechen oder ob sie dies bloß in Ihrer Wahrnehmung tun. In solchen Fällen müssten

Sie mithilfe einiger vorsichtiger Fragen vorfühlen, ob die Verhältnisse in der Praxis tatsächlich so sind, wie Sie vermuten. Das geht am besten mit „Was wäre, wenn"-Fragen. Zum Beispiel:

Was wäre, wenn wir zu keiner Einigung kommen?

Oder:

Was wäre, wenn wir nicht binnen vier Tagen liefern können?

Die Antworten, die Sie auf „Was wäre, wenn"-Fragen bekommen, sind sehr wichtig und müssen unbedingt in Ihrer eigenen Argumentation berücksichtigt werden.

Der Plan B als Hebel

Übrigens ist auch ein Plan B ein hervorragender Hebel. Und zwar immer dann, wenn Ihr Verhandlungspartner über Ihren Plan B Bescheid weiß und auch daran glaubt, dass Sie diesen ohne Zögern umsetzen werden, und dadurch selbst einen Nachteil erhält. Dies könnte zum Beispiel dadurch geschehen, dass Sie das Geschäft mit seinem schärfsten Konkurrenten abschließen, was ihn in weiterer Folge in wettbewerbstechnische Schwierigkeiten mit diesem bringen könnte. Beachten Sie allerdings auch hier, den Plan B als Hebel einzusetzen und keinesfalls als Drohung.

Der soziale Hebel oder der Gruppendruck

Stellen Sie sich vor, Sie sitzen in einem Businessmeeting und machen einen ungewöhnlichen Vorschlag, dem sich sofort drei, vier andere Kollegen anschließen. Mit jedem, der sich Ihrem Vorschlag anschließt, steigt der Druck auf diejenigen, die anderer Meinung sind. Es entsteht sozialer Druck. Diese Art Hebel lässt sich in Verhandlungen hervorragend nutzen, indem Sie Verbündete für sich gewinnen, die Ihre Position unterstützen und es dem Verhandlungspartner schwerer machen, seine eigene, differierende Meinung durchzusetzen.

Am besten ist natürlich, wenn Sie es schaffen, einen Verbündeten auf der Seite Ihres Verhandlungspartners zu finden. Das funktioniert immer dann gut, wenn Sie feststellen, dass Sie zu jemandem aus dem anderen Verhandlungsteam einen sehr guten Kontakt oder eine positive Beziehung haben. Richten Sie Argumente und Vorschläge an diese Person und holen Sie sich von dieser Person sichtbare Zustimmung, und der Druck auf den Verhandlungsführer wird steigen. Diese sehr subtile Methode funktioniert in der Praxis wunderbar, vor allem dann, wenn der Verhandlungsführer sehr stark auf sein Verhandlungsteam hört und viel auf dessen Meinung gibt.

Drücken Sie auf den Schmerzknopf

Der New Yorker Immobilientycoon Donald Trump steckte in einer Verhandlung über ein Riesen-Immobilienprojekt. Am Ende dieser Verhandlung sagte er zu seinem Gegenüber: „Ich mache Ihnen jetzt ein letztes Angebot. Sie haben genau 20 Minuten, um es anzunehmen. Wenn nicht, sage ich das ganze Projekt ab und investiere woanders." Trumps Verhandlungspartner wurde von dieser Aussage dermaßen unter Druck gesetzt, dass er ein paar Minuten später einwilligte.

Dies ist mit Sicherheit zwei Punkten zu verdanken: Trump hat erstens den Schmerzknopf gedrückt, nämlich das Projekt abzusagen, was auch für seinen Verhandlungspartner einen enormen finanziellen Verlust bedeutet hätte, und dies zweitens mit einem Plan B kombiniert, nämlich: Ich muss dieses Projekt nicht machen, sondern ich kann auch woanders investieren. Diese Taktik ist zurückzuführen auf eine der grundsätzlichen Fragen, die sich jeder Verhandler vor der Verhandlung stellen muss:

- Aus welchem Grund sollte mein Verhandlungspartner mit mir eine Einigung anstreben?
- Was hat er zu verlieren, wenn es zu keinem Ergebnis kommt?
- Wie schmerzvoll ist das für ihn?

Diese Fragen führen Sie über das Interesse Ihres Verhandlungspartners hin zu dessen Schmerzknopf. Der Schmerzknopf zeigt die negativen

Folgen für Ihren Verhandlungspartner bei einer Nicht-Einigung auf. Wenn Sie also diese negativen Folgen in den Raum stellen und die Bereitschaft zeigen, es so weit kommen zu lassen, drücken Sie bei Ihrem Verhandlungspartner den Schmerzknopf. Es kann übrigens durchaus sein, dass Ihrem Gegenüber gar nicht so explizit bewusst ist, was es eigentlich zu verlieren hat oder wie schmerzhaft eine Nicht-Einigung für ihn wäre.

Das Drücken des Schmerzknopfs ist keineswegs eine Standard-Taktik, die Sie bei jeder Verhandlung einsetzen sollten. Aber richtig dosiert und im richtigen Moment eingesetzt entfaltet sie sehr wohl ihre Wirkung.

So finden Sie den Hebel

Werden Sie sich über die bestehende Hebelwirkung in Ihrer Verhandlung klar, indem Sie sich folgende Fragen stellen:

- Wie sieht Ihr Status quo aus und wie der des Verhandlungspartners, wer von Ihnen beiden trägt die größte Gefahr eines potenziellen Verlusts?
- Für wen spielt Zeit die größere Rolle?
- Welche Alternativen haben Sie oder Ihr Verhandlungspartner?
- Wie könnte Ihr Verhandlungspartner Ihnen am einfachsten Schaden zufügen?
- Wie können Sie die Interessen Ihres Verhandlungspartners am einfachsten und wirkungsvollsten adressieren?
- Welche Verbündete gibt es für Sie oder gegen Sie?
- Was haben Sie zu verlieren?
- Was hat Ihr Verhandlungspartner zu verlieren?
- Wer sitzt am längeren Hebel und wer an der Macht?

Keine Angst vor Konflikten!

Die meisten Menschen sind konfliktscheu, und gerade in Verhandlungen wollen sie Konflikte vermeiden oder auf ein Minimum reduzieren, da natürlich immer auch die Gefahr des Scheiterns zunimmt, sobald Konflikte ausbrechen. Forschungen zu diesem Thema zeigen allerdings, dass Konflikte zwischen Verhandlern in der Phase des Optimierens am Ende zu besseren Ergebnissen führen können, als wenn die Verhandlung zu harmonisch läuft. Die Begründung: Konflikte motivieren die Verhandler dazu, kreativer nachzudenken, neue Lösungen zu finden und sich stärker auf die Problemlösungen zu konzentrieren, als sie das ohne Konflikt machen würden.

Wenn also in dieser Phase ernsthafte Konflikte auftauchen und Sie vermuten, dass dies sogar zu einem Scheitern oder zum Verhandlungsabbruch führen könnte, bemühen Sie sich darum, die Konflikte auf eine rein inhaltliche Ebene zu bringen. Das heißt, halten Sie die Beziehung zu Ihrem Verhandlungspartner stabil und sprechen Sie offen über die offensichtlich divergierenden Ansichten oder Forderungen. Motivieren Sie Ihren Verhandlungspartner dazu, gerade aufgrund des Konflikts neue Ansätze zu suchen, weitere Lösungen zu entwickeln und gemeinsam daran zu arbeiten, doch noch ein gutes Ergebnis zu schaffen.

Nehmen Sie eine gemeinsame Auszeit

In kritischen oder kniffligen Situationen ist es oft hilfreich, gemeinsam eine Auszeit zu nehmen. Gehen Sie ein paar Schritte, trinken Sie einen Kaffee, schnappen Sie frische Luft. Sprechen Sie dabei nicht über das Verhandlungsthema, sondern über andere Themen, die Ihrem Verhandlungspartner persönlich wichtig sind. Zeigen Sie Interesse an ihm, hören Sie ihm gut zu, zeigen Sie Respekt und Anerkennung, mit anderen Worten: Arbeiten Sie in dieser Verhandlungspause an der Beziehung. Damit schaffen Sie die Voraussetzung für eine konstruktive Fortsetzung der Verhandlung.

Wenn der Verhandlungspartner sehr emotional ist

Versuchen Sie seine Sichtweise und sein Interesse zu verstehen (Achtung: nicht zustimmen oder recht geben, sondern einfach nur Verständnis zeigen). Sagen Sie aber nie: „Ich weiß, wie Sie sich fühlen" oder „Ich weiß, wie es Ihnen geht". Genau das wissen Sie nämlich nicht und eine solche

Aussage könnte ihn noch mehr reizen oder frustrieren: „Sie haben ja keine Ahnung…!". Zeigen Sie ihm, dass Sie ihn verstehen, das wird eine positive Wirkung haben. Zum Beispiel mit einer Aussage wie:

Ich kann verstehen, dass Sie jetzt verärgert sind …

Ich kann nachvollziehen, dass Sie damit nicht einverstanden sind …

Ihre Sichtweise kann ich gut verstehen …

Achtung vor aggressiven Ja-Sammlern

„Möchten Sie Geld sparen?", „Möchten Sie alle zwei Jahre gratis auf Urlaub fahren?", „Möchten Sie fünf Jahre statt zwei Jahre Garantie auf Ihren Gebrauchtwagen?", „Möchten Sie kostenlose Software-Updates bekommen?"

Alle diese rhetorischen Fragen werden Sie mit hoher Wahrscheinlichkeit mit Ja beantworten. Doch sobald Sie in einer Verhandlung auf eine dieser Fragen mit Ja antworten, sitzen Sie in der Falle: „Mit unserem neuen All-in-Vertrag haben Sie Telefon, Internet und Mobile Phone gebündelt und sparen damit jährlich bis zu 120 Euro." Oder: „Mit der neuen Super-Lebensversicherung bekommen Sie alle zwei Jahre einen Gutschein für einen Gratis-Erholungsurlaub in einer wunderbaren Heiltherme."

Niemand kennt diese Tricks besser als aggressive Verkäufer oder Telefonmarketingfirmen. Zuerst wird eine Frage gestellt, die auf den ersten Blick nichts oder nur wenig mit dem Verhandlungsthema zu tun hat. Ziel dieser Frage ist, ein Argument vorzubereiten, welches Sie kaum noch aushebeln können. Seien Sie darauf vorbereitet, sich bei solchen Statements aus der Falle zu befreien. Wenn ein gewiefter Verhandler am Verhandlungstisch zu Ihnen sagt: „Eine faire Bewertung für diese Unternehmenssparte muss also die Restrukturierungskosten genauso wie das Umlaufvermögen beinhalten, richtig?", würde er nach der logischen Zustimmung Ihrerseits wahrscheinlich folgendermaßen fortsetzen: „Sehen Sie, und genau deshalb ist Ihre

Kalkulation nicht ganz korrekt, weil diese Kosten nicht in der Form berücksichtigt sind, wie es bei Unternehmensbewertungen üblich ist."

Hören Sie genau hin. Wenn Sie mit Fragen oder Statements konfrontiert werden, bei denen Sie sich nicht ganz sicher sind, in welche Richtung sie führen, verringern Sie das Tempo. Versuchen Sie Information zu der Frage oder der Äußerung zu bekommen:

Das ist korrekt, allerdings haben wir es hier auch mit einigen marktunüblichen Voraussetzungen zu tun, die ebenfalls berücksichtigt werden müssen.

Oder sagen Sie:

Interessant. Erzählen Sie mir mehr darüber.

Denn wenn Sie in die Falle tappen, haben Sie nur noch zwei Möglichkeiten: Entweder müssen Sie Ihre eigene Zustimmung als inkorrekt zurücknehmen oder Sie müssen zu Ihrer Zustimmung stehen und den Argumenten Ihres Verhandlungspartners nachgeben. Beide Optionen sind für Sie unattraktiv, doch der Verhandlungspartner, der diese Ja-Falle ausspielt, will Sie genau dazu bringen. Daher: Ohren auf, keine vorschnelle Zustimmung auf dubiose Fragen geben und im Zweifelsfall Information zur Frage selbst einholen.

Der Faktor Geduld

Ungeduld ist weit verbreitet, und nicht nur das: Ungeduld gilt vor allem als eine Tugend. Was in vielen Vorstellungsgesprächen dazu führt, dass der schlaue Bewerber auf die Frage nach seinen Schwächen behauptet, er sei sehr ungeduldig, um sich damit als besonders zielstrebig darzustellen.

Ungeduld in Verhandlungen kann allerdings sehr kontraproduktiv sein. Denn sehr oft stellen sich Entscheidungen, die man aufgrund mangelnder Geduld oder unter Zeitdruck getroffen hat, hinterher als besonders risikobehaftet heraus.

Besonders aufpassen müssen Sie, wenn Sie den nordamerikanischen Verhandlungsstil pflegen – der übrigens dem deutschen Verhandlungsstil sehr ähnlich ist und auf sehr rasche Resultate abzielt. Haben Sie zum Beispiel mit Südeuropäern oder auch mit Verhandlern aus dem Mittleren Osten zu tun, werden Sie sehr rasch feststellen, dass Sie hier eine wesentlich größere Portion Geduld brauchen, um eine Verhandlung erfolgreich führen zu können.

Die Griechen haben ein wunderbares Sprichwort: „Die Olive wird nicht schneller reif, auch wenn du an ihr zupfst." Für Verhandlungen bedeutet das vor allem zweierlei:

- Wenn Sie der Ungeduld widerstehen können und langsam und überlegt handeln, werden Sie weniger Fehler machen.
- Die geduldigere Person hat einen psychologischen Vorteil: Sie suggeriert Übersichtlichkeit und Überlegenheit und wird die andere Seite damit eher zu Nervosität, Zugeständnissen oder Zurückhaltung bringen.

Wenden Sie das „Prinzip Geduld" auch in Ihren tagtäglichen Verhandlungen an, und Sie werden sehen, Ruhe und Gelassenheit zahlen sich definitiv aus.

Die Zufriedenheit des Verhandlungspartners ist wichtig

Wir verfolgen in Verhandlungen den kooperativen Ansatz, und daher ist es natürlich wichtig, dass beide Seiten nach einem Abschluss auch zufrieden sind. Und auch nach einem Nicht-Abschluss sollten beide Seiten zufrieden sein, weil sie wissen, dass die Nicht-Einigung für beide Seiten die bessere Alternative ist. Dies gilt besonders dann, wenn ein Verhandlungsergebnis ohnehin nur ein fauler Kompromiss mit eingebauten Sprengfallen gewesen wäre.

Hier einige Tipps, wie Sie bei Ihrem Verhandlungspartner das Gefühl der Zufriedenheit über den Fortgang der Verhandlung oder über das Verhandlungsergebnis verstärken können.

Hören Sie ihm aufmerksam zu

Mit gut Zuhören meine ich in diesem Zusammenhang: Geben Sie Ihrem Verhandlungspartner die Möglichkeit, etwas zu sagen, und hören Sie geduldig zu. Signalisieren Sie Interesse durch Hinterfragen von Details und das deutliche Signalisieren von Verständnis (was nicht immer Zustimmung bedeuten muss).

Streicheln Sie sein Ego

Wir alle mögen Komplimente. Und nichts freut einen Verhandler mehr als Kommentare zu seiner Verhandlungsführung. So können Sie zum Beispiel sagen:

Sie sind wirklich ein exzellenter Verhandler.

Oder:

Kompliment, Sie sind ein echter Verhandlungs-Profi.

Selbst wenn Vorschläge oder Optimierungsversuche Ihres Verhandlungspartners schwach oder unausgegoren sind, können Sie diese mit kurzen Komplimenten würdigen:

Sehr interessanter Vorschlag.

Oder:

Das ist ein spannendes Thema, lassen Sie mich überlegen …

Auch wenn Sie dann absagen, wird das in einem völlig anderen Licht erscheinen, als wenn Sie schlicht und einfach Nein sagen.

Machen Sie kleine Zugeständnisse

Es gibt immer Kleinigkeiten, die Sie nichts kosten, dem anderen aber Freude bereiten. Überlegen Sie, was Sie alles tun könnten, um dem anderen das Gefühl zu geben, er bekäme noch ein wenig Schlagsahne zu seinem Kuchenstück. Ich lade meine Verhandlungspartner nach vollbrachten Deals gern zum Essen oder zu einem Drink ein, um noch einmal kurz die Verhandlung zu besprechen und das positive Gefühl zu verstärken. Dies ist übrigens die ideale Gelegenheit, um den „Fluch des Gewinners" zu vermeiden und zum Beispiel noch ein kleines Geschenk wie ein signiertes Buch oder Ähnliches zu überreichen.

Erklären Sie, was Sie fordern oder vorschlagen

Damit geben Sie Ihrem Verhandlungspartner die Möglichkeit, zu verstehen, was Sie möchten und weshalb Sie es möchten. Nicht nur, dass dies zur Wertschätzung beiträgt, es kann auch den Standpunkt Ihres Verhandlungspartners zu Ihren Gunsten verändern.

Die Hose ist unten

Lieber Verhandlungspartner, mehr kann ich leider nicht. Entweder können wir uns nun einigen oder ich muss leider passen.

Mit dieser Aussage wird Ihrem Gegenüber klar, dass Sie keine weiteren Zugeständnisse mehr machen können, dass Sie Ihr Limit erreicht haben. Mit anderen Worten: Er hat so gut verhandelt, dass Sie komplett in der Ecke stehen, was ihm eine gewisse Zufriedenheit geben und die Bereitschaft, das Geschäft abzuschließen, erhöhen wird.

An dieser Stelle müssen Sie allerdings auf eines achten: Mit einem Bluff – also wenn Sie das sagen und dann trotzdem weiterverhandeln – verlieren Sie Ihre Glaubwürdigkeit.

Richtig optimieren für kooperative Verhandler

Wenn Ihr Verhandlungsstil kooperativ ist und Sie zu einem effektiveren Verhandler werden möchten, müssen Sie daran arbeiten, überzeugender, durchsetzungskräftiger und mit mehr Selbstvertrauen zu agieren. Weil gerade das die größte Herausforderung für kooperative Verhandler ist, finden Sie im Anschluss Strategien und Tipps sowie Vorschläge für jede Phase der Verhandlung.

Achtung vor zu raschen und zu großen Zugeständnissen

Verinnerlichen Sie das Prinzip „Große Zugeständnisse bei kleinen Dingen, kleine Zugeständnisse bei großen Dingen". Lassen Sie sich durch das forsche Auftreten von Verhandlungspartnern nicht dazu bewegen, sofort zu viele Zugeständnisse zu machen.

Konzentrieren Sie sich nicht zu sehr auf Ihre Must-haves

Nutzen Sie die Zielkategorien im ESP, um möglichst ambitionierte Ziele zu stecken. Kooperative Verhandler machen sich oft zu viele Gedanken über die Bedürfnisse des Verhandlungspartners. Wenn Sie das tun und nur noch auf Ihr Must-have bedacht sind, werden Sie auch keine besseren Ergebnisse erreichen als Ihre Must-haves. Untersuchungen zeigen: Menschen, die mehr erwarten, bekommen auch mehr. Legen Sie Ihre Strategie mittels ESP ambitioniert fest und halten Sie sich daran.

Fairness ist gut, aber nicht das Einzige

Kooperative Verhandler sind sehr darauf bedacht, faire Ergebnisse zu erzielen. Wie ich im Kapitel „Phase 3, Vorschlagen, „Ein unwiderstehliches Angebot?" ausgeführt habe, lässt man aber bei zu starker Orientierung auf die Fairness oft Geld auf dem Tisch liegen. Erwarten Sie auch nicht, dass andere Ihre Einstellung zur Fairness teilen. Das könnte zu Enttäuschungen führen beziehungsweise wiederum dazu, dass Sie zu hohe Zugeständnisse machen.

Verhandeln Sie nie ohne Plan B

Ohne Plan B haben Sie keine Alternative für die laufende Verhandlung. Gerade kooperative Verhandler tendieren dazu, ohne Plan B in Verhandlungen zu gehen. Das zwingt sie, zu sämtlichen Forderungen ihres Verhandlungspartners Ja zu sagen, denn wenn sie die Verhandlung nicht abbrechen können, weil sie keine Alternative haben, können sie auch keine hohen Forderungen ablehnen.

Es gibt immer eine Alternative. Finden Sie diese heraus, legen Sie sie schriftlich fest und seien Sie bereit, sie auch umzusetzen, das bringt Ihnen Selbstvertrauen und Ihr Verhandlungspartner wird spüren, dass Sie nicht von ihm abhängig sind.

Verhandeln Sie als Team

Gerade in schwierigen oder komplexen Verhandlungen oder in Verhandlungen unter hohem Zeitdruck ist es ratsam, sich einen kompetitiven Verhandler ins Team zu holen und ihm die Rolle des Verhandlungsführers zu übergeben. Als Team werden Sie besser funktionieren, allerdings müssen die Rollen optimal abgestimmt sein. Das Zurückziehen des kooperativen Verhandlers auf die Expertenposition ist keinesfalls ein Eingestehen von Schwäche, im Gegenteil, es zeigt, dass Sie Ihre Stärken kennen und bereit sind, um des Ergebnisses willen die Position des Verhandlungsführers abzutreten. Mir sind mehrere Topmanager bekannt, die grundsätzlich nicht als Verhandlungsführer auftreten, sondern immer als Mitglied ihres Teams. Das ist eine weise und weitsichtige Entscheidung, die zweifellos zu besseren Verhandlungsergebnissen führen kann.

Seien Sie nicht gutgläubig

Kooperative Verhandler glauben, dass andere ebenso gutherzig und wohlwollend sind wie sie selbst. Aus diesem Grund vertrauen sie anderen oft mehr, als es vernünftig ist, und glauben, dass ein Wort ein Wort ist. Seien

Sie nicht naiv. Vereinbarungen sind gut, vor allem, wenn Sie den anderen kennen. In allen anderen Fällen riskieren Sie, dass die Vereinbarung nicht hält. Bestehen Sie auf schriftlichen Commitments, die alles im Detail festhalten. Machen Sie Ihren Verhandlungspartnern klar, dass Sie auf dem Standpunkt stehen: Vertrauen ist gut, Kontrolle ist besser. Ihr Verhandlungspartner muss im Falle des Nichteinhaltens von Vereinbarungen einen potenziellen Verlust vor Augen geführt bekommen, damit er sich daran hält. Schriftliche Vereinbarungen und Verträge tragen diesen Charakter.

Glauben Sie nicht alles, was man Ihnen sagt

Untersuchungen zeigen, dass Menschen Forderungen mit hoher Wahrscheinlichkeit nachkommen, wenn das Wort „weil" in der Forderung enthalten ist. Gerade kooperative Verhandler laufen Gefahr, durch Begründungen von Forderungen mit dem Wort „weil" nachzugeben, Zugeständnisse zu machen oder Ja zu sagen (s. dazu das Experiment der Psychologin Ellen Langer, S. 154).

Richtig optimieren für kompetitive Verhandler

Treffen kompetitive Verhandler auf ausgeprägt kooperative Verhandler, dann lecken diese Blut. Sie versuchen, aus sportlichem Ehrgeiz auch noch das Letzte aus einem Deal herauszuholen, was den kooperativen Verhandler oft unzufrieden, ratlos und frustriert zurücklässt. Weil das im Alltag oft keine brauchbare Ausgangsbasis für gute Verhandlungsergebnisse und langfristige Partnerschaften ist, gibt es einige Punkte, auf die der kompetitive Verhandler besonders achten muss.

Grundsätzlich geht es für kompetitive Menschen darum, die Interessen und Bedürfnisse ihrer Verhandlungspartner besser zu erforschen und zu berücksichtigen, Achtsamkeit für den Menschen am Verhandlungstisch zu entwickeln und zugunsten einer guten Beziehung auch einmal auf Kleinigkeiten zu verzichten. Hier sind einige Werkzeuge für Sie, um Ihre Verhandlungsergebnisse in Zukunft zu verbessern.

Achtung vor irrationalem Wettbewerb!

Wettbewerbsverhalten in Verhandlungssituationen provoziert Fehler. Die eigenen Argumente werden überschätzt, die Gefahr des Scheiterns wird ausgeblendet und vorher geplante Strategien werden übermotiviert verworfen. Denken Sie daran, dass nicht nur Ihre Entscheidungen für gute Deals maßgeblich sind, sondern auch das Verhalten Ihres Verhandlungspartners. Konzentrieren Sie sich auf die Fakten und lassen Sie sich nicht von zu hohen Zielen zu extremen Forderungen verleiten, die Ihre Verhandlungspartner zum Abbruch der Verhandlung bewegen könnten. Stellen Sie mehr Fragen, als Sie es üblicherweise tun würden. Denken Sie daran, Information ist der Schlüssel zu exzellenten Verhandlungsergebnissen. Kompetitive Verhandler tendieren dazu, Information, welche die eigene Position unterstützt, überzubewerten, und Information, die dagegen spricht, zu ignorieren. Holen Sie so viel Information wie möglich ein, sowohl vor als auch während der Verhandlung. Gehen Sie davon aus, dass die Beweggründe Ihrer Verhandlungspartner nicht dieselben sind wie Ihre. Versuchen Sie herauszubekommen, welche es sind. Nur wenn Sie wissen, was Ihrem Verhandlungspartner wichtig ist, werden Sie einen Weg finden, ihm das zu geben, wenn auch zu Ihren Bedingungen. Vertrauen Sie auf offene und auf Präzisierungsfragen, diese werden Ihnen die Informationen liefern, die Sie brauchen.

Es geht nicht (nur) ums Gewinnen

Ja, ich gebe es zu, es ist ein schönes Gefühl, eine Verhandlung zu „gewinnen". Doch dieses Gefühl sollte nie im Vordergrund stehen, denn zu groß ist die Gefahr, dass die ganze Verhandlung nur darauf ausgerichtet ist, diese Siegesgewissheit zu erleben. Erinnern Sie sich an das Fixed-Pie-Dilemma. Versuchen Sie, Verhandlungen so zu gestalten, dass beide Seiten am Ende mehr haben als vorher, nicht nur Sie selbst.

Bilden Sie ein Verhandlungsteam

Wenn Sie mit Verhandlungspartnern zu tun haben, die entweder in der Lage sind, Sie emotional auf die Palme zu bringen, oder bei denen stets die Gefahr besteht, dass sie sich zurückziehen, wenn sie auf kompetitive Verhandler treffen, dann holen Sie sich einen kooperativen Partner ins Team und lassen Sie diesen die Verhandlung führen. Damit werden Sie in solchen Fällen bessere Ergebnisse erreichen, als wenn Sie selbst verhandeln und damit die Gefahr einer Konfrontation und eines emotionalen Schlagabtauschs zunimmt. Auch hier gilt, es ist kein Zeichen von Schwäche, sondern im Gegenteil, kaum ein Verhalten könnte ein deutlicheres Signal über das Bewusstsein der eigenen Stärke liefern.

Achten Sie auf Details

Kompetitiven Verhandlern wäre es oft am liebsten, sie würden den Deal mündlich vereinbaren, mit einem Handschlag besiegeln und danach nach alter Tradition bei einem dicken Steak den positiven Abschluss der Verhandlung feiern. Auch wenn dieses Bild natürlich ziemlich klischeebehaftet ist, so beinhaltet es doch einen Funken Wahrheit, nämlich: Der kompetitive Verhandler vergisst gern auf Kleinigkeiten, um mehr Zeit und Aufmerksamkeit für den Verhandlungsgegenstand insgesamt zu haben. Auch wenn diese Eigenschaft die Chance auf positive Abschlüsse insgesamt steigert, besteht doch das Risiko, dass dabei Sprengfallen in Deals eingebaut werden, die hinterher große Probleme bereiten. Achten Sie auch auf die Kleinigkeiten, schreiben Sie mit oder lassen Sie mitschreiben und widmen Sie auch den sogenannten Details Ihre volle Aufmerksamkeit.

Stehen Sie zu Ihrem Wort

Eigentlich eine Selbstverständlichkeit. Doch gerade beim kompetitiven Verhandler kommt es immer wieder vor, dass er Versprechungen eher als flexible Absprachen sieht und diese später nach seinen eigenen Wünschen zurechtbiegen will. Das verärgert einen kooperativen Verhandlungspartner und kann Vereinbarungen auch im Nachhinein noch zum Platzen bringen oder bei Ihrem Verhandlungspartner schlechte Gefühle und verbrannte Erde hinterlassen – auch wenn dies oft keine Absicht ist, sondern ganz einfach ein lockeres Umgehen mit Aussagen, frei nach Adenauer: „Was kümmert mich mein Geschwätz von gestern?"

Betrachten Sie das Einhalten einer Vereinbarung als Ihre Pflicht, auch wenn es Ihnen im Nachhinein leidtut, sie eingegangen zu sein. Zementieren Sie Ihr Image als Verhandlungspartner, dessen Wort zählt, denn das ist das Positivste, was Ihre Geschäftspartner über Sie behaupten können.

Respektieren Sie Ihre Verhandlungspartner

Menschen wollen, dass man ihnen Respekt entgegenbringt und ihren Stolz nicht verletzt. Selbst wenn – oder gerade wenn – Verhandlungspartner in der schwächeren Verhandlungsposition sind, möchten sie das nicht gern hören. Der kompetitive Verhandler läuft allerdings Gefahr, dies seinen Verhandlungspartnern mitzuteilen, wenn auch oft zwischen den Zeilen oder durch übertriebenes Gehabe.

Behandeln Sie Ihre Verhandlungspartner mit Respekt und begegnen Sie ihnen auf Augenhöhe. Der Preis dafür ist 0 Euro, aber es bringt eine ganze Menge. Und selbst wenn Sie hart verhandeln, wird es doch anders bei Ihrem Gegenüber ankommen, als wenn Sie hart und herablassend verhandeln.

Zusätzliche Taktiken in Phase 4, Optimieren

Bilanzmethode

Zeichnen Sie Ihre Vorteile (oder Nachteile) links, die Vorteile des anderen rechts auf. Es kommt ein Ungleichgewicht zu Ihrem Nachteil heraus. Das zeigen Sie dem Gegenüber und verlangen weitere Optimierung.

Risiko: Ihr Verhandlungspartner gewichtet anders und dreht die Argumentation um.

Entweder – oder

Ringen Sie dem Geschäftspartner eine Entscheidung ab, die Sie dann für sich selbst nutzen können:

Was ist Ihnen also wichtiger: der Preis oder eine garantiert funktionierende Maschine?

Oder in einer härteren Version:

Wollen Sie lieber einen Partner, mit dem Sie eine faire Partnerschaft haben, oder jemanden, den Sie bis aufs Letzte ausgepresst haben?

Risiko: Das Gegenüber steigt nicht darauf ein, ist beleidigt.

Ja-Straße

Sie gehen Punkt für Punkt (auch Kleinigkeiten) durch und kassieren viele „Ja" des Gegenübers. Am Ende verweisen Sie darauf, dass doch ohnehin schon alles klar sei – jedenfalls für Sie.

Risiko: Das Gegenüber wird überrumpelt.

Aufwiegen

Was ich Ihnen gebe, ist aber viel wertvoller als das, was Sie mir geben!

Sie wiegen alle Punkte zugunsten des anderen auf und spielen dann die benachteiligte Partei.

Risiko: Das Gegenüber passt gut auf und stellt umgehend alles richtig.

Zustimmung verweigern

Da muss ich meinen Chef fragen, der akzeptiert das sicher nicht.

Das kann ich jetzt nicht entscheiden.

Das müsste ich erst überprüfen, wird aber nichts bringen.

Solche Aussagen drängen das Gegenüber zu höheren Zugeständnissen, um doch noch ein Ergebnis zu erhalten; sehr wirkungsvoll bei Zeitdruck.

Risiko: Der Verhandlungspartner steigt nicht darauf ein, Sie verlieren an Kompetenz.

Was wäre, wenn

Sie bringen eine ganz neue Möglichkeit ins Spiel, überlegen sich laut Alternativen zur Verhandlung oder zum Angebot des anderen und stellen damit alles bisher Besprochene infrage. Dadurch soll der Verhandlungspartner zu weiteren Konzessionen gedrängt werden, da er ja keineswegs von vorn beginnen möchte.

Risiko: Das Gegenüber spielt mit, Ihr Ergebnis verschlechtert sich.

Ihr 10-Punkte-Check für die Phase 4 – Optimieren	
1	Geben Sie dem anderen, was er will – zu Ihren Bedingungen
2	Bringen Sie Asse ein, erweitern Sie das Spielfeld
3	Versuchen Sie, den Kuchen zu vergrößern
4	Arbeiten Sie mit der Hebelwirkung
5	Setzen Sie Give & Take konsequent ein
6	Lehnen Sie unangenehme Forderungen bestimmt ab
7	Hoher Erstvorschlag und geringes Nachgeben bringt beste Ergebnisse
8	Werten Sie Zugeständnisse immer auf
9	Beachten Sie den Rhythmus der Zugeständnisse
10	Kleine Schritte in großen Dingen, große Schritte in kleinen Dingen

✧ **Der Verhandlungs-Profi** ✧

Phase 5 Abschließen

Die letzte Phase des VerhandlungsChronos bringt die finale Vereinbarung und das Commitment zur Umsetzung des Ergebnisses. Dies aber natürlich nur dann, wenn bisher alles funktioniert hat und beide Parteien an einer Einigung interessiert sind.

Das Abschließen der Verhandlung kann einfach und rasch gehen oder auch schwierig und kompliziert sein, mit dem Risiko des Scheiterns in letzter Sekunde. Gerade am Ende zeigt sich auch wieder der Unterschied zwischen kooperativem und kompetitivem Verhandlungsstil. Während es für kooperative Verhandler oft unangenehm ist, den Schritt zum Abschluss zu machen, hat der kompetitive Verhandler damit weniger ein Problem, er drängt geradezu in Richtung Abschluss und er fragt auch aktiv danach. Das wiederum kann dem kooperativen Verhandler sogar unangenehm sein.

Halten Sie sich in dieser Phase eines vor Augen: Das Ziel einer Verhandlung ist nie der Abschluss selbst, sondern das, was nach dem Abschluss kommt, die Transaktion, die Zusammenarbeit, die Partnerschaft und die Umsetzung der in der Verhandlung beschlossenen Schritte.

Achtung, Sprengfallen!

Wir sehen bei unseren Seminarteilnehmern und Klienten sehr oft die Tendenz, in der Abschlussphase die eine oder andere Unklarheit stehen zu lassen. Häufig bleibt es dann bei eher losen Versprechungen, auf ein klares, schriftlich fixiertes Commitment mit Umsetzungsschritten und Zeitplan wird verzichtet. Möglicherweise ahnen beide in diesem Moment auch schon, dass die Vereinbarung nicht halten wird, weil zu viele Dinge ungeklärt sind. Wir sprechen in diesem Fall von Sprengfallen, die im Nachhinein explodieren werden und beide Verhandlungsparteien wieder an den Verhandlungstisch zwingen. Und dies dann leider oft nicht mehr im besten Einvernehmen.

Fixieren Sie daher unbedingt, in welcher Form es nach der Verhandlung weitergeht. Sorgen Sie dafür, dass Sie beim Abschluss der Verhandlung mit Ihrem Verhandlungspartner ein echtes Commitment schließen, das Verhandelte auch umzusetzen. Lassen Sie sich nicht dazu verführen, eine Vereinbarung zu treffen, bei der die Verhandlungspartner wenig Druck verspüren, sich daran zu halten, weil sie ohnehin nichts verlieren können.

Tipp

Ein wirkliches Commitment zur Umsetzung, basierend auf bis ins Detail konsequent ausformulierten Vereinbarungen zu allen wesentlichen Punkten der Verhandlung, ist unerlässlich und die Grundlage der erfolgreichen weiteren Zusammenarbeit mit Ihrem Verhandlungspartner.

Abschluss oder Plan B?

Der Eintritt in die Phase 5 der Verhandlung bedeutet nicht, dass Sie nun um jeden Preis einen Abschluss machen müssen. Sie haben noch immer die Wahl, auf Ihren Plan B umzuschwenken und somit die Verhandlung abzubrechen, wenn kein attraktives Verhandlungsergebnis in Sicht ist. Gerade in dieser Situation ist wieder der möglichst rationale Blick auf die Fakten nötig. Erinnern Sie sich an die Faktenbrille aus Phase 1, „Vorbereiten". Sie wird Ihnen auch am Ende helfen, Wesentliches von Unwesentlichem zu unterscheiden, Emotionen von Fakten zu trennen und die Interessen hinter den Positionen zu erkennen.

Der ideale Abschluss: Eine lohnende Vereinbarung und eine gute Beziehung

Wirklich gute, ausgewogene Ergebnisse, die Mehrwert schaffen und zusätzlich eine hervorragende Partnerschaft begründen oder verlängern, sind nicht immer einfach zu erreichen. Der Wettbewerbsgedanke oder der sportliche Ehrgeiz, der sich in Verhandlungen einschleicht, führen oft dazu, dass auf dem Rücken des Vertrauens oder der Ethik auch noch allerletzte Kleinigkeiten herausgekitzelt werden, was – und das muss man leider sagen – oft auch zulasten eines Verhandlungspartners funktioniert.

Wenn Sie vermehrt kompetitiv verhandeln und Einmal-Transaktionen haben, werden Sie eher aggressiv abschließen und somit auch in dieser Phase zur Gewinnmaximierung für sich und Ihre Interessen beitragen. Doch ist der Preis dafür hoch, denn häufig bleibt die gute Beziehung auf der Strecke. Der Wert des Erreichten steht dann einem Verlust auf der Beziehungsseite gegenüber, und oft stellt sich hinterher die Frage: War es das wirklich wert?

Aus meiner Sicht gibt es einen nicht zu vernachlässigenden Unterschied zwischen Verhandlungen und dem Verkauf, vor allem dem Verkauf auf Druck, bei dem es häufig um Einmal-Ergebnisse und Einmal-Verkäufe geht, nach dem Motto „Hauptsache, das Geschäft ist gemacht, den anderen sehe ich ohnehin nie wieder".

In Verhandlungen ist das aber doch anders. Sie verbringen viel Zeit mit Ihrem Verhandlungspartner, und in der Praxis sind die meisten Verhandlungen auch keine Transaktionsverhandlungen, sondern partnerschaftliche Verhandlungen mit Menschen, mit denen man immer wieder zu tun hat, seien dies Mitarbeiter, Vorgesetzte, gute Kunden, Projektpartner oder im Privaten der Familienkreis, der Freundeskreis oder das Umfeld in Vereinen und Klubs.

Am Ende einer Verhandlung ist daher neben den Hard Facts auch eine ganze Menge Fingerspitzengefühl erforderlich, um das so wichtige Gefühl nach Verhandlungen auch in einem positiven Sinne zu beeinflussen und den anderen zu zeigen: Wenn sie mit Ihnen verhandeln, dann erwartet sie eine faire und kooperative Verhandlung, von der beide Seiten am Ende etwas haben.

Treffen wir uns in der Mitte?

Sind beide Verhandlungspartner darauf bedacht, dass die jeweils andere Partei ihre Interessen erfüllt bekommt, ist der Abschluss nur noch ein logischer letzter Schritt. Doch Vorsicht! Gerade wenn die Beziehung gut ist, steigt die Gefahr, dass man, um rasch einen positiven Abschluss zu erreichen, am Ende noch Geld auf dem Tisch liegen lässt oder zugunsten eines positiven Klimas letzte Zugeständnisse verschenkt. Kooperative Verhandler sind hier besonders gefährdet.

Sehr beliebt ist die Treffen-wir-uns-in-der-Mitte-Strategie beziehungsweise der Kompromiss am Ende einer Verhandlung. Die Vorteile liegen auf der Hand: Es klingt fair, das Bedürfnis nach Reziprozität wird erfüllt, es sieht nach Transparenz aus und Sie kommen rasch und schmerzlos zum Ende. Außerdem ist es nicht einfach, den Vorschlag „Treffen wir uns in der Mitte" abzulehnen.

Gewiefte Verhandler bringen den Kompromissvorschlag genau dann auf den Tisch, wenn sie sicher sind, dass sie bei Annahme durch den Verhandlungspartner das größere Stück des Kuchens erhalten. Die Grundregeln des Verhandelns gelten jedoch auch in der Phase 5: keine zu schnellen Zusagen, keine zu raschen Zugeständnisse und anhaltende Konzentration auf die Fakten.

Seien Sie besonders dann vorsichtig, wenn bereits die Ausgangssituation unausgewogen war oder einer von Ihnen mehr an Vorleistung, Vorarbeit oder Ressourcen in die Verhandlung eingebracht hat als der andere. Auch wenn eine Partei mit einem aggressiven und die andere mit einem moderaten Erstvorschlag eröffnet hat, wäre ein Treffen in der Mitte deutlich zum Nachteil einer Partei. Passen Sie hier also unbedingt auf!

Gibt Ihr Verhandlungspartner sich amikal, pocht er am Ende der Verhandlung sehr auf Beziehung, Partnerschaft und Freundschaft, will er Sie verführen, seinem Vorschlag zum Treffen in der Mitte zuzustimmen? Schauen Sie sich in so einem Fall genau an, welche Art von Verhandlung es ist. Bei einer einmaligen Transaktion ist es nicht nötig, so stark auf die Beziehung zu achten, wie bei einer langfristigen Partnerschaft.

Stellt sich der Vorschlag, sich in der Mitte zu treffen, nach genauerer Überprüfung als nicht ganz fair heraus, sprechen Sie das so rasch wie möglich an und klären Sie Ihren Verhandlungspartner darüber auf, wie Sie die

Sache sehen. Setzen Sie ans Ende dieser Aufklärung allerdings auch Ihren Vorschlag, wie eine Einigung erfolgen kann. So können Sie zum Beispiel das Treffen in der Mitte auch nur auf einen oder wenige Punkte eines Gesamtpakets anwenden. Damit zeigen Sie Ihre Bereitschaft zur Kooperation und können nun einzelne Punkte für sich optimieren.

Der Engarde-Double-Split erhöht Ihren Nutzen

In kompetitiven Verhandlungen oder bei Einmal-Transaktionen können Sie den Vorschlag „Treffen wir uns in der Mitte" aggressiv erwidern, um für sich selbst am Ende noch Zusatznutzen zu kreieren: mit dem Engarde-Double-Split. Nehmen Sie den Vorschlag – und splitten Sie die Mitte ein zweites Mal.

Beispiel

Sie stehen am Ende der Verhandlung bei zwei Vorschlägen. Sie bieten 800 Euro für ein Produkt, Ihr Verhandlungspartner verlangt 900 und macht den Vorschlag: „Treffen wir uns in der Mitte. Bei 850." Greifen Sie diesen Vorschlag auf:

Okay, treffen wir uns in der Mitte: 825.

Obwohl der Double-Split augenscheinlich aggressiv ist und zu einem deutlichen Verlust auf der Gegenseite führt, funktioniert er sehr gut. Vor allem dann, wenn Sie ihn mit Nachdruck anwenden.

Wenn der Double-Split für den anderen nicht akzeptabel ist und er Nein sagt, haben Sie immer noch die Möglichkeit, zum Double-Split ein kleines Zugeständnis zu machen und auf jeden Fall positiver auszusteigen als mit dem reinen Kompromiss, der zuerst vorgeschlagen wurde.

Trotz der Vorteile, die diese Methode für Sie bringt: Wenden Sie den Double-Split wirklich nur in Fällen an, die den oben beschriebenen Voraussetzungen entsprechen, denn er birgt natürlich die Gefahr, die Beziehung zu gefährden oder einen Deal im letzten Moment zum Platzen zu bringen.

Verknappung treibt zu raschen Entscheidungen

Geschickte Verhandler schaffen es, den anderen spüren zu lassen: Wenn er das Geschäft nicht macht, macht es ein anderer. Vielleicht hat Ihr Gegenüber schon Angebote von weiteren Interessenten oder eine Warteliste. Oder er wird sogar zwischendurch von jemandem angerufen, der das Gut, zum Beispiel eine Immobilie, kaufen möchte. (Was durchaus auch ein Bluff sein kann.)

Durch diese Verknappung fürchtet die andere Seite, sie käme möglicherweise zu kurz. Und das löst sofort den Reflex aus, zu sagen: „Okay, ich nehme es, bevor ein anderer es kriegt und ich leer ausgehe."

Wird die Verknappung geschickt gespielt, kann sie sehr rasch zu einem Abschluss führen. Das heißt, Sie können sie aktiv einsetzen, um dem anderen zu zeigen, es gibt noch weitere Interessenten. Seien Sie aber vorsichtig, wenn Sie selbst merken, es spielt jemand Ihnen gegenüber mit Verknappung. Gerade beim Thema Verknappung wird nämlich sehr viel geblufft – vor allem dann, wenn Sie vielleicht ohnehin der Einzige sind, mit dem Ihr Verhandlungspartner verhandelt. Hinterfragen Sie daher gezielt: Ist das wirklich so? Wie lange habe ich noch Zeit? Wie ist die Sachlage?

Die Zeit läuft ab – das Ultimatum

Eine weitere sehr beliebte Methode ist das Stellen eines Ultimatums, zum Beispiel:

> *Wir müssen bis heute um 19 Uhr fertig sein, sonst gibt es die Möglichkeit für dieses Geschäft nicht mehr.*

Oder:

> *Ich habe ein Kaufangebot von einem anderen Interessenten, das gilt bis morgen 16 Uhr. Habe ich bis dahin keine Zusage von Ihnen, dann kommt der andere zum Zug.*

Oder:

Ich mache Ihnen ein Angebot, das gilt genau bis heute um Mitternacht. Geben Sie mir Bescheid, ob Sie es annehmen möchten.

Das effektivste Ultimatum ist jenes, das weder Sie selbst noch Ihr Verhandlungspartner beeinflussen können, sondern nur eine dritte Partei, zum Beispiel ein Mitbieter oder Mitbewerber. Dieses hat den Effekt, dass, falls Sie sich nun mit Ihrem Verhandlungspartner nicht rechtzeitig einigen können, das Ultimatum der dritten Partei schlagend wird, was den psychologischen Druck erhöht.

Der richtige Zeitpunkt, um ein Ultimatum zu stellen, ist eher früher in der Verhandlung, keinesfalls am Ende. Wenn Sie es am Ende tun, könnten Sie Ihren Verhandlungspartner stark verärgern, weil er möglicherweise bereits Pläne und weitere Schritte überlegt hat, die er somit wieder revidieren beziehungsweise neu überdenken müsste.

Die Kombination aus Verknappung und Ultimatum ist laut Studien extrem wirkungsvoll, denn sie erhöht die Anzahl und vor allem die Qualität von Zugeständnissen in der Endphase von Verhandlungen enorm. Wenn Sie selbst es einsetzen, muss das Ultimatum immer glaubwürdig sein, am besten unterfüttert mit Dokumenten. Denn Sie erinnern sich, alles, was schriftlich ist, ist wertvoller. Und vor allem gilt auch hier: Sie müssen wie beim Plan B bereit sein, es durchzuziehen, und dürfen nicht in letzter Sekunde umfallen, wenn Sie merken, der andere steigt nicht darauf ein. Denn Sie werden nie wieder ernstgenommen, wenn Sie wieder etwas Ähnliches in einer Verhandlung probieren.

Der (inszenierte) Abgang

Eine der dramatischsten Abschlussmethoden überhaupt, sehr beliebt in Filmen und Theaterstücken, ist der Abgang. Und gerade der theatralische Effekt des Zusammenpackens, Aufstehens und Gehens hat eine enorme

Wirkung auf den Verhandlungspartner und übt einen emotionalen Druck aus wie kaum etwas anderes.

Sicher wirkt der Abgang immer recht spontan und emotional, aber verlassen Sie sich darauf, sehr oft ist er von vornherein geplant und nur gut gespielt. Ein routinierter und abgebrühter Verhandler, der weiß, der andere braucht den Abschluss dringend, kann diesem so noch einige Zugeständnisse abringen und ein besseres Ergebnis für sich erzielen. Oft reicht der Satz:

Okay, entweder so oder gar nicht. Überlegen Sie es sich bis heute Abend, ich gehe jetzt.

Und schon ist der andere gezwungen, Ja zu sagen.

Entrapment – wenn der Verhandler in der Falle sitzt

Wenn Sie in Verhandlung mit jemandem sind und für diese Verhandlung schon viel Zeit, Geld und Mühe geopfert haben, nimmt die Wahrscheinlichkeit, dass Sie eine Vereinbarung platzen lassen, mit weiterem Fortlauf der Verhandlung ab. Das hängt damit zusammen, dass wir bereits investierten Aufwand nur ungern abschreiben würden und uns damit eingestehen müssten, dass dieser umsonst war.

Stellen Sie sich vor, Sie sind in einem Vergnügungspark und wollen dort mit einer neuen Attraktion fahren. Sie sehen, eine lange Schlange stellt sich bereits an und es wird sicher ein bisschen dauern, aber Sie beschließen, es dennoch auszuprobieren.

Nachdem Sie vier, fünf Minuten stehen und sich kaum etwas bewegt, kommt ein Mitarbeiter dieser Attraktion heraus und verkündet, dass die Wartezeit eineinhalb Stunden betragen wird. Was machen Sie jetzt? In der Reihe stehenbleiben oder gehen?

Stellen Sie sich dieselbe Situation noch einmal vor. Dieses Mal stehen Sie bereits 45 Minuten in der Schlange. Ein Mitarbeiter kommt heraus und sagt, die Wartezeit beträgt insgesamt eineinhalb Stunden. Nachdem Sie also schon 45 Minuten in der Schlange stehen, wird es für Sie nur noch weitere 45 Minuten dauern. Würden Sie jetzt in der Reihe stehenbleiben oder hinausgehen?

Die Studien zeigen mit deutlicher Klarheit, dass die meisten Menschen im Fall 1 aus der Reihe heraustreten und sich etwas anderes anschauen und im Fall 2 lieber stehenbleiben, um auch noch die anderen 45 Minuten zu warten. Und das, obwohl in beiden Fällen die Wartezeit identisch ist. Warum ist das so?

Nachdem Sie bereits 45 Minuten investiert haben, stehen Sie jetzt vor einem potenziellen Verlust, das heißt, wenn Sie jetzt gehen, haben Sie 45 Minuten verloren. Und genau das bewegt Sie dazu, zu sagen: „Okay, dann warte ich die weiteren 45 Minuten auch noch" – obwohl es natürlich insgesamt keinen Unterschied macht.

Mit diesem Phänomen können Sie selbst aktiv in der Verhandlung arbeiten, wenn Sie zum Beispiel wissen, der andere hat schon sehr viel in eine Verhandlung investiert und wird diese kaum noch wegen einer Kleinigkeit zum Abbruch bringen. Das können Sie geschickt nutzen, um zum Beispiel in der Endphase der Verhandlung noch einige Forderungen zu stellen, begleitet von den Worten:

Schauen Sie, jetzt haben wir beide schon so viel investiert, jetzt werden Sie es doch nicht wegen dieser Kleinigkeit scheitern lassen.

Passen Sie umgekehrt auf, falls jemand das mit Ihnen macht. Es gibt Verhandler, die grundsätzlich bis zum Ende von Verhandlungen warten, um dem anderen dann noch ein, zwei Forderungen unterzujubeln. Sie wissen, dass diese Forderungen am Ende oft durchgehen, bevor der andere den Deal platzen lässt, in den schon so viel investiert wurde. Im Amerikanischen heißt das „Nibbling", was übersetzt so viel bedeutet wie „Anknabbern", er knabbert also am Ende noch an Ihren Verhandlungsergebnissen. Stellen Sie sich vor, das macht jemand aus Prinzip und ständig: Wie viel Zusatznutzen kann er im Laufe der Zeit einfahren, indem er immer wieder am Ende von Verhandlungen seine letzten – anscheinend so kleinen – Forderungen einbringt?

Wenn Sie wissen, dass Sie es mit einem Knabberer zu tun haben, können Sie eine ganz einfache vorbeugende Strategie anwenden: Halten Sie immer ein, zwei Zugeständnisse bis ganz am Ende zurück, möglichst kleine, die Ihnen nicht wehtun und die Sie ihm dann noch geben können. Wenn Sie Ihren Verhandlungspartner allerdings nicht kennen, Sie beide schon sehr viel Zeit in die Verhandlung investiert haben und er am Ende mit anscheinend kleinen Nachforderungen daherkommt, lehnen Sie diese Forderungen entschieden ab und weisen Sie darauf hin, dass Sie schließlich beide schon genug Zeit und Mühe investiert haben. Hilft dies nichts, nehmen Sie das altbewährte Give & Take zur Hand und holen sich im Gegenzug dazu ebenfalls noch ein bis zwei Zugeständnisse.

Nicht jede Vereinbarung ist eine gute Vereinbarung

Verhandler sind oft viel zu sehr darauf konzentriert, am Ende der Verhandlung ein Ja zu bekommen. Dieses Ja scheint der einzige Zweck zu sein, die Verhandlung überhaupt zu führen. Doch dabei vergessen sie nur zu gern die wesentlichen Details, die zu diesem Ja führen. Die große Gefahr ist, der Versuchung zu unterliegen, langfristige Prioritäten zugunsten kurzfristiger Gewinne aufzugeben.

Tipp

Immer dann, wenn eine Einigung nur mit aller Gewalt und auf Biegen und Brechen erzielt wird, prüfen Sie besonders aufmerksam, ob es sich eventuell um ein Scheinergebnis oder ein Ergebnis mit Sprengfallen handelt.

Wenn Sie selbst bemerken, dass Sie um ein positives Verhandlungsergebnis ringen, nehmen Sie Ihren ESP zur Hand, überprüfen Sie Ihre Ziele und Ihren Plan B. Widerstehen Sie der Versuchung, um jeden Preis eine Vereinbarung zu erlangen, denn manchmal ist es besser, eine Verhandlung nicht abzuschließen, als sie durchzudrücken. Mit anderen Worten: Oft ist ein Nein das bessere Ja.

Auch Nachverhandlungen können Werte schaffen

Die Horrorvorstellung jedes Verhandlers: Das Geschäft ist unter Dach und Fach, die Beziehung ist hervorragend, und Sie freuen sich auf den Beginn einer Zusammenarbeit … bis Sie drei Tage nach Vertragsabschluss von Ihrem Vertragspartner einen Anruf erhalten: „Ich habe noch einige Bedenken zu unserem Deal von vor drei Tagen und hätte da noch einen Vorschlag zu machen, wie wir ihn verbessern könnten."

Ihr erster Gedanke wird wahrscheinlich sein: „Oje, es gibt etwas, was wir vergessen haben" oder „Er will mehr Geld rausholen" oder Ähnliches. Das muss aber nicht sein, denn möglicherweise hat Ihr Verhandlungspartner einen Weg gefunden, den Wert für beide Seiten weiter zu erhöhen.

Ich hatte einen solchen Fall bei einer Firmenübernahme, die ich begleitet habe. Der Vertrag war unterschrieben, und ein paar Tage später fragte der Verhandlungspartner, der sein Unternehmen verkaufte, ob er den vollen Kaufpreis bereits früher als vereinbart haben könnte. Die Verkäuferseite war davon wenig angetan und lehnte spontan ab. Daraufhin war der Verkäufer sehr enttäuscht und blickte nicht mehr ganz so positiv auf den Abschluss zurück. Was in Anbetracht der sehr partnerschaftlich verlaufenden Verhandlungen sehr schade war.

Ich ermunterte die Käuferseite, beim Verkäufer nachzufragen, weshalb er diesen Vorschlag nun mache und ob denn etwas nicht in Ordnung sei. Daraufhin erklärte der Verkäufer, er brauche den vollen Kaufpreis bereits jetzt, weil er eine Steuerschuld zu begleichen habe, die höher ausgefallen sei, als er ursprünglich einkalkuliert habe. Im Gegenzug zur früheren Bezahlung der Vertragssumme sei er bereit, intensiver an der Einschulung des neuen Managementteams zu arbeiten und sich auch in Zukunft noch mehr in die Entwicklung neuer Produkte einzubringen. Was er auch tat, nachdem die Käuferseite seinem Vorschlag zugestimmt hatte.

Nur durch das Nachfragen wusste der Käufer, weshalb der Verkäufer diesen Deal im Nachhinein anscheinend verändern wollte, und konnte daraus sogar für sich selbst noch einen Vorteil ziehen, indem der Verkäufer mehr zur Verfügung stand als ursprünglich geplant war. Dies war in der Übergangsphase nach der Firmenübernahme sehr wertvoll.

Drei Schritte für eine konstruktive Nachverhandlung

Falls Sie nach einer erfolgreichen Verhandlung die Idee haben, das Ergebnis könnte verbessert werden, ist das Risiko sehr groß, die Gegenseite mit diesem Ansinnen zu verschrecken. Um dies zu vermeiden, gehen Sie folgendermaßen vor:

Schritt 1: Kontaktieren Sie Ihren Vertragspartner und sagen Sie ihm, dass Sie mit dem Verhandlungsverlauf sehr zufrieden waren.

Schritt 2: Bringen Sie ein, dass es gewisse Punkte gibt, die Ihrer Meinung nach zum Wohle beider Seiten verbessert werden könnten, und fügen Sie hinzu, dass es der Gegenseite möglicherweise ähnlich gehen könnte.

Schritt 3: Sagen Sie, dass Sie bereits nachgedacht haben, aber dass Sie die Gegenseite dazu brauchen, um gemeinsam einige Punkte noch einmal kreativ zu beleuchten. Und fügen Sie unbedingt hinzu, dass der Vertrag für Sie so, wie er ist, in Ordnung ist, dass Sie keinen neuen Vertrag möchten und dass Sie gemeinsam versuchen möchten, diesen zu optimieren. Damit nehmen Sie Ihrem Vertragspartner die Angst, Sie könnten nicht zu dem verhandelten Ergebnis stehen.

Reflektieren Sie das Gespräch

Um laufend dazuzulernen und zu überprüfen, ob Ihre Verhandlungsführung funktioniert und sich auch verbessert, nehmen Sie sich nach jeder Verhandlung Zeit, das Gespräch oder die Gespräche zu reflektieren. Idealerweise mit einer Vertrauensperson oder Ihrem engsten Mitverhandler, ansonsten zumindest allein. Überprüfen Sie Ihren ESP, sowohl die Punkte auf Ihrer eigenen Seite als auch die Punkte, die Sie für Ihr Gegenüber ausgefüllt haben. Dann fragen Sie sich:

- Was hat in der Verhandlung gut funktioniert und weshalb hat es gut funktioniert?
- Was hat schlecht funktioniert und weshalb?
- Was würden Sie mit dem Wissen, das Sie jetzt haben, in der Verhandlung anders machen?
- An welcher Stelle gab es Überraschungen und welche und weshalb gab es diese Überraschungen?
- An welcher Stelle würden Sie sich nächstes Mal anders verhalten?
- Was ist insgesamt das Learning aus dieser Verhandlung?

Abschlusstaktiken

Wenn – dann

Wenn wir uns einigen können, dann gewinnen Sie einen treuen Partner, wenn nicht, verlieren Sie die Chance auf gute Geschäfte.

Risiko: Der Verhandlungspartner fühlt sich erpresst.

Ultimatum

Sie müssen sich gleich (bis morgen) entscheiden, ob Sie uns diese Konditionen einräumen.

Wenn Sie mir sofort zusagen, sind wir im Geschäft.

Sie haben Zeit bis Freitag, wenn wir bis dahin kein Okay haben, ist der Deal geplatzt.

Risiko: Das Gegenüber fühlt sich erpresst, das Ultimatum schädigt die Partnerschaft.

Abbruch

Eigene Unterlagen demonstrativ schließen und signalisieren, dass Sie abbrechen werden:

So wird das nichts, danke für Ihren Besuch.

Risiko: Kann die Beziehung schädigen; Verhandlung kann tatsächlich scheitern.

Zusammenfassung

Sie fassen die gesamte Verhandlung kurz und positiv zusammen, betonen, wie gut sich alles entwickelt hat, und fordern den Abschluss ein:

Darum bin ich der Meinung, wir haben viel erreicht und sollten nun abschließen. Ist das okay für Sie?

Risiko: Keines.

Kollegial

Wir beide schaffen das, einverstanden?
Schön, dass wir uns einig sind. Schließen wir ab?

Mit dem Ausstrecken der Hand und einem Lächeln kombiniert ist dies eine kaum abzulehnende Einladung.

Risiko: Wird möglicherweise als zu leger empfunden und stößt auf Widerstand.

Zukunft vorwegnehmen

Wir sollten uns nun Gedanken über die konkrete Umsetzung machen.
Wer wird das Projekt dann leiten?
Wann starten wir?

Risiko: Keines.

Ihr 10-Punkte-Check für die Phase 5 – Abschließen	
1	Schließen Sie keine vorschnellen Kompromisse
2	Achtung auf eventuelle Sprengfallen als Dealbreaker
3	Lassen Sie sich nicht drängen
4	Achtung auf Verknappung und Ultimaten
5	Vorsicht vor Knabbern am Ende
6	Machen Sie keine Abschlüsse „um jeden Preis"
7	Wenn Sie unsicher sind: zurück in die Phase 2, Klären
8	Legen Sie die nächsten Schritte möglichst konkret fest
9	Verlangen Sie Commitment zum Ergebnis
10	Wenn sinnvoll, verhandeln Sie ruhig nach

Die größten Fehler in den fünf Phasen des VerhandlungsChronos	
Vorbereiten	Zu wenig Information über Thema und Verhandlungspartner
	Keine präzise formulierten Ziele
	Kein Exit-Punkt und Plan B
	Unterschätzen der eigenen Verhandlungsposition
	Wesentliches nicht von Unwesentlichem getrennt
	Keine Asse parat
Klären	Keine Agenda, daher unstrukturierte Verhandlung
	Verhandler spricht mehr, als er zuhört
	Zu wenige offene Fragen zur Informationsgewinnung
	Keine Unterscheidung von Interessen und Positionen
	Annahmen, Interpretationen und Vorurteile
	Kein aktives Zuhören und Checken
Vorschlagen	Erstvorschlag zu schwach
	Keine Verhandlungszone etabliert
	Distributive statt integrative Haltung
	Vorschläge sofort akzeptieren oder ablehnen
	Vorschläge nicht ausreichend argumentiert
	Zu schnelles Feilschen um Positionen
Optimieren	Zu rasch zu große Zugeständnisse
	Keine Asse im Spiel, Fokus nur auf Preis
	Kuchen wird geteilt statt vergrößert
	Zu wenig gefordert
	Hebelwirkung nicht beachtet
	Kein konsequentes Give & Take
Abschließen	Faulen Kompromiss geschlossen
	Ergebnis anknabbern lassen
	Sprengfallen übersehen
	Unter Druck setzen lassen
	Fehlendes Commitment zur Umsetzung
	Nächste Schritte nicht präzise definiert

Praktische Verhandlungstaktiken für Ihren persönlichen Vorteil

Taktiken richtig einsetzen und abwehren

Verhandlungstaktiken interessieren unsere Seminarteilnehmer zu Beginn unserer Seminare immer ganz besonders brennend, denn sie gehen davon aus, dass der Einsatz von Verhandlungstaktiken dabei hilft, Verhandlungen zu „gewinnen". Im Laufe des Seminars erkennen sie dann aber, wie sicher auch Sie schon längst erkannt haben, dass diese Annahme nicht korrekt ist, sondern dass Verhandlungstaktiken nur ein kleines Element in einer Verhandlung sind. Entscheidend für den Verhandlungserfolg ist vielmehr, den ganzen Verhandlungsprozess zu verstehen, mittels ESP gut vorbereitet zu sein, gute Fragen zu stellen, gut zuzuhören und, und, und.

Trotzdem sind natürlich Verhandlungstaktiken etwas, mit dem Sie selbst in Verhandlungen immer wieder konfrontiert werden. Ganz unangenehm ist es, wenn Sie gar nicht bemerken, dass gerade eine Verhandlungstaktik gegen Sie eingesetzt wird. Es gibt daher auch nur einen Weg, um zu verhindern, dass das passiert: zu verstehen, welche Arten von Taktiken es gibt und wie diese eingesetzt werden.

Aus diesem Grund werden wir uns nun eine Reihe von solchen Taktiken anschauen, zum einen, damit Sie gewarnt sind, wenn diese gegen Sie eingesetzt werden, aber auch, um sie selbst anzuwenden, wenn Sie der Meinung sind, es hilft Ihnen in der Verhandlung weiter. Manche der nun detailliert beschriebenen Verhandlungstaktiken habe ich bereits in vorhergehenden Kapiteln erwähnt. Diese finden Sie nun zusammen mit vielen neuen Taktiken, Praxisbeispielen und Formulierungshilfen auf den folgenden Seiten.

Der Schock

Eine der meistverwendeten Taktiken ist der Schock. Manchmal wird er auch unbewusst eingesetzt, Fakt ist jedoch, er ist extrem wirkungsvoll.

Stellen Sie sich vor, Sie verhandeln mit Ihrem Chef um eine Gehaltserhöhung. Nach einer ausführlichen Erklärung Ihrer Stärken machen Sie Ihren Vorschlag: 10 Prozent mehr pro Monat. Die Antwort Ihres Chefs: „WAS?!?!?!" Seine weit aufgerissenen Augen verstärken seinen höchst schockierten Gesichtsausdruck. Diese Reaktion Ihres Vorgesetzten wird reichen, um Sie völlig zu verunsichern und einzuschüchtern, und Sie werden denken: „Du meine Güte, das hätte ich besser nicht gesagt." Und ohne dass Ihr Chef ein weiteres Wort von sich gibt, werden Sie wahrscheinlich einlenken: „Okay, wie wäre es mit 5 Prozent?"

Sehen wir uns kurz an, welchen Aufwand Ihr Vorgesetzter betrieben hat, um Sie dazu zu bringen, Ihre Forderung zu halbieren. Er hat das Wort „was" gesagt und den Schockierten gespielt. Das genügt, um dem Gegenüber die Botschaft zu senden: „Was Sie von mir verlangen, ist völlig wahnsinnig, ich bin einfach nur schockiert und mir fehlen die Worte, auf diese Unverschämtheit näher einzugehen." Der Effekt ist gewaltig.

Sehen wir uns nun drei Möglichkeiten an, den Schock zu entkräften.

1. Die humorvolle Antwort

Sagen Sie:

Stimmt. Das ist eigentlich doch zu wenig. Vielleicht wären 15 Prozent besser. Was meinen Sie?

Diese humorvolle Antwort wird die Botschaft schicken: Ich stehe zu meiner Aussage, und wenn hier irgendetwas lächerlich ist, dann ist das Ihre Position und nicht meine.

2. Sie ignorieren den Schock, bleiben ganz ruhig sitzen, verziehen keine Miene und halten Blickkontakt.

Mit dieser Reaktion rechnen die wenigsten, die den Schock einsetzen. Ihr Gegenüber wird durch dieses Verhalten Ihrerseits nun selbst unter Druck geraten.

3. Der Retourschock

Geben Sie ebenfalls den Schockierten.

Was?! Sie glauben also nicht, dass ich das wert bin? Sehen Sie denn nicht, was ich für das Unternehmen leiste?

Das wird nun Ihren Vorgesetzten in Bedrängnis bringen, und er wird sich Ihres Schocks annehmen müssen.

Conclusio: Das Wichtigste beim Schock ist, ihn zu erkennen und zu identifizieren.

Übrigens ist der Schock eine der einfachsten Möglichkeiten für Konsumenten, beim Einkauf ein bisschen Geld zu sparen. So habe ich mithilfe eines recht moderaten Schocks beim Kauf eines Haushaltsgeräts vor einiger Zeit einen nicht unbeträchtlichen Rabatt bekommen. „Was?! Siebenhundert Euro für eine Waschmaschine?" hat völlig ausgereicht.

Der Gefühlsausbruch

Während der Verhandlung mit einem Mitglied eines Projektteams fängt dieses plötzlich an zu schreien: „Warum soll ich eigentlich dafür verantwortlich sein? Mir reicht es schön langsam, immer der Blöde zu sein, wenn etwas schiefgeht!"

Der Gefühlsausbruch trifft einen oft deshalb so hart, weil man nicht darauf vorbereitet ist und es im ersten Moment schwierig ist, darauf zu reagieren. Viele entgegnen jemandem mit einem Gefühlsausbruch mit den Worten „Wie reden Sie mit mir?" oder „Was glauben Sie eigentlich, wer Sie sind?" – was natürlich nur der Anlass zu weiterer Eskalation ist.

Drei Schritte helfen Ihnen im Umgang mit Gefühlsausbrüchen:

Schritt 1: Warten Sie, bis die Luft draußen ist. Unterbrechen Sie nicht, hören Sie zu, argumentieren Sie nicht, zeigen Sie einfach nur Interesse und hören Sie darauf, was Ihr Gegenüber zu sagen hat.

Schritt 2: Zeigen Sie Verständnis, ohne dem Ausbruch zuzustimmen. Sagen Sie:

Ich verstehe.

Oder:

Das ist schade.

Oder:

Mhm, ja, das ist wirklich unangenehm.

Das wird dem Ausbruch die Schärfe nehmen und bereitet den nächsten Schritt vor.

Schritt 3: Sobald die Emotionen auf einem erträglichen Level angelangt sind, fragen Sie:

Was können wir nun tun?

Oder:

Was möchten Sie gern erreichen?

Oder:

Wie geht es nun weiter?

Sie werden überrascht sein, wie konstruktiv sich das Gespräch nun fortsetzen lässt. Möglicherweise wird Ihr Gegenüber sich sogar entschuldigen und nun mit Ihnen gemeinsam an einer Lösung arbeiten.

Eine weitere Möglichkeit wäre, ebenfalls einen Gefühlsausbruch zu setzen, allerdings keinen aggressiven. Zeigen Sie, dass Sie enttäuscht sind oder dass Sie sich persönlich angegriffen fühlen. Das könnte Ihr Gegenüber zum Einlenken bewegen, weil ihm klar wird, es hat Sie nun persönlich attackiert – was vielleicht gar nicht in seinem Interesse lag.

Die Mitleidsmasche

Diese funktioniert besonders gut gegen jemanden, der ein Geschäft unbedingt unter Dach und Fach bringen möchte und bereits gezeigt hat, dass er zu Zugeständnissen bereit ist. Die Mitleidsmasche wird gern mit extremen Gegenforderungen kombiniert, die im Kontext der Mitleidsmasche aber glaubwürdig klingen.

Extras zu gelangen. Für Verkäufer allerdings kann es zur Kostenfalle werden, wenn sie mit Verhandlungspartnern konfrontiert sind, die ständig (an ihren Erträgen) knabbern.

Folgende Möglichkeiten helfen Ihnen gegen diese Taktik:

Möglichkeit 1: Fragt ein Käufer nach einem bereits abgeschlossenen Geschäft nach kostenlosen zusätzlichen Services oder Leistungen, zeigen Sie ihm Ihre Preisliste und sagen Sie:

Selbstverständlich, das mache ich gern, es kostet …

Möglichkeit 2: Sagen Sie Nein. Die Ablehnung können Sie mit einem Lob kommentieren, zum Beispiel:

Netter Versuch. Aber Sie wissen genau, wir haben die Vereinbarung bereits geschlossen.

Möglichkeit 3: Verschieben Sie die Entscheidung. Sagen Sie:

Ich würde das sehr gern, aber ich darf das nicht zusagen.

Oder:

Ich weiß, dass mein Chef das niemals genehmigen würde.

Möglichkeit 4: Wenn Sie wissen, dass Sie mit einem Knabber-Verhandler zu tun haben, nehmen Sie die Möglichkeit von vornherein in die Verhandlung auf und inkludieren Sie den zu erwartenden „Knabberfaktor" in das Gesamtpaket.

Verteuern

Eine extrem unangenehme Taktik: Sie vereinbaren mit Ihrem Verhandlungspartner einen Leistungsumfang oder einen Preis und werden später informiert, dass es wohl einen Fehler in der Vereinbarung gegeben hätte und der Preis höher wäre, als er in den Dokumenten steht. Weil Sie aber bereits in den Genuss einer Serviceleistung gekommen sind oder der Vertrag bereits läuft, müssten Sie nun bezahlen.

Besonders beliebt ist die Verteuerung in der Baubranche. Sie haben einen Vertrag mit einem Handwerker abgeschlossen und ein bestimmtes Datum für die Erledigung einer Arbeit vereinbart, der Handwerker erscheint aber nicht zum vereinbarten Datum. Oder er beginnt zwar mit der Arbeit, stellt sie aber nicht fertig. Der Gedanke dahinter ist, dass jemand, der bereits begonnen hat, eine Leistung in Anspruch zu nehmen, oder der bereits Teilleistungen empfangen hat, ohnehin nichts mehr an der Situation ändern kann und daher die Verteuerung, sei es nun in Form einer Preiserhöhung, einer Laufzeiterhöhung oder einer Terminverschiebung, akzeptieren wird.

Aus der Warte des Verkäufers sieht die Verteuerung beispielsweise so aus: Jemand möchte ein Produkt von Ihnen kaufen und Sie vereinbaren einen Preis, angenommen 3.000 Euro. Die Abholung samt Barzahlung wird für den nächsten Tag vereinbart. Am nächsten Tag kommt der Käufer mit 2.500 Euro und sagt: „Leider habe ich nicht mehr. Ist das okay für Sie?" Selbst wenn Sie nun sagen: „Wir haben aber 3.000 vereinbart", wird er dabei bleiben: „Ja, ich weiß, aber leider habe ich nur 2.500. Ich hoffe, wir können das Geschäft trotzdem machen." Was können Sie nun tun? Froh sein, dass der Artikel verkauft ist, oder ablehnen? Die Chance ist groß, dass Sie einwilligen und das Geschäft für 2.500 machen.

Hier ein paar Tipps, wie Sie gegen diese Taktik vorgehen können:

- Wenn Sie mit der Verteuerung, zum Beispiel durch Handwerker, konfrontiert sind, drohen Sie sofort mit einem Mängelabzug oder der Verweigerung jeglicher Zahlung. Da Ihr Verhandlungspartner ja bereits in Vorleistung getreten ist, sind bei ihm ebenfalls schon Kosten angelaufen; und bevor er auf diesen sitzenbleibt, wird er möglicherweise einlenken und wieder auf Sie zukommen.
- Im zweiten Fall: Bestehen Sie auf der Einhaltung der getroffenen Vereinbarung und bieten Sie eine Option, zum Beispiel, den fehlenden Betrag später zu zahlen.
- Reduzieren Sie die Leistung, nehmen Sie Zusatzausstattung weg oder Ähnliches.

- Lehnen Sie einfach ab. Möglicherweise entdeckt der Käufer in unserem Beispielfall ja plötzlich weitere 500 Euro in seiner Brieftasche.

Vollendete Tatsachen

Stellen Sie sich vor, Sie möchten Ihr Badezimmer neu verfliesen und vereinbaren mit einem Fliesenleger, dass er die Arbeit übernimmt. Sein Preis beträgt 25 Euro in der Stunde und er schätzt, dass er in 15 Stunden fertig ist. Was nun kommt, können Sie sich (ich hoffe, nicht aus eigener leidvoller Erfahrung) denken. Nach 16 oder 17 Stunden stellen Sie fest, dass erst die Hälfte oder zwei Drittel des Badezimmers fertig sind. Der Handwerker sagt er Ihnen, dass sich das nicht ausgehen konnte, weil die Ecken schief waren und es mehr Arbeit war, als er gedacht hatte. Was können Sie nun tun? Natürlich möchten Sie ihm nicht noch weiteres Honorar zahlen, aber andererseits ist bereits der Großteil der Arbeit gemacht, und wenn er nicht weitermacht, sondern Sie aus Stolz sagen: „Nein, die 15 Stunden sind aufgebraucht, sorry", dann sind ganz sicher Sie der Dumme und nicht er. Was können Sie dagegen tun?

- Wenn es um Leistungen geht, die sich über einen längeren Zeitraum erstrecken, integrieren Sie grundsätzlich immer Pönalen, für den Fall, dass Verzögerungen eintreten oder Leistungen nicht ordnungsgemäß erfüllt wurden.
- Erwidern Sie ebenfalls mit einem Fait accompli. Lassen Sie ihn die Arbeit fertig machen und bezahlen Sie dann den ursprünglich vereinbarten Betrag bar oder, noch besser, als Überweisung, mit dem Zusatz in der Überweisungszeile: „Betrag wie vereinbart". Jetzt haben Sie das Spiel umgedreht, und er muss um die Erfüllung der Vereinbarung kämpfen.
- Treffen Sie solche Vereinbarungen schriftlich und pochen Sie darauf. Denn was Sie gekauft haben, waren nicht 15 Stunden, sondern ein fertig gefliestes Badezimmer.

Der Strohhalm

Ein Verhandlungspartner fragt Sie um etwas, was er ohnehin nicht braucht und von dem er weiß, dass Sie es auch nicht haben. Und weil Sie es nicht haben, wird er großzügigerweise bereit sein, das zu nehmen, was Sie haben – allerdings natürlich nur zu einem reduzierten Preis.

Andersherum: Sie gehen in ein Geschäft und sehen vier Fahrräder. Sie wissen, dass dieses Geschäft kein Lager hat, sondern nur die Fahrräder anbietet, die im Schauraum stehen. Zwei der Fahrräder sind rot, zwei sind blau. Sie hätten gern ein silberfarbenes Fahrrad. Wie zu erwarten, sagt der Verkäufer, dass er kein silberfarbenes hat. Daraufhin erklären Sie sich bereit, ein blaues zu nehmen, aber nur, wenn es billiger wäre. Die Chance, das blaue Fahrrad tatsächlich billiger zu bekommen, ist besonders hoch. Und da es Ihnen ohnehin egal war, welche Farbe Ihr Fahrrad hat, haben Sie ein gutes Geschäft gemacht.

Wie können Sie sich gegen die Strohhalm-Taktik schützen?

Indem Sie so früh wie möglich herausfinden, was das Interesse des anderen ist. Ist es ein Fahrrad oder ist es wirklich ein silberfarbenes Fahrrad? Wenn Sie das wissen, werden Sie in der Lage sein, zwischen einem echten Interesse und einem Strohhalm zu unterscheiden.

Sind Sie der Meinung, einen Strohhalm entdeckt zu haben, dann lehnen Sie dies ab. Der Verkäufer im Fahrradgeschäft könnte zum Beispiel sagen:

Das blaue Fahrrad ist genauso gut wie das silberfarbene, daher kann ich leider keinen Preisnachlass geben.

Das Ultimatum

„Das ist mein letztes Angebot", „Das ist mein letzter Preis", „Keine Verhandlungen mehr, ich werde nicht weiter nachgeben": Wie oft haben Sie das schon gehört?

Diese Taktik heißt Ultimatum. Und sie wird so oft missbraucht wie kaum eine andere.

Wenn zu mir jemand sagt: „Das ist mein letztes Angebot" oder „Darüber wird nicht mehr verhandelt", dann betrachte ich das als eine freundliche Einladung, die Verhandlung zu beginnen. In 90 Prozent der Fälle ist das nämlich nichts anderes als ein Bluff.

Wann sollen Sie selbst ein Ultimatum einsetzen?

- Wenn Sie tatsächlich bereit sind, Ihre Position nicht mehr zu verändern, und dies auch jedem zeigen möchten.
- Wenn Sie Ihrem Verhandlungspartner zeigen möchten, dass er Sie bereits an Ihr Limit gebracht hat.

Werden Sie mit einem Ultimatum konfrontiert werden, gehen Sie auf das Ultimatum gar nicht ein, sondern verhandeln Sie weiter die Punkte, die Ihnen wichtig sind. Tatsächlich ist diese Taktik oft ein Bluff.

Good Guy, Bad Guy

Dieses Spielchen – auch bekannt als Good Cop, Bad Cop – kennen Sie sicher aus Filmen. Vielleicht haben Sie es sogar schon selbst erlebt oder es auch aktiv ausprobiert. Verhandlungsexperten raten zwar gern davon ab, es einzusetzen, weil es allgemein bekannt und abgedroschen ist, doch interessanterweise funktioniert es nach wie vor sehr gut. Warum? Hier schlagen wieder ein paar psychologische Faktoren zu: Der Good Guy beginnt die Verhandlung. Er ist nett und freundlich, stellt eine gute Beziehung mit Ihnen her und betont, wie wichtig die gemeinsamen Interessen in der Verhandlung sind. Er ist also sympathisch, Sie mögen ihn und beginnen sich wohlzufühlen. Sobald es jetzt darum geht, die Verhandlung tatsächlich zu eröffnen, übernimmt der Bad Guy und bringt beispielsweise einen aggressiven Erstvorschlag an. Das kommt jetzt natürlich unerwartet, weil die Atmosphäre ja so gut war, und daher verwirrt es Sie. Sofort bekommen Sie Angst, den Deal zu verlieren. Diese Angst setzt den nächsten Mechanismus in Gang: Sofort denken Sie über Zugeständnisse und Kompromisse nach, die Sie jetzt machen müssen, um die Verhandlung am Laufen zu halten. Der Bad Guy will also nichts anderes als Ihre Erwartungen rasch zu reduzieren, extreme Referenzpunkte ins Spiel zu bringen und Sie an die äußeren Grenzen Ihrer Verhandlungszone zu manövrieren.

Jetzt kommt wieder der Good Guy ins Spiel. Er besteht darauf, dass der Bad Guy ein Zugeständnis macht und nicht zu hart vorangeht. Das macht den Good Guy noch sympathischer für Sie, Sie sehen ihn sogar als Ihren Verbündeten. Nach dem Gesetz der Reziprozität tendieren Sie jetzt dazu, Ihre Erwartungen ein bisschen herunterzuschrauben, denn der andere macht es ja auf Anraten des Good Guy ebenfalls.

Der Good Guy nützt also den Unterschied zwischen Ihnen und dem Bad Guy geschickt aus. Gefährlich ist dabei vor allem eines: Der Good Guy wird, selbst wenn er stark kompetitiv ist, im Gegensatz zum Bad Guy, der als echter Brutalverhandler auftritt, immer noch sehr vernünftig erscheinen, obwohl er isoliert betrachtet gar nicht so kooperativ ist, wie er sich gibt. So jedenfalls schaffen die beiden alle nötigen Voraussetzungen, um Ihnen ein Zugeständnis nach dem anderen abzuringen.

In der Rolle des Bad Guy finden Sie oft Berater, firmenexterne Verhandler, Rechtsanwälte oder Experten aller Art. Dadurch, glauben die Verhandlungsführer, die mit Ihnen verhandeln, dass die Beziehung zu Ihnen aufrecht bleibt und sie die Schuld auf den Dritten schieben können.

Was können Sie dagegen tun?

Sprechen Sie das Spiel sofort an und verlangen Sie Klarstellung:

Es scheint, ich treffe hier auf ein Good-Guy-Bad-Guy-Spiel. Das ist schade, weil ich dachte, wir würden eine kooperativere Vorgangsweise einschlagen. Bevor wir also weitermachen, wüsste ich gern, mit wem ich weiterverhandeln soll und wer von Ihnen die Entscheidungen trifft.

Sie können sich darauf verlassen, dass eine Aussage dieser Art zu einem Einlenken führen wird. Möglicherweise sind die beiden sogar peinlich berührt und beteuern sofort ihre Bereitschaft zur Kooperation. Bestehen Sie darauf, mit der Person zu verhandeln, die die Entscheidungskompetenz hat. Und wenn es gar nicht anders geht, schicken Sie den anderen hinaus.

Die Überraschung

Sie sind auf der Suche nach einem gebrauchten Zweit-PC für Ihren Sohn, der gerade beginnt, sich mit Computern vertraut zu machen. Sie studieren diverse Anzeigenblättchen und entsprechende Websites rauf und runter, und nach einiger Zeit finden Sie tatsächlich ein Inserat mit einem passenden Gerät. Der Verkäufer möchte gern 200 Euro haben und Sie vereinbaren telefonisch einen Termin, nachdem Sie 100 Euro geboten haben. Der Verkäufer sagt zu, und einen Tag später fahren Sie die 30 Kilometer zum Haus des Anbieters. Dieser konfrontiert Sie damit, dass er gerade ein anderes telefonisches Angebot über 180 Euro bekommen hat. – Genau das ist die Überraschung.

Der Zweck der Überraschungstaktik ist, Sie von Ihrer Verhandlungsstrategie abzubringen. Und zwar dann, wenn Sie bereits in die Verhandlung investiert haben, entweder in Form von Zeit, Geld oder Mühe. Nachdem Sie also den Weg bereits auf sich genommen haben: Werden Sie wirklich wegen ein paar Euro Unterschied unverrichteter Dinge zurückfahren? Der Verkäufer wird das bezweifeln und die Überraschungstaktik anwenden. (Ob er das Angebot tatsächlich hat oder nicht, werden Sie ohnehin nie erfahren.)

Was können Sie in so einem Fall tun?

- zurückfahren und weitersuchen
- eine kurze Bedenkpause erbitten
- für 180 Euro kaufen

Ganz wichtig: Treffen Sie keine vorschnelle Entscheidung und geben Sie nicht sofort auf. Versuchen Sie den Verkäufer mit einem Gegenvorschlag zum Nachgeben zu bewegen. Bedenken Sie, auch er hat bereits Zeit investiert, er empfängt Sie, spricht mit Ihnen, zeigt Ihnen das Gerät. Sie können ihm also weiteren Aufwand ersparen, indem Sie den PC nun einpacken und mitnehmen. Bringen Sie einen Gegenvorschlag an, beachten Sie dabei aber Ihre Grenzen, die Sie sich von Anfang an gesteckt haben.

Die Verknappung

Ihr Verhandlungspartner sagt zu Ihnen: „Wenn Sie nicht bis Ende dieser Woche bestellen, kann ich Ihnen nicht garantieren, ob wir dieses Jahr überhaupt noch liefern können, denn unsere Auftragsbücher sind voll." Oder ein Verkäufer sagt zu Ihnen: „Sie wissen, dass das Angebot nur heute bis Ladenschluss gilt, ab morgen gilt wieder der alte Preis."

Die Verknappung soll Ihnen signalisieren, dass Sie kaum eine andere Chancen haben, das Geschäft zu machen, als sofort zuzusagen. Diese Taktik zielt also darauf ab, Sie zu schnellen Entscheidungen zu verführen. Fallen Sie nicht darauf herein. Versuchen Sie, mehr Information zu erhalten. Bringen Sie andere Möglichkeiten ins Spiel, um Zeit zu gewinnen. Stellen Sie „Was wäre, wenn …"-Fragen oder fragen Sie Ihren Verhandlungspartner, wie er Ihnen dabei helfen könnte, auch Ihre Wünsche zu erfüllen.

Übrigens: Wenn Sie mit der Verknappung konfrontiert werden, ist dies eine gute Gelegenheit, Ihren Verhandlungspartner auf Ihren Plan B aufmerksam zu machen. Damit wäre auch er mit einem potenziellen Verlust konfrontiert und wird daher wieder eher bereit sein, mit Ihnen weiterzuverhandeln.

Der Verhandlungsabbruch

Eines der stärksten Signale, das ein Verhandler senden kann: mit dem Abbruch der Verhandlung zu drohen oder diese tatsächlich abzubrechen und zum Beispiel aufzustehen und den Raum zu verlassen. Damit sagt er ganz klar: Bis hierher und nicht weiter.

Wenn die andere Seite daran interessiert ist, die Verhandlung rasch zu einem Ende zu bringen, sind die Chancen groß, dass sie alles unternehmen wird, um den Verhandlungspartner zurück in den Verhandlungsraum zu holen und die Verhandlung abzuschließen.

Machen Sie selbst den Abbruch, bleiben Sie dabei freundlich und rational und stürmen Sie nicht wutentbrannt aus dem Raum. Das hinterlässt nicht nur einen unprofessionellen Eindruck, sondern es verringert auch die Bereitschaft Ihres Verhandlungspartners, die Verhandlung wieder aufzunehmen.

Um dem Abbruch etwas vom Absoluten zu nehmen und sich eine Hintertür offen zu lassen, können Sie den Abbruch mit einem Ultimatum kombinieren:

Okay, ich werde heute nicht weiterverhandeln und nun die Verhandlung abbrechen. Wenn Sie trotzdem interessiert sind, mit uns ins Geschäft zu kommen, dann kontaktieren Sie mich bitte bis morgen mittag.

Als Konsument können Sie diese Taktik gut testen, wenn Sie kleinere Artikel kaufen, zum Beispiel Elektronikartikel, Kosmetika oder Ähnliches. Bekommen Sie den Artikel nicht zu Ihrem Wunschpreis, verhandeln Sie nicht weiter, sondern gehen Sie ganz einfach, um in ein paar Tagen zurückzukommen und noch einmal zu fragen. Die Chance ist sehr groß, dass der Verkäufer Ihnen zumindest entgegenkommt, wenn er schon Ihre Forderungen nicht zu 100 Prozent erfüllen kann oder darf.

Manchmal nehmen auch die Verkäufer den Abbruch der Verhandlung vor, nämlich dann, wenn ein potenzieller Käufer nicht bereit ist, den Preis zu bezahlen. Er wendet sich dann ganz einfach anderen Kunden oder anderen Tätigkeiten zu und lässt den Kunden stehen. Der Hintergedanke dabei: Wenn er den Artikel wirklich möchte, wird er ohnehin wiederkommen.

Erwartungen senken

Nehmen wir an, Sie möchten eine Eigentumswohnung kaufen. Der Verkäufer verlangt 250.000 Euro, was 30.000 über Ihrem Budget von 220.000 liegt. Sie gehen davon aus, dass Sie bei einem Kaufpreis von 250.000 mit ein bisschen Verhandlungsgeschick durchaus Ihre 220.000 realisieren können, und machen ein Angebot. Der Immobilienmakler informiert Sie während des Gesprächs darüber, dass erstens die Preise in dieser Straße in den letzten beiden Jahren um 25 Prozent gestiegen sind, zweitens dieser Stadtteil laut einer neuen Studie der Stadtverwaltung als die sicherste Gegend der Stadt gilt, und drittens die Verkäufer noch zwei weitere Wohnungen haben und noch unschlüssig sind, ob und welche sie überhaupt zu diesem Zeitpunkt verkaufen möchten, da die Immobilienpreise sich derzeit so gut entwickeln.

Ziemlich sicher hat der Makler mit diesen drei Punkten Ihre Hoffnung auf einen Kaufpreis von 220.000 vernichtet. Warum? Weil er es hervorragend verstanden hat, Ihre Erwartungen zu verringern.

Diese sehr klassische Verhandlungstaktik ist besonders wirkungsvoll. Bereits bevor es an die Preisverhandlung geht, wird die Erwartung des Gegenübers entweder gesenkt oder nach oben geschraubt, natürlich mit passenden Argumenten und Informationen unterfüttert.

Was bedeutet das für Sie? Aufgeben? Nein, natürlich nicht. Als Verhandlungs-Profi werden Sie diese Taktik umgehend selbst anwenden. Lassen Sie den Makler wissen, dass Sie in dieser Woche noch drei weitere Wohnungen besichtigen werden, dass eine vergleichbare Wohnung in dieser Straße vor zwei Monaten um 210.000 verkauft wurde und dass Ihr Budget bei 220.000 limitiert ist, es also ohnehin keinen Sinn hat, zu verhandeln. Damit haben Sie das Spiel umgedreht und die Erwartung des Maklers herabgesetzt.

Keine Entscheidungskompetenz

Diese Taktik verdient wahrscheinlich den Preis als meistangewendete Ausrede in Verhandlungen überhaupt. Sie steckt immer dann dahinter, wenn Sie jemanden etwa Folgendes sagen hören: „Tut mir leid, das kann ich nicht entscheiden, da muss ich meinen Chef fragen" oder „Sorry, die Geschäftsleitung erlaubt das nicht".

Auf solche Fälle reagiere ich mit einer fix einprogrammierten Antwort:

Okay, mit wem muss ich dann sprechen?

Oftmals wird der Verhandlungspartner bereit sein, Ihnen einen Namen zu nennen. Sprechen Sie mit dieser Person, denn in den meisten Fällen zahlt sich das auch tatsächlich aus.

Wechsel des Verhandlungsführers

Sie kennen das vielleicht: Sie verhandeln immer wieder mit einem Ihnen bereits gut bekannten Verhandlungspartner eines Unternehmens, und plötzlich wechselt dieser. Es wird ein bisschen dauern, sich auf den neuen Verhandlungsführer einzustellen und die neue Voraussetzung für eine Kooperation zu schaffen. In vielen Branchen oder Geschäftszweigen, wo alles rasch gehen muss, ist dies natürlich besonders schwierig. Wenn Sie damit konfrontiert werden, gehen Sie es klassisch an, versuchen Sie Interessen herauszufinden, vergessen Sie, mit wem Sie es vorher zu tun hatten, denn es wird Ihnen ohnehin keine Hilfe mehr sein.

In einer Verhandlung, die sich über mehrere Termine erstreckt, kann es eine gute Idee sein, den Verhandlungsführer auszuwechseln. Nicht nur, weil eine andere Person möglicherweise einen neuen Blick auf die Dinge mitbringt, sondern auch, weil dies den Verhandlungsführer des Gegenübers möglicherweise verwirren kann. Denn alles, worauf dieser sich nun eingestellt hat, gilt nicht mehr.

Es kann übrigens auch eine sinnvolle Vorsichtsmaßnahme für größere Einkaufsabteilungen sein, dass immer ein anderer Einkäufer mit dem Lieferanten verhandelt. Damit wird vermieden, dass sich eine zu partnerschaftliche Verbindung einstellt und diese zu Zugeständnissen oder veränderten Preisen führt.

Bietergefecht

Eine besonders unangenehme Situation für Verhandler stellt sich dann ein, wenn sie zu einem Bietergefecht eingeladen werden. Das bedeutet, dass zum Beispiel drei Lieferanten sich um einen Auftrag bewerben und sich alle drei an einem Tag einem Hearing stellen müssen. Jeder weiß, dass es zwei andere gibt, die ebenfalls an diesem Tag da sind. Dieses Wissen führt zu hohem Druck auf jeden Lieferanten. Wie können Sie mit so einer Situation umgehen?

Die natürliche Reaktion darauf ist, als Anbieter mit seinem absoluten Festpreis zu diesem Hearing zu kommen. Denken Sie immer daran: Auch in einem Bietergefecht kauft der Kunde nicht den Preis, sondern er kauft eine Lösung für sein Problem. Wenn Sie also in der Lage sind, während des Hearings zu beweisen, dass Sie derjenige sind, der das Problem besser lösen kann (weil Sie die Interessen Ihres Verhandlungspartners genau untersucht haben), werden Ihre Chancen natürlich wesentlich größer sein, als wenn Sie rein um den Preis kämpfen. Für solche Situationen gebe ich Ihnen drei Ratschläge mit:

- Wenn Sie nun Ihren Preis extrem senken, wird Ihr Kunde oder Ihr Verhandlungspartner wissen, dass Sie entweder bisher zu teuer verkauft haben oder Ihre Leistung den Preis ohnehin nicht wert ist.
- Auch wenn es so scheint oder wenn Ihr Verhandlungspartner Ihnen das signalisieren möchte: Der Preis ist in den seltensten Fällen Kriterium Nummer eins. Es ist die Lösung und der Nutzen, den der Kunde aus Ihrer Leistung bezieht.
- Sobald Sie wissen, dass es zu einem Bietergefecht kommt, beginnen Sie, Ihre Argumente vorzubereiten und die Interessen Ihres Verhandlungspartners herauszufinden. Auch hier führt der Weg über die Phasen 1 und 2 des VerhandlungsChronos, nämlich Vorbereiten und Klären mit intelligenten Fragen und ausreichendem Zuhören.

Humor

„Was? Das soll eine Verhandlungstaktik sein?", werden Sie jetzt vielleicht fragen. Ja, und zwar eine ziemlich gute. Denn wenn Sie es schaffen, Ihre Verhandlungspartner während der Verhandlung zum Lachen zu bringen oder zumindest zum Lächeln, dann haben Sie einen großen Vorteil. Humor in einer Verhandlung führt zu vier Dingen:

- Er kann Spannungen lösen und eine positive Atmosphäre schaffen.
- Er erleichtert es Ihnen, harte Positionen zu vertreten, ohne dabei aggressiv zu wirken.

- Wenn Sie Information verweigern möchten, können Sie das mit Spaß machen.
- Der Grad an Kooperation steigt signifikant an.

Taktiken am Telefon

Verhandlungen am Telefon unterschieden sich wesentlich von persönlichen Verhandlungen am Verhandlungstisch. Da sehr viel vom persönlichen Kontakt abhängt und auch die nonverbale Kommunikation eine sehr große Rolle spielt, ist die Verhandlung am Telefon insofern schwieriger, als es nicht so einfach ist, eine positive Beziehung zum Verhandlungspartner herzustellen. Auf der anderen Seite kann aber gerade das auch als Vorteil genutzt werden, um zum Beispiel extreme Forderungen anzubringen, die Sie mit Blickkontakt vielleicht gar nicht zu stellen trauen.

„Zwei Drittel, ein Drittel" gilt auch hier

Information ist auch bei dieser Form der Verhandlung das Wichtigste. Und umso weniger Sie sagen, umso weniger Fehler machen Sie und umso besser hören Sie heraus, was der andere tatsächlich braucht. Reden Sie also nicht mehr als ein Drittel der Zeit, verwenden Sie Ihre Zeit vor allem darauf, zuzuhören.

Geduld

Gerade Menschen, die am Mobiltelefon verhandeln, vermitteln interessanterweise ständig den Eindruck, in Eile zu sein. Das bedeutet für Verhandler, dass sie in großer Gefahr sind, zu schnell zu viele Zugeständnisse zu machen, nur um die Verhandlung schnell zu einem Ende zu bringen. Daher Vorsicht! Nur weil Sie telefonieren, bedeutet das nicht, dass Sie schneller sein müssen oder dass Sie weniger gut nachdenken sollten über das, was Sie tun. Im Zweifelsfall nehmen Sie sich Bedenkzeit und vereinbaren Sie einen Rückruf für den nächsten Tag.

Schreiben Sie ein kurzes Protokoll

Was am Telefon vereinbart wurde, ist oft Anlass für Konflikte oder Streitgespräche. Nicht nur, weil der eine sich vielleicht nicht mehr genau erinnern kann, was er mit dem anderen vereinbart hat – was kein Wunder ist, wenn man sieht, dass manche Menschen den ganzen Tag am Telefon verbringen –, sondern weil es auch ganz einfach zu akustischen Missverständnissen kommen kann. Daher: Fassen Sie nach wichtigen Telefongesprächen die wichtigsten Punkte schriftlich zusammen und schicken Sie diese an Ihren Gesprächspartner.

Wenn Sie jetzt meinen, Sie seien doch nicht der Sekretär oder der Sachbearbeiter, dann springen Sie über diesen Stolz hinweg, denn das Schreiben des Protokolls gibt Ihnen auch eine Chance: Es ermöglicht Ihnen, *Ihre* Version des Vereinbarten niederzuschreiben.

Holen Sie Bestätigung über den Erhalt ein, gegebenenfalls sogar in schriftlicher Form. So stellen Sie sicher, dass später niemand die Vereinbarung, die Sie getroffen haben, infrage stellen kann.

Keine spontanen Verhandlungen

Planen Sie für Verhandlungen am Telefon genauso Zeit ein, wie Sie es für Face-to-Face-Verhandlungen machen. Das heißt, vereinbaren Sie einen fixen Zeitpunkt und sprechen Sie dann in aller Ruhe miteinander. So können Sie sicherstellen, dass Sie sämtliche Unterlagen und Informationen zur Hand haben, die Sie brauchen. Außerdem bewahrt es Sie davor, unter Zeitdruck zu geraten. Bauen Sie genug Pufferzeit ein und achten Sie darauf, dass Sie eine Verhandlung am Telefon nicht beginnen, wenn Sie unter Zeitdruck oder gerade in einem Meeting sind oder wichtige Informationen nicht zur Hand haben. Falls dies der Fall ist, verschieben Sie das Telefonat. Sagen Sie Ihrem Verhandlungspartner:

Sorry, ich kann jetzt nicht, darf ich Sie morgen um 14 Uhr zurückrufen?

Online-Verhandlungen

Mit E-Bay, Geizhals und unzähligen anderen Verkaufsportalen im Internet verlagern sich Preisverhandlungen teilweise ins Netz und beschränken sich auf E-Mail-Verkehr. Die Verhandlung wird hier noch mehr des menschlichen Faktors beraubt als bei Telefonverhandlungen, denn in den meisten Fällen ist es so, dass man mit seinem Verhandlungspartner nicht einmal spricht, sondern ausschließlich per Mail mit ihm verhandelt. Das bringt neben den Nachteilen der fehlenden direkten Kommunikation auch einige Vorteile mit sich.

Aggressive Vorschläge sind einfacher zu machen

Niemand muss das Gefühl haben, jemanden zu beleidigen, den er ohnehin nicht kennt

Sie haben Bedenkzeit

Da Ihr Verhandlungspartner nie weiß, wann Sie seine Mail abgerufen haben, kennt er auch den Zeitpunkt nicht, zu dem Sie antworten werden. Es kann ja sein, dass Sie zwei Tage keinen Zugriff auf Ihre Mails hatten. Für Sie bedeutet das mehr Zeit zum Nachdenken, Recherchieren und zur Informationsbeschaffung.

Sofortiges Checken von Vergleichsangeboten

Über Preisvergleichsportale und Ähnliches ist es sehr einfach, einen Eindruck von Marktpreisen zu bekommen. Wenn Sie diese ins Spiel bringen und vielleicht sogar die Quelle anführen, haben Sie nicht nur einen Beweis, sondern auch ein starkes Argument, welches Ihre Forderungen unterstützen kann.

Fairness gilt auch im Netz

Beachten Sie eines aber auf jeden Fall: Auch hier gilt der Faktor Fairness und die Rücksicht auf Ihre Verhandlungspartner. Es zahlt sich immer aus, auch dem Unbekannten bei einem Geschäft ein gutes Gefühl zu vermitteln.

Und gerade wenn Sie in gewissen Bereichen aktiver sind, weil Sie zum Beispiel gewisse Gegenstände sammeln oder in einem Internetforum tätig sind, wo auch gekauft und verkauft wird, kann es nicht schaden, sich einen guten Ruf als fairer Verhandler aufzubauen und aufrechtzuerhalten.

Der richtige Umgang mit Lügen und Täuschungen in Verhandlungen

Was glauben Sie: Gibt es Menschen, die in Verhandlungen lügen und die ihre Verhandlungspartner täuschen, um sich Vorteile zu verschaffen? – Selbstverständlich gibt es das. Interessant ist die Wahrnehmung der Menschen, wenn es um das Thema Lügen geht. Fragen wir Seminarteilnehmer, ob sie selbst schon einmal in Verhandlungen gelogen haben, beantworten ungefähr zwei Drittel diese Frage mit Ja. Fragen wir im Anschluss daran, ob sie in Verhandlungen schon einmal belogen wurden, vermuten ausnahmslos alle, dass dies bereits einmal geschehen sei. Interessant, nicht wahr? Darüber hinaus sagen viele, dass es ganz einfach auch dazugehöre, in Verhandlungen den Verhandlungspartner zu täuschen und mit Unwahrheiten auf falsche Fährten zu führen.

Das bedeutet also, ob es Ihnen recht ist oder nicht, Sie sind beim Thema Verhandlung auch mit dem Thema Lügen konfrontiert. Und nicht ohne Grund ist einer der Engarde-Verhandlungsexperten Offizier der Kriminalpolizei und stellt sein Expertenwissen aus unzähligen Verhören zu diesem Thema in Seminaren zur Verfügung.

Wir sind grundsätzlich täglich mit dem Thema Lügen konfrontiert und zweifellos sind manche „Lügen" ja auch durchaus angenehm. Wer freut sich nicht, trotz gestresstem Gesichtsausdruck und Müdigkeit vom Gegenüber mit „Du siehst heute wieder großartig aus!" begrüßt zu werden. Und wenn unser Verhandlungspartner beispielsweise sagt: „Puhh, Sie waren aber wirklich ein harter Brocken, ich hatte absolut keinen Spielraum mehr. Doch ich bin froh, dass wir eine Einigung geschafft haben", dann hilft diese kleine Lüge uns, das Gesicht zu wahren. Und so manche kleine Lüge hilft uns natürlich auch, Konflikten aus dem Weg zu gehen, wie zum Beispiel: „Das haben Sie wirklich gut gemacht, Kompliment."

So harmlos diese Lügen und kleinen Unwahrheiten des täglichen Lebens sind, so gefährlich können Lügen und Täuschungsmanöver natürlich in Verhandlungen sein, vor allem, wenn sie nur den einen Zweck haben, ein besseres Geschäft zu machen und mehr Geld zu bekommen. Niemand von uns ist davor gefeit, dass er belogen oder getäuscht wird. Trotzdem können Sie durch einige Verteidigungsstrategien die Hemmschwelle für Ihre Verhandlungspartner erhöhen.

Zeigen Sie, dass Sie gut gerüstet sind

Das Thema Vorbereitung und Information sammeln zieht sich wie ein roter Faden durch dieses Buch. Doch hier geht es um mehr. Es geht nicht nur darum, dass Sie vorbereitet sind, sondern vor allem darum, dass Sie sich vorbereitet *geben*. Ihre Verhandlungspartner trauen sich dann weniger, Sie zu belügen, weil sie das Gefühl haben, dass Sie über alles Bescheid wissen und die Lüge ohnehin entdecken würden. Das schaffen Sie durch folgendes Verhalten:

Bereiten Sie sich auf alle Details und Kleinigkeiten der Verhandlung vor

Unterfüttern Sie diese mit Unterlagen, Tabellen, Statistiken und Zahlen, die Sie stets griffbereit haben. Haben Sie alle Fakten wohlgeordnet und auf den Punkt zur Hand. Führen Sie Aufzeichnungen, sodass Sie immer genau wissen, was in Vorgesprächen bereits gesagt oder vereinbart wurde. Checken Sie alle Termine doppelt und seien Sie bei persönlichen Gesprächen immer pünktlich und ausgeruht. Stellen Sie sicher, dass Sie über fachspezifische Dinge mitreden können, insbesondere bei Themen, in denen Ihr Verhandlungspartner zu Hause ist, sei es IT, Recht, Ökologie, Gesundheitswesen oder anderes. Bereiten Sie Namen und vergleichbare Fälle sowie Analogien und Storys, die zum Verhandlungsthema passen, vor. Durch das Fallenlassen von Namen, auch bekannt als „Namedropping", und das Zitieren von Begebenheiten und Geschichten vermitteln Sie einen Insidereindruck, welcher es Ihrem Verhandlungspartner erschweren wird, Sie zu belügen, denn er muss damit rechnen, dass Sie wirklich alles wissen. Das alles wird Sie zwar nicht hundertprozentig vor Lügen bewahren, aber es wird die Hemmschwelle für Ihr Gegenüber, Sie zu belügen, deutlich erhöhen.

Stellen Sie immer wieder viele und sehr präzise Fragen zu den angesprochenen Punkten

Das wird den Eindruck vermitteln, dass Sie sehr pedantisch darauf bedacht sind, Informationen zu holen und festzuhalten. Was Ihren Verhandlungspartner wiederum davon abhalten wird, Sie mit falschen Informationen zu füttern. Wenn Sie das Gefühl habe, dass manche Fragen nicht beantwortet werden, zirkeln Sie das Thema ein, indem Sie verwandte Fragen zu diesem Thema stellen. So können Sie sich ein Bild über die Fakten verschaffen.

Vermitteln Sie den Eindruck, dass Sie Informationen leicht und rasch besorgen können

Wenn Ihnen Ihr Verhandlungspartner etwas von Marktpreisen, Standards und üblichen Preisreduktionen in seiner Branche erzählt, lassen Sie nebenbei den Satz fallen, dass Sie dieses Thema ohnehin mit zwei anderen Kunden in den nächsten Tagen auch noch besprechen werden. Gehen Sie beispielsweise folgendermaßen vor: Statt „Bevor ich diesen Auftrag vergebe, möchte ich gern von Ihnen wissen, ob das wirklich Ihr bester Preis ist, den Sie mir machen können" sagen Sie:

Bevor ich diesen Auftrag vergebe, muss ich natürlich wissen, ob ich hier den richtigen langfristigen Geschäftspartner an meiner Seite habe. Sie wissen sicherlich, dass auch Ihre Mitbewerber das benötigte Material rasch und zuverlässig in guter Qualität liefern können. Aus diesem Grund werde ich in den nächsten Tagen deren Möglichkeiten sondieren und diskutieren. Es ist durchaus möglich, dass diese nicht mit Ihrem Angebot mithalten können, und aus diesem Grund möchte ich nun von Ihnen definitiv wissen, ist das Ihr bester Preis oder können Sie noch mehr für uns tun? Denn wenn nicht, dann gehe ich davon aus, dass, wenn einer Ihrer Mitbewerber Ihren Preis unterbietet, ich dann direkt mit diesem das Geschäft machen kann."

Lügen Sie selbst nicht

Ich weiß, das klingt jetzt ein bisschen moralisierend, und Sie werden vielleicht sagen: „Naja, gut, dann sitze ich am Verhandlungstisch, der andere lügt mich an, ich bin ehrlich und mache das Geschäft nicht. Was habe ich dann davon?" Das ist natürlich nachvollziehbar. Trotzdem: Wenn Ihre Verhandlungspartner das Gefühl haben, dass Sie immer ehrlich sind, werden diese auch weniger den Drang verspüren, Sie zu belügen. Und gerade in Langfristbeziehungen ist es wichtig, dass Ihre Partner sich auf Ihr Wort verlassen können und die hundertprozentige Gewissheit haben, nie von Ihnen belogen zu werden. Dieses Verhalten wird die Partnerschaft stärken, und im Sinne der Reziprozität können auch Sie davon ausgehen, dass Sie ehrlich behandelt werden. Dazu können Sie Ihrem Verhandlungspartner Signale schicken, wie zum Beispiel das (wohldosierte) Preisgeben von vertraulichen Informationen, das ihn in eine Art Vertrauensposition bringt und ihn nicht an Ihrer Ehrlichkeit zweifeln lässt. Sie können ruhig den ersten Schritt machen und Ihrem Gegenüber damit Sicherheit geben. Es wird diese Geste des Vertrauens mit hoher Wahrscheinlichkeit erwidern.

Bringen Sie die Beziehung ins Spiel

Pochen Sie auf die bestehende gute Verhandlungsbeziehung und bringen Sie Referenzen und Empfehlungen ins Spiel. Wenn Ihr Verhandlungspartner merkt, dass Sie auch Kontakt zu seinen Kontakten haben, wird er sich davor hüten, Sie anzulügen. Dies schon allein deshalb, weil er befürchten muss, dass Sie das Gesagte weitererzählen und Dritte es dann als Täuschung oder Lüge enttarnen würden.

Sind Sie Pragmatiker oder Idealist?

Diese Unterscheidung ist beim Thema Lügen und Täuschen deshalb relevant, weil sie Ihre Tendenz zum Umgang mit Lügen und die eigene Verleitung dazu offenbaren kann. Was charakterisiert die beiden Typen?

Der Pragmatiker wird öfter lügen und Täuschungsmanöver in seine Verhandlungsgespräche einbauen als der Idealist, wenn auch eher als Mittel zum Zweck als aus böser Absicht. Pragmatiker sind ein wenig flexibler im Umgang mit der Wahrheit und tendieren auch eher dazu, Fragen ihrer Verhandlungspartner nicht oder ausweichend zu beantworten.

Der Idealist hat einen hohen moralischen Anspruch, welcher ihn während Verhandlungen auch durchaus in Probleme bringen kann. Wird ein Idealist zum Beispiel gefragt, ob er einen bestimmten Umstand kennt, und er weiß nichts darüber, würde er ohne Zögern antworten: „Ich weiß es nicht." Der Pragmatiker hingegen würde eher versuchen, sich herauszureden und das Thema zu wechseln, jedenfalls aber nicht mit „Ich weiß nicht" antworten, wenn er wüsste, dass dies zu seinem Nachteil wäre.

Schauen wir uns anhand eines Beispiels an, wie sich diese beiden Haltungen in Verhandlungen auswirken:

Stellen Sie sich vor, Sie verhandeln um den Verkauf von Firmenanteilen. Ihr Verhandlungspartner fragt Sie: „Haben Sie bereits andere Angebote erhalten?" Nehmen wir an, dies ist nicht der Fall. Wie würde ein Idealist auf diese Frage antworten?

Idealist, Möglichkeit 1: „Darauf kann ich Ihnen leider keine Antwort geben."

Damit versucht der Idealist sich aus dem Dilemma zu retten, Nein sagen zu müssen. Doch seine Antwort wird jedem halbwegs aufmerksamen Verhandlungspartner zu erkennen geben, dass er wahrscheinlich keine anderen Angebote hat.

Welche Möglichkeit gäbe es daher noch, auf diese Frage zu antworten?

Idealist, Möglichkeit 2: „Darauf kann ich Ihnen leider keine direkte Antwort geben, ich möchte es aber wie folgt sagen: Der Wert der Anteile ist klar aus allen Unterlagen erkennbar und sicherlich marktgerecht angesetzt. So, wie Sie von mir erwarten, dass ich Ihr Angebot mit größtem Vertrauen und mit Geheimhaltung behandle, werde ich dies auch mit anderen Interessenten machen. Aus diesem Grund kann ich dieses Thema mit Ihnen nicht diskutieren."

Mit dieser Taktik hat der Idealist zwar immer noch die Wahrheit gesagt, es wird für den Verhandlungspartner nun aber bedeutend schwerer, Indizien zu finden, die darauf hindeuten, dass er bereits andere Angebote erhalten haben oder nicht.

Es gibt aber auch noch einen direkteren Weg:

Idealist, Möglichkeit 3: „Ehrlich gesagt, nein, bis jetzt haben wir noch keine anderen Angebote erhalten. Wir gehen aber davon aus, dass diese jederzeit eintreffen werden. Deshalb ersuche ich Sie nun um Ihre konkreten Angebote, bevor es zu einem möglichen Wettbieten kommt."

Wie würde nun der Pragmatiker mit dieser Situation umgehen? Zur Erinnerung: Es liegen keine Mitbewerbsangebote vor.

Pragmatiker, Möglichkeit 1: „Unsere Firmenrichtlinien gestatten es nicht, Mitbewerbsangebote zu diskutieren."

Selbst wenn diese Aussage gelogen wäre, würde der Pragmatiker trotzdem nicht davor zurückscheuen, sie zu verwenden, denn das Risiko der Entdeckung und Enttarnung der Lüge ist minimal. Falls diese Firmenrichtlinie tatsächlich besteht, könnte sie natürlich auch der Idealist benutzen, weil sie dann der Wahrheit entspricht.

Pragmatiker, Möglichkeit 2: „Darum geht es hier nicht. Viel wichtiger ist, wie hoch Ihr Angebot ausfallen wird und wann Sie dieses nun auf den Tisch liegen werden."

Hier blockt der Pragmatiker die Frage ab und stellt eine Gegenfrage. Auch wenn diese Technik hervorragend funktioniert, trägt sie doch nicht unmittelbar zum Vergrößern der Vertrauensbasis bei.

Pragmatiker, Möglichkeit 3: „Der Preis der Anteile ist so festgelegt, dass es für eine ganze Reihe von Bietern eine attraktive Gelegenheit ist. Deshalb werden wir uns natürlich für das beste aller Angebote entscheiden."

Hier beantwortet der Pragmatiker die Frage nicht direkt, sondern weicht aus, lässt das Gegenüber aber zwischen den Zeilen spüren, dass es natürlich andere Angebote oder Interessenten gibt – auch wenn dies nicht der Wahrheit entspricht.

Eine weitere Antwortmöglichkeit für den Pragmatiker:

Pragmatiker, Möglichkeit 4: „Selbstverständlich. Gerade heute ist wieder ein Angebot hereingekommen, welches wir innerhalb von 48 Stunden beantworten müssen. Das bedeutet, dass auch Sie innerhalb dieses Zeitraums bieten sollten."

Dies wäre in diesem Fall natürlich eine glatte Lüge, mit der sein Gegenüber darüber hinaus auch noch unter Druck gesetzt würde.

Natürlich ist der idealistische Umgang dem pragmatischen Umgang mit der Wahrheit vorzuziehen. Dabei müssen wir allerdings aufpassen, dass wir nicht blind ins Verderben laufen. Denn wir können nicht davon ausgehen, dass alle anderen ebenfalls nach diesen Grundsätzen leben. Leider gibt es Verhandler, die sehr wenige Skrupel haben, solche „pragmatischen" Taktiken anzuwenden. Hier kann ich Ihnen nur raten: Versuchen Sie Details dieses angeblichen Angebots herauszubekommen. So könnten Sie zum Beispiel nach einzelnen Konditionen fragen. Sollten Sie nun merken, dass Ihr Verhandlungspartner Schwierigkeiten hat, diese Fragen aus dem Stegreif zu beantworten, dies aber trotzdem versucht, statt in Unterlagen nachzusehen, hätten Sie ein Indiz, dass Sie belogen werden. Und das bringt uns nun auch zu unserem nächsten Thema.

Setzen Sie Ihren Lügendetektor ein

Was glauben Sie: Merken Sie immer, wenn jemand Sie belügt? Es gibt Menschen, die das von sich behaupten. Wenn man aber der Forschung traut, wozu ich in solchen Fällen immer tendiere, unterliegen diese Menschen einer Fehleinschätzung. Der Faktor der Intuition ist in solchen Fällen überbewertet. Der Psychologe Paul Ekman, der sich seit Jahrzehnten mit der Entdeckung von Lügen in der Kommunikation beschäftigt, meint dazu: „Der Mensch ist leider ein sehr schlechter Lügendetektor." Das bedeutet aber nicht, dass es nicht doch funktioniert, und daher hat Ekman im Zuge seiner Forschungen Techniken entwickelt, die sehr wohl Indizien dafür liefern können, ob Sie belogen werden oder nicht. Zu diesen Indizien gehören zum Beispiel die Erweiterung der Pupillen, die Veränderung der Tonalität der Stimme und die sogenannte Mikromimik des Gesichts.

Der Neurologe Oliver Sacks beschrieb bahnbrechende Beobachtungen über Patienten mit Gehirnschädigungen, die zur Kompensation verlorener Gehirnfunktionen neue Fähigkeiten entwickelten. Einige von Sacks' Patienten, die durch neurologische Schäden das Verständnis für Sprache verloren hatten, zeigten bei Studien die Fähigkeit, Information aus der Körpersprache von Menschen zu extrahieren, die normale Menschen nicht imstande waren zu sehen. Sacks erzählt von einem Experiment, bei dem er einer Gruppe dieser Menschen eine politische Ansprache im Fernsehen zeigte. Plötzlich brachen sie in kollektives Gelächter aus, denn die Körpersprache der Person im Fernsehen sagte ständig: „Ich bin ein Lügner, was ich euch erzähle, stimmt überhaupt nicht." Noch einmal: Diese Menschen konnten kein Wort von dem hören, was erzählt wurde, und ihr Verständnis für Körpersprache war einhellig. Das bedeutet, dass es möglich ist, aus dem Verhalten eines Menschen herauszulesen, ob er die Wahrheit sagt oder nicht. Zugegeben, Sie werden das nicht mit hundertprozentiger Verlässlichkeit schaffen können, aber guten Beobachtern ist dies sehr wohl möglich, und zwar, wie auch Ekman bestätigt, durch das Aufnehmen von Indizien. Achten Sie vor allem auf die Gesichtsmuskulatur in der Gegend des Mundes und auf die Augen. Machen die Augen die Ausdrücke des Gesichts mit oder bleiben die Augen normal, wenn Ihr Gegenüber beispielsweise lacht? Dies wäre ein klares Indiz, dass das Lachen nicht echt, sondern gespielt ist. Auch die Körperhaltung kann Aufschluss geben: Sitzt die Person Ihnen zugeneigt, lehnt sie sich zurück oder dreht sie sich gar etwas zur Seite, während sie etwas erzählt?

Vorsicht: Nichts von alledem sagt, dass es sich tatsächlich um Lügen oder Irreführung handelt. Wie gesagt, es können Indizien dafür sein. Und ich empfehle Ihnen, falls Sie solche Signale aufnehmen und das Gefühl haben, etwas stimmt nicht, dies sofort zu hinterfragen. Zum Beispiel mit:

Gibt es etwas, was Ihnen Sorgen macht?

Oder:

Gibt es Unklarheiten oder Probleme?

Oder:

Sollte ich sonst noch etwas wissen?

Was können Sie tun aber konkret unternehmen, um Lügen und Täuschungen zu entlarven?

Strategie 1: Überprüfen Sie Information anhand mehrerer Quellen

Täuschungen beruhen oft auf einem ganz simplen Grund, nämlich auf Informationsasymmetrie. Das bedeutet, Ihr Verhandlungspartner geht davon aus, dass er etwas weiß, was Sie nicht wissen, und versucht Sie daher zu täuschen. Das macht Sie natürlich verwundbar, vor allem, weil Sie behauptete Fakten oder Aussagen im Moment der Verhandlung nicht überprüfen geschweige denn widerlegen können. Je mehr Information Sie haben, umso leichter wird es Ihnen fallen, Lügen und Täuschungen zu entarnen, und zwar vor, während und auch nach der Verhandlung. Wenn Sie etwas Neues erfahren, überprüfen Sie es. Wenn Sie sich bei etwas unsicher sind, rufen Sie jemanden an, schicken Sie eine SMS oder eine E-Mail. Wenn eine Aussage Ihres Verhandlungspartners Sie in Bedrängnis bringt und Sie nicht ganz sicher sind, ob dies auch der Wahrheit entspricht, nehmen Sie eine Auszeit und überprüfen Sie es. Zapfen Sie alle Quellen an, die Ihnen zur Verfügung stehen, dann wird es Ihnen leichter fallen, Unwahrheiten zu entdecken.

Strategie 2: Achten Sie auf ausweichende Antworten und Themenwechsel

Denken Sie an die Aussagen des Pragmatikers in unserem Beispiel vorher. Immer dann, wenn sich jemand ziert, Ihre Fragen direkt oder präzise zu beantworten, spitzen Sie die Ohren, denn möglicherweise ist hier etwas faul. Genau das passiert in Wirklichkeit noch viel öfter als die direkte Lüge, denn im Gegensatz zur direkten Lüge haben Menschen damit weniger Probleme.

Strategie 3: Stellen Sie Fallen

Diese Methode funktioniert dann hervorragend, wenn Sie über gute, präzise Insiderinformationen verfügen, das heißt, Sie wissen sehr genau Bescheid über den Standpunkt und die Interessen der anderen. Stellen Sie eine Frage, zu der Sie die Antwort bereits wissen, wo Sie aber vermuten, dass Ihrem Verhandlungspartner nicht bewusst ist, dass Sie das wissen. Natürlich muss diese Frage einen Themenpunkt beinhalten, bei dem der andere durchaus einen Vorteil für sich sehen würde, wenn er Sie belügt. Sie könnten zum Beispiel sagen:

Ich habe gehört, dass Sie bei der letzten Ausschreibung der billigste von allen Anbietern waren und das Projekt nur deshalb bekommen haben?

Sie haben eine Lüge entdeckt, was nun?

Nicht nur, dass es schwierig ist, eine Lüge zu entdecken, mindestens genauso schwierig ist es, zu entscheiden, was Sie nun mit dieser Entdeckung tun könnten. Denn zuallererst wird sich bei Ihnen wahrscheinlich eine Reihe negativer Gefühle einstellen, wie Enttäuschung, Wut, Ärger oder Frustration. Und dann stellt sich die Frage der Alternativen. Was sollen Sie nun tun? Aufstehen und weggehen? Ebenfalls belügen auf Biegen und Brechen? Oder Ihrem Verhandlungspartner mit Konsequenzen drohen? Aus dem Stegreif ist keine generell richtige Antwort möglich. Mit der Beantwortung der folgenden drei Fragen werden Sie aber in der Lage sein, eine passende Entscheidung zu treffen. Was ganz sicher der falsche Weg ist: Nachdem sich bei Ihnen die Vermutung eingestellt hat, dass Sie belogen werden, aufzuspringen und wütend zu schreien: „Lügner!"

Ist es wirklich eine Lüge?

Sicher, Täuschungen oder kleine Unwahrheiten sind nicht in Ordnung. Doch vielleicht handelt es sich nur um eine „kleine Unehrlichkeit", über die Sie zugunsten eines positiven Verhandlungsergebnisses hinwegsehen könnten. Gehen Sie davon aus, dass nicht jeder dieselben Standards hat wie Sie selbst, abhängig von der Person, dem Umfeld, in dem die Person sich bewegt, oder auch anderen Kulturen. So durfte ich während eines Bauprojekts selbst die leidvolle Erfahrung machen, dass Zusagen von Handwerkern nicht den Zusagen entsprechen, die ich meinen Klienten mache. Die Zusage eines Handwerkers, dass er am Donnerstag in einer Woche kommen wird, um eine Reparatur zu machen, bedeutet laut meiner Erfahrung nicht viel mehr als: „Ich schaue mal, ob es sich ausgeht, und dann komme ich eventuell vorbei." Und genauso meint er das auch. Es liegt keine böse Absicht dahinter, sondern ganz einfach ein anderer Standard.

Fortsetzung oder Abbruch der Verhandlung?

Vorausgesetzt, Sie haben einen funktionierenden Plan B, können Sie dann theoretisch jederzeit jede Verhandlung abbrechen und zum Plan B übergehen? Wären Sie bereit dazu? Wiegt die Lüge schwer genug, um diesen Plan B zu ergreifen?

Wie kann ich zu erkennen geben, dass ich weiß, ich werde belogen?

Die direkte Konfrontation ist oft der schlechtere Weg. Denn wenn Sie den anderen öffentlich der Lüge bezichtigen, können Sie nicht viel mehr als Abwehrmechanismen erwarten. Anstelle dessen könnten Sie eine leichte Warnung aussprechen.

Angenommen, ein Lieferant belügt Sie über seinen Einkaufspreis von Rohstoffen. Der Weg der direkten Konfrontation würde etwa so ausfallen:

Sie haben gesagt, dass Sie pro Kilo Rohstoff 2 Euro 50 bezahlen. Da ich Ihren Lieferanten kenne und auch andere Lieferanten dieses Rohstoffs, weiß ich, dass der aktuelle Preis momentan bei 2,20 liegt. Es gibt jetzt zwei Möglichkeiten: Entweder, es handelt sich um ein Missverständnis und ich weiß etwas nicht, was Sie wissen, oder Sie haben uns falsche Informationen weitergegeben. Sollte Punkt zwei der Fall sein, muss ich Ihnen sagen, dass ich sehr enttäuscht über Ihr Verhalten bin und nun von Ihnen wissen möchte, wie wir trotzdem in gutem Vertrauen weiterverhandeln können.

Die Warnung könnte so aussehen:

Sie haben gesagt, dass Sie das Kilo um 2,50 Euro einkaufen. Vielleicht möchten Sie diese Zahl noch einmal verifizieren, denn soweit ich gehört habe, liegt der aktuelle Preis etwas niedriger. Wie auch immer, wir sollten schauen, dass wir richtige Daten verwenden, und ich schlage daher vor, dass wir beide unsere Informationen noch kurz prüfen, bevor wir weiterverhandeln.

Beide Möglichkeiten geben Ihrem Verhandlungspartner klar zu verstehen, dass Sie wissen, er sagt die Unwahrheit. Die Variante zwei lässt ihn allerdings das Gesicht wahren und öffnet eine Hintertür. Die Entscheidung, welchen Weg Sie gehen möchten, liegt bei Ihnen.

Tipp

Weichen Sie auf eine andere Wahrheit aus!

Falls Sie selbst in die Verlegenheit kommen, dass eine Lüge für Sie vorteilhafter wäre als die Wahrheit zu erzählen, wenn Sie also lügen müssten, erzählen Sie Ihrem Verhandlungspartner lieber die Wahrheit über etwas anderes.

Muss man wirklich immer verhandeln?

Der freundliche und kooperationsbereite Lieferant war bereits zum dritten Mal da. Wieder wollte ich Kleinigkeiten an seinem Angebot verändert haben und über einen endgültigen Paketpreis diskutieren. Ich merkte, dass er schon leichten Unwillen für eine neuerliche Überarbeitung des Auftrags zeigte, trotzdem nahm er alles auf und versprach, mir eine neue Aufstellung inklusive Angebot innerhalb von zwei Tagen zukommen zu lassen. Dieses Gespräch ist mittlerweile ein Jahr her, erhalten habe ich nichts und auf zwei Erinnerungs-E-Mails hat er ebenfalls nie mehr reagiert.

Diese kleine Begebenheit illustriert, dass Sie manchmal einen Punkt erreichen werden, an dem Sie erstens nicht weiterverhandeln oder zweitens überhaupt keine Verhandlung aufnehmen sollten. Denn auch wenn wir grundsätzlich sagen können, dass fast alles im Leben verhandelbar ist, bedeutet das nicht, dass Sie auch fast alles im Leben verhandeln sollten. Manchmal ist es ganz einfach besser, nicht zu verhandeln, sondern direkt einem Vorschlag zuzustimmen oder sofort abzulehnen, ohne eine Verhandlung aufzunehmen.

Nicht jeder Aspekt des Lebens eignet sich für Verhandlungen. Und nicht immer wird durch Verhandlung tatsächlich ein lohnenswerter Vorteil für beide Verhandlungsparteien geschaffen.

Betrachten Sie immer den Stand der Beziehung mit Ihrem Verhandlungspartner, die Informationen, die Sie haben, und die Alternativen, die es zu einer Verhandlung gibt. Damit werden Sie rasch feststellen können, ob sich eine Verhandlung lohnt oder ob es bessere Möglichkeiten gibt.

Gerade exzellente Verhandler verzichten manchmal auch bewusst auf eine Verhandlung und freuen sich über eine rasche Vereinbarung ohne Zeitaufwand, Mühe und möglicherweise aufreibendes Feilschen.

Schlusswort

Wir alle haben unsere gewissen Vorstellungen darüber, was im Leben verhandelbar ist und was nicht. Diese Vorstellungen beschränken sich bei den meisten Menschen auf eine überschaubare Menge an Dingen: Dazu gehören der Kauf eines Autos oder einer Immobilie, Gehalts- oder Honorarverhandlungen, das Feilschen am Flohmarkt und noch ein paar andere Gelegenheiten.

Mein Anliegen in diesem Buch war, Ihnen zu zeigen, dass es noch viel mehr gibt, was Sie zu Ihrem eigenen Vorteil verhandeln können. Sämtliche Probleme oder Konflikte, mit denen Sie im Leben zu tun haben (obwohl ich hoffe, dass dies wenige sind), alles, was mit Beziehungen, Projekten und Kooperation zu tun hat, sowie beinahe alles, was Sie kaufen oder verkaufen – dazu gehören übrigens auch Ihre Ideen und Anliegen.

Bitte glauben Sie nicht, dass man als exzellenter Verhandler geboren werden muss. Genausowenig kommen exzellente Künstler, Sportler oder Wissenschaftler als solche zur Welt. Alles, was Sie brauchen, ist ein funktionierendes Set von Werkzeugen, das fundamentale Verständnis für die Phasen des Verhandlungsprozesses und die richtige Einstellung zum Thema „Verhandeln":

Das Wichtigste: Ausdauer beim Sammeln von Information, Aufmerksamkeit und Neugierde und den Willen, die Dinge zu hinterfragen, Interesse an zwischenmenschlicher Kommunikation und Kooperation und Freude beim Anwenden der Prinzipien der Überzeugungskraft.

Die Ideen und Konzepte in diesem Buch können Sie zu einer starken und überzeugenden Persönlichkeit machen, denn vieles davon ist universell einsetzbar. Mit dem Wissen über die psychologischen Fallen und Irrationalitäten werden Sie vielleicht manche Entscheidung besser einschätzen und nachvollziehen können – und in Zukunft vielleicht auch anders treffen.

Werden Sie dadurch ab jetzt in jeder Verhandlung alles erreichen, was Sie möchten? Nein, sicher nicht. Aber Sie werden sich kontinuierlich verbessern, andere Sichtweisen einnehmen und neue Möglichkeiten sehen. Mit dem erlernten und erarbeiteten Wissen haben Sie jedenfalls die Grundlage dafür geschaffen.

Verhandeln in allen Lebenslagen ist praktisch angewendete Kommunikation und unglaublich spannend. Übung macht den Meister, in diesem Fall den exzellenten Verhandler, und wo könnte man besser üben und ausprobieren als im „geschützten" Rahmen eines Engarde Verhandlungstrainings? Informieren Sie sich auf der Website www.engarde-training.com über Veranstaltungen in Ihrer Nähe und das Angebot für firmeninterne Seminare.

Wenden Sie die Prinzipien dieses Buchs in der Praxis an und Sie werden zuverlässig Erfolge verzeichnen. Und diese Erfolge werden Sie darin bestätigen und motivieren, Ihren persönlichen Weg zum exzellenten Verhandler weiterzugehen.

Ich wünsche Ihnen dabei viel Erfolg, vor allem aber viel Spaß!

Ihr Martin Dall

Literatur

Babcock, Linda: Woman Don't Ask. Negotiation and the Gender Divide, Princeton University Press 2003

Bazerman, Max H.: Judgement in Managerial Decision Making, Wiley 2005

Bazerman, Max H.: Negotiating Rationally, Free Press 1994

Benton, Alan A.; Kelley, Harold H.; Liebling, Barry: Effects of extremity of offers and concession rate on the outcomes of bargaining, in: Journal of Personality and Social Psychology Vol. 24, Issue 1/1972, S. 73–83

Bottom, William P.; Studt, Amy: Framing Effects and the Distributive Aspect of Integrative Bargaining, in: Organizational Behavior and Human Decision Processes, Vol. 56, 3/1993, S. 459–474

Carr, Albert Z.: Is Business Bluffing Ethical? Harvard Business Review 46/1968, S. 143–153

Chertkoff, Jerome; Conley, Melinda: Opening Offer and Frequency of Concessions as Bargaining Strategies, in: Journal of Personality and Social Psychology 1967. S. 181–185

Cialdini, Robert B.: Influence. The Psychology of Persuasion, Harper Paperbacks 2006

Diekmann, Kristina A.; Samuels, Steven M.; Ross, Lee; Bazerman, Max H.: Self-Interest and Fairness in Problems of Resource Allocation: Allocators Versus Recipients, Journal of Personality and Social Psychology 72/1997, S. 1061–1074

Druckman, Daniel: Determinants of Compromising Behavior in Negotiation, in: Journal of Conflict Resolution Vol. 38, 3/1994, S. 507–556

Ekman, Paul: Gefühle lesen, Spektrum Akademischer Verlag 2010

Fisher, Roger; Ury, William: Das Harvard-Konzept, Campus Verlag 2009

Gouldner, Alvin W.: The Norm of Reciprocity, in: American Sociological Review 25/1960, S. 161–178

Halpern, Jennifer J.: The Effect of Friendship on Personal Business Transactions, in: The Journal of Conflict Resolution Vol. 38, 4/1994, S. 647–664

Kahnemann, Daniel; Tversky, Amos: Prospect Theory: an Analysis of Decision Risk, in: Econometrica Vol. 47, 2/1979, S. 263–291

Karrass, Chester L.: The Negotiation Game, Harper Paperbacks 1994

Lewicki, Roy J.: Negotiation, McGraw-Hill/Irwin 2009

Malhotra, Deepak: Trust and Reciprocity Decisions: The Differing Perspectives of Trustors and Trusted Parties in: Organizational Behavior and Human Decision Processes Vol. 94, 2/2004, S. 61–73

Neale, Margaret A., Northcraft, Gregory B.: Experts, amateurs, and real estate: An anchoring-and-adjustment perspective on property pricing, in: Organizational Behavior and Human Decision Processes Vol. 39, 1/1987, S. 84–97

Rackham, Neil; Carlisle, John: The Effective Negotiator, Part I and II, in: Journal of European Industrial Training Vol. 2, 6/1978, S. 6–11 und Vol. 2, 7/1993, S. 2–5

Raiffa, Howard: Negotiation Analysis, The Science and Art of Collaborative Decision Making, Belknap Press 2007

Raiffa, Howard: The Art and Science of Negotiation, Belknap Press 1990

Shell, Richard: Bargaining for Advantage, Penguin 2006

Tannen, Deborah: Talking from 9 to 5: Women and Men at Work, Harper Paperbacks 1995, dt. Ausgabe: Job-Talk. Wie Frauen und Männer am Arbeitsplatz miteinander reden, Goldmann 1997

Thaler, Richard H.: The Winner's Curse. Paradoxes and Anomalies of Economic Life, Princeton University Press 1994

Thompson, Leigh: Social Judgment, Feedback, and Interpersonal Learning in Negotiation, in: Organizational Behavior and Human Decision Processes Vol. 58, 3/1994, S. 327–345

Thompson, Leigh: Social Perception in Negotiation, in: Organizational Behavior and Human Decision Processes Vol. 47, 1/1990, S. 98–123

Thompson, Leigh: The mind and heart of the Negotiator, Prentice Hall 2004

Trump, Donald L.: The Art of the Deal, Ballantine Books 2004

Tversky, Amos; Kahnemann, Daniel: Framing of Decisions and the Psychology of Choice, Science, New Series, Vol. 211, 4481/1981, S. 453–458

Williams, Gerald R.: Legal Negotiation and Settlement, West Publishing Company 1983

Stichwortverzeichnis

Über den Autor

Martin Dall, Jahrgang 1969, ist erfolgreicher Unternehmer und Inhaber mehrerer führender, internationaler Trainingsinstitute. Eine interdisziplinäre Ausbildung in Technik, Betriebswirtschaft und sozialer Verhaltenswissenschaft sowie langjährige Vertriebs- und Managementerfahrung in verschiedenen Branchen führten ihn 1998 zur Gründung seines eigenen Unternehmens, aus welchem mittlerweile eine Gruppe der renommiertesten privat geführten Weiterbildungsinstitute geworden ist.

Herausragendes Verständnis für zwischenmenschliche Kommunikation und Didaktik zur Wissensvermittlung bilden die Grundlage für die Wirksamkeit seiner Methoden, den Erfolg seiner Unternehmen und die Qualität seiner Fachbücher (2009: Sicher präsentieren – wirksamer vortragen, Redline).

Sein Markenzeichen ist eine sehr direkte, rasche, intensive und hundertprozentig zielgerichtete Arbeitsweise, denn als Praktiker weiß er, wie wichtig zuverlässige und funktionierende Ergebnisse für seine Klienten sind. Führungskräfte der obersten Ebene, Unternehmer und Experten aus allen Branchen vertrauen daher auch abseits gewohnter Arbeitszeiten auf Martin Dalls persönlichen Rat, wenn es darum geht, ihre Anliegen präzise zu formulieren, wichtige Kommunikations-Ziele zu erreichen und eigene Interessen auch gegen Widerstände durchzusetzen. Martin Dall ist heute einer der gefragtesten Experten für effiziente und überzeugende Kommunikation im Business.

Darüber hinaus machen seine hochqualifizierten internationalen Trainerteams jährlich tausende Kunden aus allen Bereichen der Wirtschaft und Wissenschaft in Seminaren fit für alle möglichen (und manchmal auch unmöglichen) Kommunikations-Situationen.

EN GARDE
Verhandlungstraining

SPEZIALINSTITUT FÜR VERHANDLUNGSTRAINING

En GardE Intensivtrainings zur Stärkung Ihrer Verhandlungskompetenz

Besser verhandeln – mehr erreichen
Das Training zum Buch mit den 8 Erfolgsfaktoren

→ Zwei erfahrene Verhandlungsexperten begleiten Sie im Training
→ Wirkungsvolles Lernen: 80 % der Zeit konkrete Verhandlungen
→ Bis zu 12 (!) spannende, lehrreiche Praxisfälle mit steigendem Schwierigkeitsgrad
→ Innovatives Spezial-Equipment : Double-Picture-Video-Technik (DPV)
→ Sofort anwendbare Strukturhilfen und Praxiswerkzeuge
→ Rollenerfahrung als Verhandlungsführer, Assistent und Analyst
→ Intensität: 3 Tage, 30 Stunden, 10 Teilnehmer, 12 Praxisfälle, 4 Kameras
→ Top-Qualität und Sicherheit durch erfahrenes Trainingsinstitut

Preis, Preis, Preis!
Führen Sie erfolgreich Preisgespräche und Preisverhandlungen und erhöhen Sie Ihren Profit.

Rational verhandeln - richtig entscheiden
Vermeiden Sie kostspielige Fehler: rationale, kalkulierbare Entscheidungsfindung in Verhandlungen.

Tatort Verhandlung
Enttarnen Sie mit kriminalistischen Methoden Lügen, Bluffs und Tricks in Verhandlungen.

Engarde Verhandlungstraining GmbH
1070 Wien, Mariahilfer Straße 34
T: +43-1-522 35 95
F: +43-1-522 42 50
office@engarde-training.com
www.engarde-training.com